AF525770

Peter Schmoll · Messerschmitt-Giganten

Peter Schmoll

# Messerschmitt-Giganten

und der Fliegerhorst Regensburg-Obertraubling
1936 – 1945

Bibliografische Information Der Deutschen Nationalbibliothek

Die Deutsche Nationalbibliothek verzeichnet diese Publikation in der Deutschen Nationalbibliografie; detaillierte bibliografische Daten sind im Internet über http://dnb.dnb.de abrufbar.
ISBN 978-3-95587-416-2

Für uns, die Battenberg Gietl Verlag GmbH mit all ihren Imprint-Verlagen, ist Nachhaltigkeit ein wichtiger Teil unserer Unternehmensphilosophie. Daher achten wir bei allen unseren Produkten auf den Einsatz umweltschonender Ressourcen und Materialien.
Dieses Buch wurde auf FSC®-zertifiziertem Papier gedruckt. FSC (Forest Stewardship Council®) ist eine nicht staatliche, gemeinnützige Organisation, die sich für die verantwortungsvolle und ökologische Nutzung der Wälder unserer Erde einsetzt.

Unsere Partnerdruckerei kann zudem für den gesamten Herstellungsprozess nachfolgende Zertifikate vorweisen:
- Zertifizierung für FOGRA PSO
- Zertifizierungssystem FSC®
- Leitlinien zur klimaneutralen Produktion (Carbon Footprint)
- Zertifizierung EcoVadis (die Methodik besteht aus 21 Kriterien in den Bereichen Umwelt, Einhaltung menschlicher Rechte und Ethik)
- Zertifikat zum Energieverbrauch aus 100% erneuerbaren Quellen
- Teilnahme am Projekt „Grünes Unternehmen“ zum Schutz von Naturressourcen und der menschlichen Gesundheit

***Titelbilder:***

***Eine in Regensburg gebaute Messerschmitt Me 323 D-6 „Gigant“ auf einem Feldflugplatz im Mittelmeerraum im April 1943. Das weiße Rumpfband ist das Kennzeichen für den Einsatz im Mittelmeerraum. Die gelben Unterseiten der Motorverkleidungen und die gelbe Kennzeichnung an den Tragflächenenden war für die deutsche Flugabwehr die Kennung, dass es sich hier um ein eigenes Flugzeug handelte. (Foto: Sammlung Waldemar Trojca)***

***Me 262 A-1 der III./JG 7 im Anflug auf US-Bomberverbände. Ein eindrucksvolles Gemälde von Peter Kantsperger aus Paring bei Langquaid. Dieses Gemälde strahlt die ganze Dynamik und Eleganz der Me 262 aus. Es beeindruckt auch durch seine zahlreichen Details und vermittelt dem Betrachter den Eindruck, im Verband mitzufliegen.***

Erweiterte und überarbeitete 3. Auflage 2022

ISBN 978-3-95587-416-2

„Diejenigen,
die sich nicht der Vergangenheit erinnern,
sind verurteilt,
sie erneut zu durchleben.“

*Santayana*

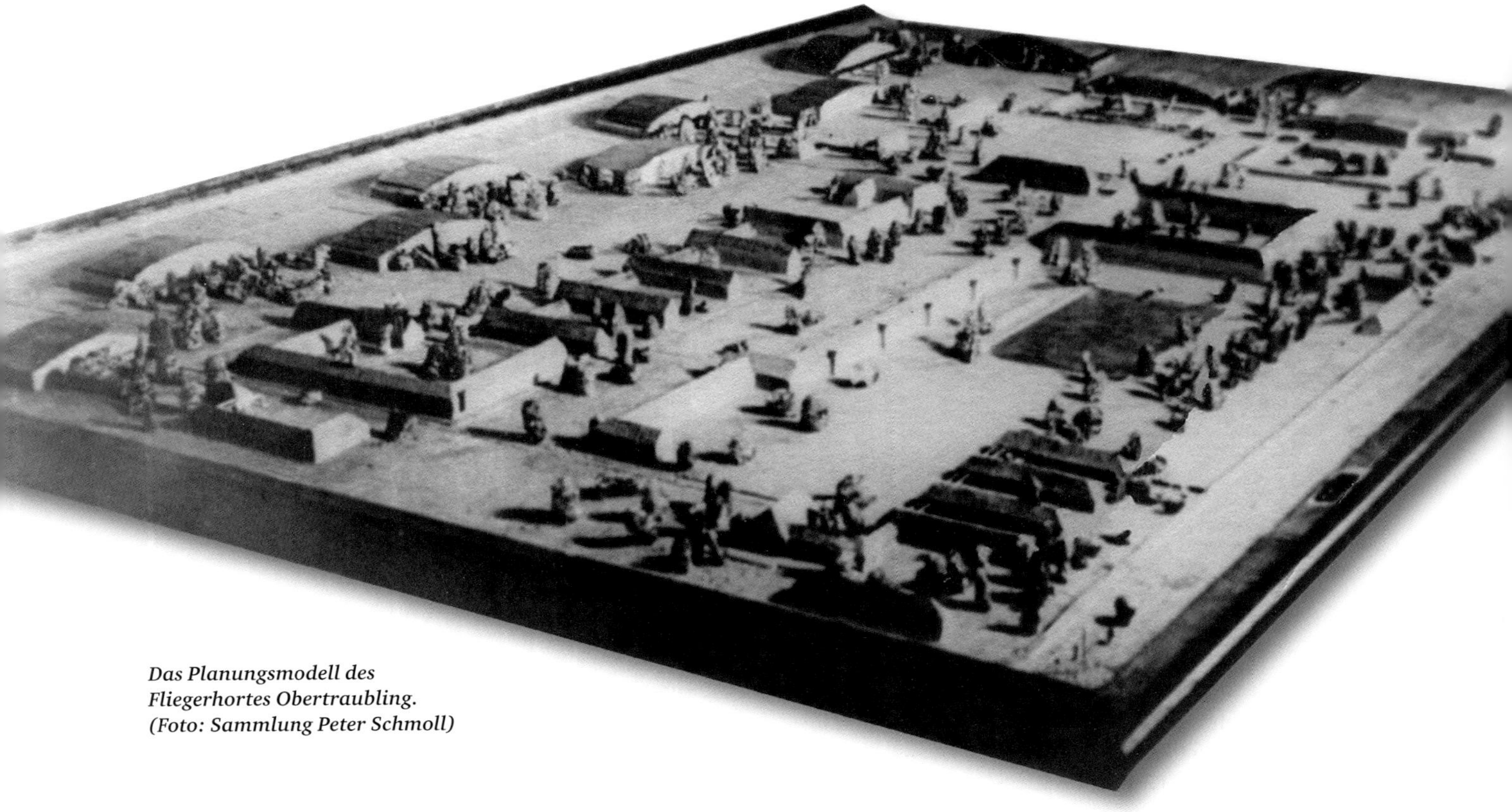

*Das Planungsmodell des Fliegerhortes Obertraubling. (Foto: Sammlung Peter Schmoll)*

*Me 323 D mit der Kennung „SL+HD" im Sommer 1943 auf dem Fliegerhorst Regensburg-Obertraubling. Mit einer Spannweite von 55 Metern und einer Höhe von über fünf Metern war die Me 323 in der Tat für die damalige Zeit ein fliegender „Gigant" und das erste strategische Transportflugzeug der Luftfahrtgeschichte. Typisch für Fotos vom Fliegerhorst Obertraubling sind im Hintergrund die Ausläufer des Bayerischen Waldes am Nordufer der Donau zu sehen. (Foto: Deutsches Museum)*

# Inhaltsverzeichnis

# Vorwort

Verwischt sind die Spuren, und fast erloschen ist die Erinnerung, denn es gibt heute kaum mehr einen Hinweis auf einen Fliegerhorst Obertraubling und schon gar nicht auf die Messerschmitt-Giganten. Die offizielle Bezeichnung des Fliegerhorstes lautete Regensburg-Obertraubling. Kein anderer Fliegerhorst der Luftwaffe im Dritten Reich war so in die industrielle Flugzeugproduktion eingebunden wie der von Regensburg-Obertraubling. Nur mehr wenige Zeitzeugen erinnern sich an den Fliegerhorst und an die Geschichte der Giganten. Erhalten geblieben sind Gebäude, wie ein Teil der ehemaligen Kasernenbauten, die Flugleitung und die Werfthalle im heutigen Neutraubling. Vom Flugfeld auf der Südseite des Horstes mit seiner 1200 m langen Grasstartbahn ist nichts mehr zu sehen. Dort befinden sich heute zahlreiche Industrie- und Gewerbebetriebe. Das ehemalige Hallenvorfeld auf der Ostseite ist mit Wohnsiedlungen bebaut. Mit dieser Chronik soll an jene vom Krieg geprägte Zeit, an den Fliegerhorst der „Giganten", erinnert werden.
Messerschmitt-Giganten, das waren jedoch nicht nur die Me 321/323; gigantisch, wenn auch aus anderer Sicht, waren die Leistungen der anderen Messerschmitt-Flugzeugtypen, die auf dem Fliegerhorst produziert worden sind. Da war die Bf (Me) 109 mit über 33.000 Exemplaren das mit Abstand meistgebaute Jagdflugzeug aller Zeiten, die Me 163, welche als erstes Flugzeug eine Geschwindigkeit von über 1000 km/h im Horizontalflug erreichte, was aber damals als „Streng geheim" eingestuft wurde. Desgleichen die Me 262, der erste einsatzbereite Düsenjäger der Luftfahrtgeschichte, der seiner Zeit mehr als weit voraus war.
Trotz massiver Abwehr durch Jagdflieger und Flak wurde der Fliegerhorst bei drei Luftangriffen im Jahre 1944 schwer beschädigt. Vor allem der Süd- und Ostteil des Horstes wies schwerste Schäden auf, da sich hier die großen Flugzeughallen befanden, die als wichtigstes Ziel galten. Zwei weitere Angriffe folgten 1945. Insgesamt wurden über 1.400 t an Bomben auf den Fliegerhorst abgeworfen. Aus den Unterlagen der USAAF ist zu entnehmen, dass in Summe ca. 4.475 Sprengbomben, ca. 30.000 Splitterbomben, 20.000 Stabbrandbomben und 500 größere Brandbomben auf den Fliegerhorst niedergingen. Selbst heute noch tauchen immer wieder Bomben-Blindgänger bei Bauarbeiten auf. Vor der Entschärfung einer großen Sprengbombe sind dann immer wieder größere Evakuierungsmaßnahmen zum Schutze der Bevölkerung notwendig.
Nach Beendigung des Krieges nutzte die US-Armee den Fliegerhorst nur kurzzeitig. Ende 1946 zogen die ersten Flüchtlinge auf den Fliegerhorst und richteten sich, soweit es die beschädigten Gebäude zuließen, häuslich ein. Als die US-Armee den ehemaligen Fliegerhorst restlos räumte, setzte ein sich immer mehr verstärkender Zuzug von Flüchtlingen und Vertriebenen ein. Es begann ein entbehrungsreicher Wiederaufbau. Die schwer beschädigten Kasernenbauten wurden mit primitivsten Mitteln bewohnbar gemacht. Eine neue Gemeinde, das heutige Neutraubling, erstand aus den Ruinen des Fliegerhorstes. Der Stadtkern wird noch heute von den ehemaligen Kasernen geprägt. An einen Fliegerhorst und seine bewegte Geschichte erinnert allerdings nichts mehr. Die Fliegerhorstgemeinde wurde am 01.04.1951 zur selbstständigen Gemeinde Neutraubling erklärt. Es ist Edith Frank und Cäcilie Vilsmeier zu verdanken, dass im Heimatmuseum eine sehenswerte kleine Ausstellung dem Fliegerhorst und der Entstehungsgeschichte von Neutraubling gewidmet ist.
Als Grundlage für dieses Buch dienten das Kriegstagebuch (KTB) des Fliegerhorstes aus dem Bestand RL 21/90 des Bundesarchives in Freiburg, Unterlagen der Air Documents Division, T-2 AMC, Wright Field, verschiedene Flugbücher und die Aussagen von vielen Zeitzeugen.
Das verwendete Fotomaterial ist weitgehend unveröffentlicht. Mit diesen Bildern soll versucht werden, die Geschichte der Giganten

und des Fliegerhorstes zu dokumentieren.
Für die Unterstützung an dieser Chronik möchte ich mich bei folgenden Personen ganz herzlich bedanken: Gottfried Baron, Leopold Berghammer, Gernot Croneiß, Karl Schmid, Prof. Dr. Wedemeyer, Heinrich Obermaier, Edgar Steinbügel, Karl Geisbe, Helmut Schultz, Josef Herzig, Karl Strippel, Theodor Mohr, Josef Sachsenhauser, Josef Dienstl, Dr. Josef Weißmüller, Adolf Riedmeir, Wendelin Trenkle, Heinz Lohmann, Heinz Powilleit, Familie Hübsch-Bodenschatz, Ulrich Huber, Karl Kössler, Edith Frank, Familie Vilsmeier, Helga Schwarz, Ludwig Kandler, Georg Schlaug, Ulrich Willbold, Rudolf Klemm, Hans-Peter Dabrowski, Willy Radinger, Carl E. Charles, Rainer Ehm, Heinrich Binder, der Luftbilddatenbank Dr. Carls GmbH, Martin Kempter und Dr. Werner Schwarz, Hans Wohlmuth, Prof. Dr. Karl-Heinz Göller, Herbert Bauer, Martin Wibmer.
Ein ganz besonderer Dank geht an Peter Kantsperger für das Gemälde der Me 262 und Sascha Kürsten für die technische Unterstützung zu diesem Buch.

*Peter Schmoll, Sandsbach, im Sommer 2022*

# Einleitung

Nach Hitlers Machtübernahme begann eine gigantische Aufrüstung der Deutschen Wehrmacht. Die Luftwaffe, vorher so gut wie nicht existent, wurde in den Jahren 1933 – 39 förmlich aus dem Boden gestampft. Wie Pilze nach einem warmen Gewitterregen wuchsen die neu angelegten Fliegerhorste – das waren Flugplätze mit den dazugehörigen Kasernen zur Unterbringung des Personals – förmlich aus dem Boden. Es lief ein Bauprogramm an, das die Baukonjunktur im Dritten Reich kräftig ankurbelte und Tausende von Arbeitsplätzen schuf. Aufgrund seiner damaligen strategischen Lage war Regensburg als Friedensstandort für eine Bombergruppe der neu geschaffenen Deutschen Luftwaffe vorgesehen. Eine Bombergruppe verfügte damals über drei Fliegerstaffeln mit ca. 35 Kampfflugzeugen, mehreren Verbindungsflugzeugen und ca. 250 Mann an fliegendem Personal. Hinzu kamen noch weitere Einheiten wie ein Gruppenstab, ein Werkstatt- und Lagerzug, ein Luftnachrichtenzug, ein Wettertrupp, eine Sanitätsgruppe usw.

Die Bodenorganisation umfasste auch eine Flughafenbetriebskompanie (FBK) mit ca. 35 Fahrzeugen. Diese FBK hatte die Kampfgruppe bei der Einsatzbereitschaft der Flugzeuge und des Fliegerhorstes zu unterstützen. Eine FBK hatte eine Personalstärke von rund 175 Mann und verfügte über die gesamte technische Ausstattung, vom Tankfahrzeug bis zum Kran, welche für die Aufrechterhaltung des Flugbetriebes unerlässlich waren. Hinzu kam noch das Personal einer Baukompanie und der Horstverwaltung mit der Horstkompanie, sodass ca. 1000 – 1200 Mann auf einem Fliegerhorst stationiert waren. Die Unterbringung des Personals erfolgte in Kasernen, und für die Flugzeuge gab es große Hallen. In Obertraubling entstanden bis 1941 eine große Werfthalle und sieben Flugzeughallen. Die Hallen 2 und 9 waren zwar im Bebauungsplan vorgesehen, wurden aber nie verwirklicht. Die Hallen 10 und 11 wurden bis 1943 hinzugebaut. Die Werfthalle und die Hallen 3, 5 und 7 waren Stahlkonstruktionen. Die anderen Hallen waren aus Holzbauteilen errichtet worden. Zu einer dauerhaften Stationierung einer Bombergruppe kam es allerdings nicht.

Nach der kurzzeitigen Aufnahme der Sturzkampffliegerschule 1 von 1939 – 41 begannen Ende 1940 die Vorbereitungen der Messerschmitt AG Augsburg mit der Produktion und dem Testflugbetrieb der Me 321 „Gigant“, einem riesigen Lastensegler. Der Gigant war für die Invasion Englands konstruiert worden und sollte schweres Gerät, wie Panzer und Geschütze, im Lufttransport auf die Insel schaffen. Die Messerschmitt GmbH Regensburg übernahm ab 1942, Schritt für Schritt, den kompletten Fliegerhorst mit allen Flugzeughallen als Werk II. In den Jahren 1942 – 45 wurden in Obertraubling die Me 163, die Bf 109 G und K, die Me 262, die Me 321 und Me 323 endmontiert und eingeflogen.

Im November 1940 verlegten erste Teile des Kommandos „Warschau Süd“, bestehend aus Angehörigen der Luftwaffe und Mitarbeitern der Messerschmitt AG Augsburg, als Vorausabteilung auf den Fliegerhorst Obertraubling. Aufgabe dieser Vorausabteilung war die Vorbereitung der Produktion der Me 321 „Gigant“. Mit dem Einzug der Giganten änderte sich der beschauliche Alltagsbetrieb auf dem Fliegerhorst schlagartig. In den Hallen fand die Endmontage der Me 321 statt. Hektische Betriebsamkeit im gesamten Fliegerhorst war zu beobachten. Dieses Flugzeug hatte dermaßen gigantische Dimensionen, dass selbst die größten Hallen auf dem Fliegerhorst zu klein waren. Die Giganten mussten teilweise im Freien montiert und geparkt werden. Was dann folgte, waren haarsträubende Testflüge und zahlreiche Unfälle. Der Gigant war ein Lastensegler mit einer Spannweite von 55 Metern, der von drei zweimotorigen Bf 110, drei Heinkel He 111 oder von einer viermotorigen Ju 90 geschleppt wurde. Immer mehr Arbeitskräfte wurden für die Produktion der riesigen Flugzeuge benötigt. Die Luftwaffe verlegte ein Strafbataillon nach Obertraubling. Kurze Zeit

später folgten die ersten russischen Kriegsgefangenen (Offiziere), von denen über 2000 in einem großen Lager gegenüber der Kommandantur und im nördlichen Bereich des Fliegerhorstes in Baracken untergebracht und im Flugzeugbau eingesetzt waren. Nach den Einsatzerfahrungen mit der Me 321 wurde noch 1941 mit der Planung einer motorisierten Ausführung der Me 321 begonnen. Die ersten Vorserienflugzeuge der Me 323 verfügten noch über die normale Fahrwerksanordnung der Me 321 und über vier Motoren, die sich aber als zu schwach erwiesen. Daraufhin wurde die Konstruktion der Me 323 dermaßen überarbeitet, dass das Flugzeug mit sechs Motoren und einem seitlich angeordneten Fahrwerk mit jeweils fünf Rädern in Serie ging. Die ersten Serienflugzeuge standen im Herbst 1942 auf dem Fliegerhorst in Obertraubling zum Einsatz bereit. Damit hatte Professor Messerschmitt einen wegweisenden Entwurf für strategische Transportflugzeuge und einen Kampfzonentransporter geschaffen.
Eine kurze Episode bildete die Produktion der Me 163 auf dem Fliegerhorst. Der spektakuläre Absturz von Hanna Reitsch mit der Me 163 V-5 ist vielen Zeitzeugen noch in genauer Erinnerung. Wurden auf dem Fliegerhorst ansonsten nur Flugzeuge produziert, war es bei der Me 210 etwas anders gelagert. Zahlreiche neue, gerade erst aus der Endmontage in Prüfening überflogene Me 210 wurden auf dem Fliegerhorst abgestellt. Mindestens zwölf dieser Flugzeuge wurden ausgeschlachtet und die Zellen mit Äxten zertrümmert.
Nach der Zerschlagung des Messerschmitt-Werkes I in Prüfening durch einen Luftangriff am 17. August 1943 verlegte man die Produktion der Bf 109 G in zunehmendem Maße auf den Fliegerhorst. Damit genügend Platz für die Endmontage von Bf 109 zur Verfügung stand, wurde die Produktion der Me 323, des mittlerweile motorisierten Giganten, kontinuierlich reduziert. Durch das Auftauchen der amerikanischen Bomber stieg der Bedarf an Jagdflugzeugen drastisch an, und die Produktion der Bf 109 erlangte absolute Priorität.
Aber alle Tarnmaßnahmen nützten nichts, denn in den Mittagsstunden des 22. Februar 1944 erschien ein US-Bomberverband der 15. US-Luftflotte und beschädigte in einem Präzisionsangriff den Fliegerhorst schwer. Wenige Tage später, am 25. Februar, erfolgte ein weiterer vernichtender Luftangriff der 8. US-Luftflotte und vollendete das Zerstörungswerk.
Danach galt der Fliegerhorst als zu 90 Prozent zerstört. Die Flugzeugproduktion wurde dezentralisiert und beginnend Mitte 1944 in einem Waldwerk untergebracht, dem im Oktober 1944 ein weiteres für die Montage der Me 262 folgte. Die Flugzeughallen auf dem Horst waren bis auf die Werft und die Hallen 10 und 11 schwer beschädigt oder total zerstört, und ein Großteil der Kasernen war nicht mehr bewohnbar. Die Dächer waren durch die Druckwellen der Explosionen abgedeckt worden, Hunderte von Fenster waren zersplittert und die Mauern geborsten.
Bei den Angriffen am 22. und 25. Februar 1944 auf Regensburg fanden die größten Luftschlachten des Zweiten Weltkrieges statt. Allein im Großraum Regensburg wurden an beiden Tagen mindestens 15 viermotorige Bomber von Jägern und Flak abgeschossen. Insgesamt fielen ca. 110 Bomber der USAAF bei den Angriffen auf Regensburg im Februar 1944 der erbitterten Abwehr zum Opfer.
Ein weiterer Meilenstein war die Produktion und der Einflug der Me 262 in Obertraubling. Aus dem völlig zerbombten Fliegerhorst starteten im September 1944 die ersten einsatzfähigen Düsenjäger der Welt. Ein epochaler Schritt in eine neue Dimension der Luftfahrt fand in Obertraubling statt. Düsenjäger, damals nur kurz und bündig als „Turbos“ bezeichnet, dröhnten mit ihren pfeifenden und donnernden Triebwerken über das Flugfeld und hinterließen den typischen Abgasgeruch von verbranntem Kerosin.
Aber auch dieser technische Vorsprung, den die Deutsche Luftwaffe mit der Me 262 erzielte, konnte den Kriegsverlauf nicht mehr beeinflussen. Ende April 1945 besetzten US-Truppen den zerbombten Fliegerhorst und stießen staunend auf die Flugzeugproduktion in den Wäldern bei Hagelstadt und Wolfskofen.

# Der Bau des Fliegerhorstes

1935 begannen die ersten Planungen für einen Fliegerhorst bei Regensburg. Ursprünglich war dieser direkt nördlich von Obertraubling geplant. Doch der damalige Ortsbauernführer intervenierte gegen diese Planung mit dem Hinweis, dass bei etwaigen Luftangriffen die Ortschaft direkt betroffen sein könnte. Ausschlaggebend für eine Verlagerung des Flugplatzareals nach Nordosten war vermutlich die bessere Bodenqualität für den Ackerbau bei Obertraubling. Der Fliegerhorst wurde somit in ein weniger wertvolles Feuchtwiesengebiet gebaut. Noch 1936 liefen die ersten Planierungs- und Bauarbeiten an. Auf einem Gelände von ca. 250 Hektar entstand zwischen 1936 – 38 der Fliegerhorst Regensburg-Obertraubling. Das Fürstenhaus von Thurn und Taxis musste insgesamt 89 und die Familie Kirsch-Puricelli 80 Hektar Grundfläche an das Deutsche Reich abtreten. Ein großes Barackenlager zur Unterbringung der Bauarbeiter wurde angelegt. In den umliegenden Dörfern wurden Familien von Bauingenieuren und Wehrmachtsangehörigen untergebracht. Als Erstes erfolgten die Baumaßnahmen für die erforderliche Infrastruktur. Trinkwasserleitungen, Stromversorgung, Telefonleitungen, Kanalisation und ein Straßensystem wurden angelegt. Ein Bahngleis vom Bahnhof Obertraubling wurde zum Fliegerhorst verlegt und ein kleiner Bahnhof im Südwestteil des Horstes gebaut. Ein Gleis wurde direkt in den Horst verlegt und führte bis zu den Tankstellen, die sich vor Halle 4 befanden. Die Verbindungsstraße Obertraubling – Fliegerhorst wurde ausgebaut und geteert. Die einheimischen Baufirmen wurden an den Bauvorhaben beteiligt. Baumaterialien lieferten unter anderem die umliegenden Ziegeleien.

Ein für die damalige Zeit großer Kasernenkomplex wurde innerhalb eines Jahres (1937) im Rohbau hochgezogen. Es entstand auf grüner Wiese eine völlig neue „Stadt". Für die Unterbringung der Mannschaften wurde der so genannte „Schlangenbau", eine Kaserne mit einer Länge von 380 Metern, erstellt. Die Hauptwache mit der Kommandantur, der verwinkelte Staffelbau zur Aufnahme des fliegenden Personals, die O-Häuser für die Offiziere, Garagen, die Flugleitung mit der Feuerwache und die riesigen Flugzeughallen wurden bis Ende 1938 fertiggestellt. Die Flugzeughallen wurden aus Stahlbauteilen vormontiert und mit Hydraulikstempeln aufgerichtet. Die Wände sind damals aus Ziegelmauerwerk gebaut worden. Vier verschiedene Typen von Hallen wurden errichtet:

Die Werfthalle hatte einen Portalkran und eine Breite von 121 Metern und eine größte Tiefe von ca. 50 Metern. Die Hallen 1, 4, 6 und 8 hatten ein Satteldach und eine Breite von 105 Metern sowie eine Tiefe von 35 Metern. Die Mauern bestanden aus Ziegelwerk. Die Hallen 3, 5 und 7 waren die schönsten Hallen und mit einem Bogendach ausgeführt. Sie hatten eine Breite von 99 Metern und eine Tiefe von 48 Metern. Die im Jahre 1943 errichteten Hallen 10 und 11, die über ein Pultdach verfügten, wiesen eine Breite von 105 Metern und eine Tiefe von 35 Metern auf und waren in einfachster Holzbauweise ausgeführt.

Die Landebahn in Nord-Süd-Richtung wurde kaum benutzt und diente vorwiegend als Abstellplatz vor den Flugzeughallen. Die Ost-West-Startbahn erwies sich sehr schnell als zu kurz und wurde auf ca. 1200 Metern verlängert. Dazu mussten einige Gehöfte am Ostrand des Flugplatzes weichen. Planungen für eine Betonstartbahn mit einer Länge von ca. 1700 Metern wurden durchgeführt, aber erst im April 1945 begann man mit den Planierungsarbeiten. Am 11. April 1945 erfolgte ein schwerer Luftangriff auf die Baustelle. Aufgrund der Kriegsereignisse konnte die Startbahn nicht mehr fertiggestellt werden.

*Die Kommandantur des Fliegerhorstes. Das Gebäude wurde am 25. Februar 1944 während eines Luftangriffes bei der „BIG WEEK“ schwer getroffen. Von den fünf Rundbögen auf der Westseite sind heute noch drei erhalten geblieben und bilden das Eingangsportal zur Katholischen Pfarrkirche St. Michael. (Foto: Stadt Neutraubling)*

*Das Flugleitungsgebäude mit dem Kontrollturm und der Peileranlage. In der Flugleitung waren die Wetterwarte und – rechts im Bild – die Feuerwache untergebracht. (Foto: Stadt Neutraubling)*

*Blick vom Kontrollturm auf das Vorfeld in nordöstliche Richtung im Jahr 1939. Ein Sammelsurium von verschiedenen Flugzeugtypen (Bü 131, He 46, Hs 123, Fw 44, Ju 87 A, Bf 108, Bf 110) ist dort abgestellt. In der Bildmitte sind zwei Tankwagenanhänger und eine Hanomag-Zugmaschine SS 100 auf dem betonierten Vorfeld von Halle 3 zu erkennen. (Foto: Emmerle)*

*Eine Kampfflugzeugstaffel mit Do 17 E ist im Winter 1938/39 auf dem Fliegerhorst Obertraubling zwischengelandet und hat seine Maschinen auf der Ostseite des Horstes abgestellt. (Foto: Sammlung Peter Schmoll)*

# Von der Sturzkampffliegerschule 1 zum Kommando „Warschau-Süd“

Wie bereits in der Einleitung vermerkt wurde, verlegte keine Bombergruppe auf den Fliegerhorst Obertraubling. Geplant war ursprünglich die Verlegung von der I./ KG 355, der späteren I./KG 53 „Legion Condor“, nach Regensburg. Diese Einheit verlegte jedoch nach Ansbach. Die Luftwaffe nutzte Obertraubling für andere Verbände ihrer Waffengattungen. So wurde im November 1938 die neu aufgestellte III. Abteilung des Flak-Regimentes 9 hier stationiert. Der Platzschutz mit schweren Maschinengewehren und leichten Flakgeschützen wurde allerdings vom Flugplatzpersonal gestellt. Während dieser Zeit war Regensburg-Obertraubling Leithorst im Luftgau XIII und für den Einsatzhafen Cham zuständig. Bomberstaffeln und andere fliegende Verbände führten im Rahmen von Übungsflügen zahlreiche Zwischenlandungen in Obertraubling durch. Noch 1940 verlor Obertraubling den Status eines Leithorstes und zählte fortan als A-Horst zum Flughafenbereich Ansbach.
Am 14. März 1939 startete das Unternehmen „Winterübung 1939“. Im Rahmen dieser Übung erfolgte die Besetzung der Rest-Tschechoslowakei. Dazu verlegte die I./KG 355 von Ansbach nach Regensburg-Obertraubling. Es war dies die Bombergruppe, für die ursprünglich Regensburg als Friedensstandort vorgesehen war. Die I./KG 355 flog von hier am 16. und 17. März 1939 Flugblatteinsätze über Pilsen nach Prag. Am 18. März flog die Bombergruppe zurück nach Ansbach, und in Obertraubling kehrte nach dieser kurzen Einsatzepisode wieder Ruhe ein, das heißt, der Fliegerhorst wurde nur von der Stukaschule 1 genutzt. Hier wurden die Nachwuchspiloten für die Stukageschwader auf Henschel 123, Ju 87 A und B geschult. Rund 120 Schulflugzeuge gehörten diesem Verband an. In dichter Folge starteten nun wieder die Stukas zu ihren Flügen. Besonders frequentiert wurde der Bombenabwurfplatz Siegenburg. Im Sturzflug wurden hier die Übungsbomben aus Beton auf die Ziele abgeladen. Bei diesen Sturzflügen gingen einige Ju 87, zum Teil mit der Besatzung, durch Absturz verloren.
Im November 1940 verlegte das Kommando „Warschau Süd“ mit einer Vorausabteilung nach Regensburg-Obertraubling, um die Montage der Me 321 „Gigant“ vorzubereiten. Noch am 4. Dezember traf eine Wehrmachtsgefangenen-Abteilung mit 2200 Mann auf dem Horst ein. Die Gefangenen waren als Arbeiter für die Messerschmitt AG eingeteilt und gingen unverzüglich daran, die Endmontage der Me 321 vorzubereiten.
Die Me 321 war von Professor Messerschmitt als Lastensegler für den Transport von schweren Waffen zur Invasion von England, dem geplanten Unternehmen „Seelöwe“, im Auftrag des Reichsluftfahrtministeriums (RLM) entwickelt worden. Im Rahmen eines Abendessens sagte Udet zu Messerschmitt: *„Wir brauchen einen Lastensegler, der einige schwere Waffen nach England transportieren kann.“* Messerschmitt skizzierte einen ersten Entwurf dieses Flugzeuges auf eine Serviette. Und diese Zeichnung hatte schon sehr große Ähnlichkeit mit dem späteren Giganten. Innerhalb weniger Wochen konstruierte Messerschmitt mit seinen Ingenieuren den Lastensegler. Aufgrund seiner imposanten Spannweite der Tragflächen von 55 Metern und einer Höhe von über fünf Metern war die Bezeichnung „Gigant“ durchaus passend. Dieses Monstrum sollte nun in einer Gesamtzahl von 200 Exemplaren, davon 100 in Obertraubling, gebaut und eingeflogen werden, obwohl kein geeignetes Flugzeug zum Schleppen der Me 321 zur Verfügung stand.

*Eine Junkers Ju 87 A der Stukaschule 1. Mit diesem Stukatyp wurden erste Einsätze bei der „Legion Condor" im spanischen Bürgerkrieg geflogen. (Foto: Sammlung Peter Schmoll)*

*Eine Henschel Hs 123 der Stukaschule 1 in Obertraubling. Die Hs 123 wurde als Schlachtflugzeug eingesetzt und war der Vorläufer der Ju 87. Im Bild rechts ist eine W 34 mit beschädigtem Leitwerk zu erkennen. (Foto: Binder)*

*Wartungsarbeiten an einem „Stuka" Ju 87 B vor einer Flugzeughalle. (Foto: Sammlung Peter Schmoll)*

*Flugzeugwarte vor einem Bomber vom Typ Junkers Ju 88 A-5. (Foto: Sammlung Peter Schmoll)*

*Junkers 87 A „Stuka" der Sturzkampfschule 1 im Anflug auf den Bombenabwurfplatz Siegenburg. (Foto: Sammlung Peter Schmoll)*

*Junkers Ju 87 B mit abgenommener unterer Motorhaube auf dem östlichen Vorfeld in Obertraubling. (Foto: Sammlung Peter Schmoll)*

*Zwei Ju 87 B der Stukaschule 1, aufgenommen 1941 in Obertraubling. (Foto: Binder)*

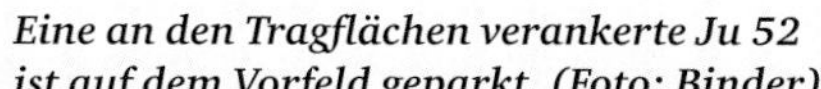

*Eine an den Tragflächen verankerte Ju 52 ist auf dem Vorfeld geparkt. (Foto: Binder)*

*Auch dieser Exote, eine Blohm und Voss BV 141, war auf dem Fliegerhorst kurzfristig stationiert. Am 27.08.1941 absolvierte Flugzeugführer Zitter einen Flug von Obertraubling nach Manching und zurück. Die BV 141 war als Aufklärer mit einer asymmetrisch angeordneten Kabine konzipiert, ging aber nicht in Serie. (Foto: Sammlung Peter Schmoll)*

*Im März/April 1941 erfolgte die Umrüstung der 7. Staffel des Kampfgeschwaders 51 „Edelweiß" von He 111 auf Ju 88 auf dem Fliegerhorst in Obertraubling. Bei der hier abgebildeten Ju 88 A-1 brach bei der Landung das linke Fahrwerk weg, und der Propeller wurde abgerissen. Im Hintergrund erkennbar liegen Bauteile für eine neue Flugzeughalle bereit. Insgesamt wurden auf dem Fliegerhorst Obertraubling bis 1943 zehn große Hallen für die Flugzeugproduktion errichtet. (Foto: Ludwig Kandier)*

*Die Luftkriegsschule wird im April 1941 nach Breslau verlegt. Die Aufnahme entstand am Bahnhof des Fliegerhorstes Obertraubling kurz vor der Abfahrt. (Foto: Binder)*

*Eine Bf 109 D der Luftkriegsschule 1. Im Hintergrund ist eine Ju 87 A zu erkennen. (Foto: Binder)*

*Geparkte Schulflugzeuge der Luftkriegsschule auf dem Fliegerhorst Obertraubling 1939. Rechts im Bild eine Bf 109 D. Im Hintergrund ist eine der Flugzeughallen zu erkennen. (Foto: Sammlung Peter Schmoll)*

*Soldaten der Luftwaffe vor den Flugzeughallen 5 und 7. Ganz im Hintergrund sind die Ausläufer des Bayerischen Waldes zu sehen. (Foto: Sammlung Peter Schmoll)*

*An einer Bf 109 D wird ein Testlauf des Motors nach einer Reparatur durchgeführt. Im Vordergrund überprüft ein Flugzeugwart die obere Abdeckung. (Foto: Sammlung Peter Schmoll)*

*Eine Bf 109 D vermutlich mit der Kennung „Gelbe 1“ wird zum Flug vorbereitet. (Foto: Sammlung Peter Schmoll)*

*Feldwebel Kurt Hildebrandt am 17. April 1941 in der Kanzel seiner Junkers Ju 87 A von der Sturzkampffliegerschule 1 in Obertraubling. Einen Tag später, am 18. April 1941, startete Feldwebel Hildebrandt mit anderen Ju 87 zu einem Übungseinsatz auf den Bombenabwurfplatz in Siegenburg. Nach dem Abwurf der Übungsbombe kam es beim Sammeln des Verbandes zu einer Kollision mit einer anderen Ju 87. Diese Maschine vollführte eine Notlandung auf einem Acker bei Hausen im Landkreis Kelheim. Hildebrandt versuchte, mit seinem beschädigten Flugzeug noch den Fliegerhorst Obertraubling zu erreichen. In der Gegend von Dünzling konnte Hildebrandt seine Maschine nicht mehr kontrollieren und stürzte östlich der Ortschaft bei der Einöde Stadlhof ab. Dem Funker gelang noch der Fallschirmabsprung. Auch Hildebrandt konnte sich aus dem abstürzenden Flugzeug retten, allerdings war die Höhe zu gering und sein Fallschirm öffnete sich nicht mehr. Zerschmettert fand man seine Leiche, nahe des Flugzeugwracks, in einem Waldstück.*
*(Foto: Sammlung Werner Sturm/Werner Geser)*

*Das Grab von Kurt Hildebrandt auf dem Ehrenfriedhof in Hamburg-Ohlstedt.*
*(Foto: Sammlung Werner Sturm/Werner Geser)*

*Ein schlichtes Gedenkkreuz im Wald bei Stadlhof erinnert an die Tragödie von damals. Besonders tragisch waren die Umstände schon deshalb, weil zu diesem Zeitpunkt die Ehefrau von Kurt Hildebrandt in Obertraubling zu Besuch war. Am 19. April 1941 überführte sie ihren Mann zur Beerdigung nach Hamburg.*
*(Foto: Sammlung Werner Sturm/Werner Geser)*

# Die Grossserienproduktion der Me 321

Nach dem Eintreffen der Arbeitskräfte wurden mindestens drei der Flugzeughallen für die Montage der Me 321 geräumt. In den Hallen (vermutlich Nummer 4 und 6) fand die Endmontage des Rumpfes und in der anderen die der Tragflächen statt. Nur die Werfthalle hatte die Dimensionen, dass das Mittelstück der Tragfläche auf den Rumpf montiert werden konnte. Die Tragflächenendstücke mussten im Freien angebaut werden.

Im Januar 1941 wurden die ersten Stahlrohrkonstruktionen für Tragflächen und Rümpfe angeliefert. Es waren nahtlos gezogene Stahlrohre mit einer Wandstärke von ca. 8 mm.

*Professor Dr. Ing. Willy Messerschmitt, genialer Konstrukteur und Flugzeugbauer. In Rekordzeit entwickelte er den Lastensegler mit der Typenbezeichnung Me 321. (Foto: Schmid)*

Alles lief unter strengster Geheimhaltung ab. Die Lieferung der großen Metallkonstruktionen blieb nicht unbemerkt, und es machte in der Bevölkerung das Gerücht die Runde, dass hier Hochspannungsmasten gebaut werden. Als sich dann der erste Hochspannungsmast – sprich „Gigant“ – in die Lüfte erhob, wusste auch der letzte Bescheid, was da auf dem Fliegerhorst lief.

Im Januar 1941 begann in den Hallen eine emsige Geschäftigkeit, denn auf das tragende Stahlrohrgerippe mussten Holzleisten montiert werden, auf die dann die Stoffbespannung befestigt wurde. Die Steuerseile und der Führerraum wurden eingebaut. Der Rumpf wurde mit einem Holzboden und dem Leitwerk versehen. Der Laderaum war über zwei klappbare Bugtore zu erreichen, sodass man LKWs oder andere Fahrzeuge in den Rumpf fahren konnte. Das Volumen des Laderaumes der Me 321 entsprach dem eines gedeckten Güterwaggons der Reichsbahn.

Die Tragflächen erhielten eine Profilnase aus einer hochwertigen Sperrholzbeplankung, und auf die Stahlrohre wurden ähnlich wie beim Rumpf Holzleisten befestigt, damit die Bespannung aus Stoff darauf angenagelt werden konnte. Anschließend erfolgte der Anbau von Landeklappen und Querrudern. Hunderte von Arbeitern turnten auf hohen Gerüsten herum, um alles zu montieren. Zuletzt erfolgte der Anbau des ganz aus Holz hergestellten Leitwerkes.

Bevor mit dem Einflug der ersten Me 321 A begonnen werden konnte, erging an die Stukaschule 1 der Befehl, den Horst zu räumen. Am 01. Mai 1941 begann diese Einheit mit der Verlegung von 121 Flugzeugen nach Wertheim. Noch am 18.04. stießen zwei Ju 87 der Stukaschule 1 in der Luft zusammen. Während die eine Maschine bei Hausen eine Notlandung durchführte, stürzte die andere Ju 87 bei Stadlhof ab. Feldwebel Hildebrandt wurde bei diesem Absturz getötet, da er die Maschine nicht mehr rechtzeitig verlassen konnte. Mit geschlossenem Fallschirm fand man ihn in einem

*LKW Opel „Blitz" 3 t ziehen angelieferte Rumpfgerüste im Januar 1941 auf den Fliegerhorst. In den Rumpfgerüsten sind jeweils zwei Bauteile für die Endstücke der Tragflächen eingeschoben. Diese Transporte ließen sich natürlich nicht geheim halten, und aus Tarnungsgründen wurde das Gerücht von der Herstellung von Hochspannungsmasten gestreut. Als sich die ersten Me 321 in die Luft erhoben, war es mit der Geheimhaltung vorbei. Durch Gespräche mit einquartierten Soldaten war die Bevölkerung über die Vorgänge auf dem Fliegerhorst in der Regel sowieso bestens informiert. (Foto: Croneiß)*

*Im Januar 1941 erfolgte die Anlieferung der ersten Tragflächenholme für die Me 321 auf den Fliegerhorst. Bereits bei diesem Bild kann man beim Vergleich des Holmes mit den Luftwaffensoldaten erkennen, welche gewaltigen Dimensionen dieser Lastensegler hatte. In diesem Fall liegt der Holm mit der Oberseite auf den Transportanhängern auf. Deutlich sind die nach oben ragenden Streben zu erkennen, mit denen später die Tragfläche an der Unterseite zum Rumpf hin abgestrebt wurde. (Foto: Croneiß)*

Waldstück in unmittelbarer Nähe zum Flugzeugwrack. Am 02.05. um 20.00 Uhr ging der letzte Transport der Stukaschule 1 nach Wertheim ab. Ein weiterer Verband, die 9. Staffel des KG 51 „Edelweiß", befand sich von Februar bis April 1941 in Obertraubling und rüstete von He 111 auf Ju 88 um. Nach Abzug aller fliegenden Luftwaffeneinheiten stand der Fliegerhorst nun weitgehend der Messerschmitt AG zur Verfügung.

*Blick in die Tragfläche während der Montagearbeiten. (Foto: Croneiß)*

Der ehemalige Messerschmitt-Ingenieur Hilmar Stumm vermerkte in seinen handschriftlichen Aufzeichnungen:
*„Die Konstruktionsarbeiten zur Me 321 begannen mit einer verhältnismäßig kleinen Gruppe im Augsburger Werk I (im Turmbau) unter der Leitung von Oberingenieur Josef Fröhlich. Der für einen einmaligen Einsatz gedachte Segler wurde auf den Fliegerhorsten Leipheim bei Ulm (Messerschmitt AG Augsburg) und Obertraubling bei Regensburg (Messerschmitt GmbH Regensburg) zusammengebaut. Die Gittermaste für den Rumpf sowie für den Hauptholm im Flügel wurden von der Fa. Mannesmann in Düsseldorf-Rath gefertigt und auf der Straße zu den Fliegerhorsten transportiert. Zu diesem Zweck mussten in manchen Ortschaften Häuserecken beseitigt und Kurven vergrößert werden. Den Transport übernahm die „Organisation Todt". Abgesehen von einigen Unfällen klappte alles ganz gut. An einen Unfall erinnere ich mich allerdings noch*

*Montage der Tragflächenmittelteile für die Me 321 A. Die Tragfläche der Me 321 A hatte noch den kleinen Ausschnitt für nur einen Pilotensitz. Hunderte von Soldaten eines Luftwaffen-Strafbataillons waren zur Montage der Giganten erforderlich. Im Vordergrund werden die Spanten auf den Tragflächenholm montiert. In der Bildmitte wird die Tragflächennase aus Sperrholz befestigt. Im Hintergrund wurde mittels eines Kranes die Tragfläche anschließend in die Senkrechte gebracht und die Bespannung montiert. Die großen Hallen auf dem Fliegerhorst reichten so gerade für die Montage der Tragflächenmittelteile aus. (Foto: Croneiß)*

*Das Tragflächenmittelteil während der Montage. Deutlich ist die Stahlrohrkonstruktion des Holmes zu erkennen, auf den die Tragflächenrippen aus Holz montiert wurden. (Foto: Croneiß)*

*Sorgfältig wurde die Tragflächennase auf den Profilen befestigt. Dadurch erhielt die Fläche ihre aerodynamische Formgebung. Die restliche Tragfläche wurde mit Stoff bespannt. (Foto: Croneiß)*

*sehr gut. Ein PKW-Fahrer sah solch einen am Boden liegenden Rumpf-Gittermast von ca. 3 Meter Breite und 3,3 Meter Höhe als eine Brücke an. Er fuhr mit hoher Geschwindigkeit hinein und blieb dann in der enger werdenden „Brücke" stecken."*

Die Me 321 war in der Lage, Geschütze, LKWs, Spähwagen, ja komplette Kampfpanzer mit einem Gewicht von bis zu 22 Tonnen zu transportieren. Obgleich den Verantwortlichen klar war, dass für die Me 321 keine geeigneten Schleppmaschinen zur Verfügung standen, begann Ende 1940 die Serienproduktion. Erst relativ spät entschloss sich das RLM, noch auf Befehl von Udet, den Auftrag für eine geeignete Schleppmaschine zu erteilen. Dieses Flugzeug, die He 111 Z (Zwilling), stand aber erst im April 1942 zur Verfügung. Bis dahin musste sich die Luftwaffe mit dem äußerst riskanten Troikaschlepp von drei Bf 110 behelfen.

Dazu der Bericht von Hilmar Stumm:
*„Für die Schlepperei der Me 321 waren drei Bf 110 vorgesehen. Ich bekam den Auftrag, die Schleppkupplungen zu konstruieren. Dazu wurden drei alte ausgediente Bf 110 von der Flugschule in Schleißheim zur Verfügung gestellt. Nachdem ich die Schleppkupplungen konstruierte und den Umbau von drei Bf 110 zum Schleppen durchgeführt hatte, kam ich nach Obertraubling mit dem Auftrag, 2000 Kupplungen zu bauen und 100 Bf 110 umzurüsten. Da noch nicht alles zeichnerisch festgelegt war und außerdem noch manche Änderung direkt beim Bau erforderlich war, wurde an Ort und Stelle im Betrieb konstruiert und die entsprechenden Angaben zur Weiterführung gemacht.*
*Die damalige Lage in Regensburg war etwas großzügiger als in Augsburg und weniger bürokratisch. Das war der Grund für die gute Zusammenarbeit aller beteiligten Abteilungen. So konnten wir die erste Maschine vor Leipheim fertigstellen, obwohl dort der gesamte Konstruktionsstab zur Verfügung stand. Der erste Flug sollte aber wegen der durchzuführenden Flugerprobung in Leipheim stattfinden."*
Anmerkung des Verfassers: Diese Aussage von Hilmar Stumm würde bedeuten, dass die Me 321 A mit dem Kennzeichen W2+SA auf dem Fliegerhorst Obertraubling der erste fertiggestellte Gigant war. Der Erstflug dieser Maschine erfolgte jedoch erst im Mai 1941.
Am 6. Mai 1941 war es so weit, die erste Me 321 auf dem Fliegerhorst Obertraubling startete zum Einflug. Drei Bf 110, deren Motoren zusammen 6600 PS leisteten, zogen und zerrten den „Giganten" in die Luft. Am nächsten Tag erfolgte ein weiterer Start.
Der Start der Giganten erfolgte in der Regel mit untergehängten Startraketen vom Typ Walter HWK 109-500.

*Der Rumpf eines Giganten Me 321 ist mit Hydraulikhebern angehoben worden. Die Abwurfachse mit seinen mannshohen Rädern wird bereitgestellt. (Foto: Sammlung Peter Schmoll)*

*Die Abwurfachse mit einem Gewicht von 1,7 Tonnen wird zur Befestigung unter den Rumpf gerollt. Die Reifen hatten die Dimension 1320 x 480 und damit die gleiche Größe wie die der Junkers Ju 90. (Foto: Sammlung Peter Schmoll)*

*Eine Aufnahme aus der Rumpfmontage. In den Flugzeugrumpf wurde ein Boden aus dicken Holzbohlen eingebaut und das Rumpfgerüst mit Leinwand verkleidet. Die Rümpfe im hinteren Bereich der Halle haben bereits ihre beiden Bugtore erhalten, die den Laderaum der Me 321 nach vorne abschlossen. (Foto: Croneiß)*

*Die beiden Bugräder sind hier bereits montiert. Die Räder stammen vom Hauptfahrwerk der Bf 109 und wurden nach dem Start an Fallschirmen abgeworfen. Später wurde hier eine Zwillingsbereifung eingeführt, da die schmalen Räder bei voller Beladung auf weichem Untergrund einsanken. (Foto: Sammlung Peter Schmoll)*

*Damit eine Me 321 überhaupt fliegen konnte, musste aus Schwerpunktgründen eine Ballastkiste mit einem Gewicht von ca. vier Tonnen in der Rumpfspitze mitgeführt werden. In der Regel wurden dazu Ziegelsteine (Reichsformat) geladen. Im Bild links sind die Ballastkisten zu erkennen. (Foto: Sammlung Peter Schmoll)*

*Vier fertige Rümpfe der Me 321 warten im Sommer 1941 in Obertraubling auf die Endmontage. (Foto: Sammlung Peter Schmoll)*

*Für den Transport des Höhenleitwerks zum Rumpf war schon ein erheblicher Personaleinsatz notwendig. Deutlich sind wieder die Größendimensionen von Mensch zu Flugzeugteil erkennbar. (Foto: Sammlung Peter Schmoll)*

*Das Höhenleitwerk wird mit dem Leitwerksträger am Rumpf verbunden. (Foto: Sammlung Peter Schmoll)*

*Rumpfgerüste der Me 321 vor der Verkleidung mit Spannstoff. (Foto: Sammlung Peter Schmoll)*

*Endmontage der Me 321 A in Obertraubling. Das Tragflächenmittelstück wird mit dem Rumpf verbunden. Der Rumpf steht bereits auf dem Hauptfahrwerk, und auch die beiden Bugräder sind schon montiert. (Foto: Croneiß)*

*Von links: Die Herren Wendland, Croneiß, Schmid und Hentzen inspizieren die Produktion der Me 321 auf dem Fliegerhorst Obertraubling Anfang 1941. (Foto: Croneiß)*

*Vor der mit einem Tarnanstrich versehenen Flugzeughalle 6 auf dem Fliegerhorst Obertraubling wird mithilfe von zwei Portalkränen das Tragflächenmittelstück auf den Rumpf einer Me 321 A gesetzt. (Foto: Croneiß)*

Auch an den nächsten Tagen starteten die Giganten noch ohne größere Probleme zu den Erprobungsflügen. Es war jedes Mal ein imposanter Anblick, wenn sich ein Schleppzug in die Luft erhob. Nach Zeitzeugenberichten ruhte in diesen Momenten die Arbeit, und alles blickte gebannt auf die Vorgänge auf dem Rollfeld. Die Bf (Me) 110 mit auf Volllast dröhnenden Motoren und hinterdrein der Gigant mit donnernden und rauchenden Raketentriebwerken. Kurz nach dem Abheben der Me 321 wurde das große ca. 1,7 Tonnen schwere Hauptfahrwerk abgeworfen und torkelte in wilden Sprüngen über die Startbahn. Die vorderen Fahrwerke schwebten wie die Startraketen an Fallschirmen zu Boden. Die Landung führte der Gigant auf Kufen durch, er stand somit unbeweglich auf dem Flugplatz. Anfangs war ein Spezialkommando mit Fahrzeugen, Hydraulikhebern, Rüsthölzern usw. erforderlich, um die Maschine auf ihr Fahrgestell zu hieven. Es war eine äußerst langwierige Aktion, bis der Gigant wieder auf seinen Rädern stand. Wenig später wurden dafür manuell betätigte Kräne auf Opel-Blitz-LKWs eingesetzt, die den Giganten hinten am Rumpf anhoben, damit das Hauptfahrwerk eingehängt werden konnte. Mit einem Praga-Raupenschlepper wurden in Obertraubling die Me 321 anschließend auf ihren Abstellplatz gezogen.

*Mittels eines Kranes wird der Flugzeugführerstand in die Me 321 A eingehoben. An der Frontseite des Führerstandes sind die Aussparungen für die Seitenruderpedale zu erkennen. Beachtenswert ist der Vergleich der Personen, die im Tragflächenausschnitt stehen, mit der Mächtigkeit des Flächenprofils. (Foto: Croneiß)*

*Blick unter die Tragfläche der W2+SA. Dies war die erste Me 321 aus der Regensburger Produktion. Deutlich sind die Einhängepunkte für die Starttraketen (R-Geräte) zu erkennen. (Foto: Croneiß)*

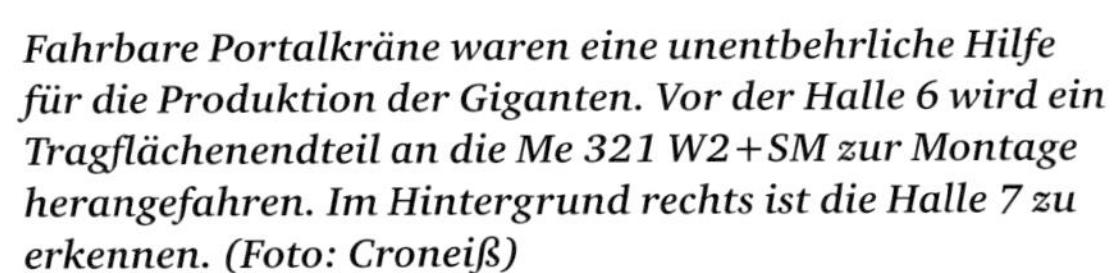

*Fahrbare Portalkräne waren eine unentbehrliche Hilfe für die Produktion der Giganten. Vor der Halle 6 wird ein Tragflächenendteil an die Me 321 W2+SM zur Montage herangefahren. Im Hintergrund rechts ist die Halle 7 zu erkennen. (Foto: Croneiß)*

*Fertiggestellte Me 321 A sind im Sommer 1941 auf dem Fliegerhorst Obertraubling für den Einflugbetrieb bereitgestellt. In der Bildmitte die Me 321 mit der Kennung W4+SK aus der zweiten Baureihe. (Foto: Archiv Airbus Group)*

# Flugbetrieb mit Me 321

Damit die Me 321 mit einer entsprechenden Nutzlast und zur Verkürzung der Startstrecke überhaupt in die Luft gebracht werden konnte, wurden bis zu 4 Startraketen vom Typ HWK 109-500 unter jeder Tragfläche montiert.
Als Treibstoff für diese Raketen diente eine Mischung von T-Stoff (Wasserstoffsuperoxyd) und Z-Stoff (eine wässerige Lösung von Natrium- oder Kaliumpermanganat), die durch Druckluft in den Raketenmotor gefördert wurden und dort sofort reagierten. Die Schubleistung betrug 500 kp bei einer Brenndauer von 30 Sekunden. Die HWK 109-500 hatte einen gondelförmigen Behälter, an dessen Frontseite ein Fallschirm verpackt war. Nach dem Start wurden die Raketen aus sicherer Höhe über einem bestimmten Punkt im Bereich des Fliegerhorstes abgeworfen. Durch eine Reißleine wurde der Fallschirm aus der Verpackung gezogen, und die Rakete schwebte sicher zu Boden. Anschließend erfolgte der Rücktransport zum Flugplatz, um sie für den nächsten Einsatz vorzubereiten. Während des Zweiten Weltkrieges wurden über 3000 Starts von Flugzeugen mit Unterstützung der HWK 109-500 ohne größere Unfälle durchgeführt. Allerdings ist bei der Me 321 wenigstens ein Fall bekannt, bei der die Raketen nur auf einer Seite zündeten und den gesamten Schleppzug aus der Startrichtung brachten. Der Fehlstart endete mit einer schweren Beschädigung der Me 321. Für den Einsatz der Me 321 mussten zusätzlich Spezialisten mit Gerät für die Raketen, Tankfahrzeuge oder Behälter für die Raketentreibstoffe, Bühnen- und Kranfahrzeuge für das Einhängen und Aufnehmen der Raketen bei den Lastenseglereinheiten an jedem Zwischenlandeplatz bereitgestellt werden.

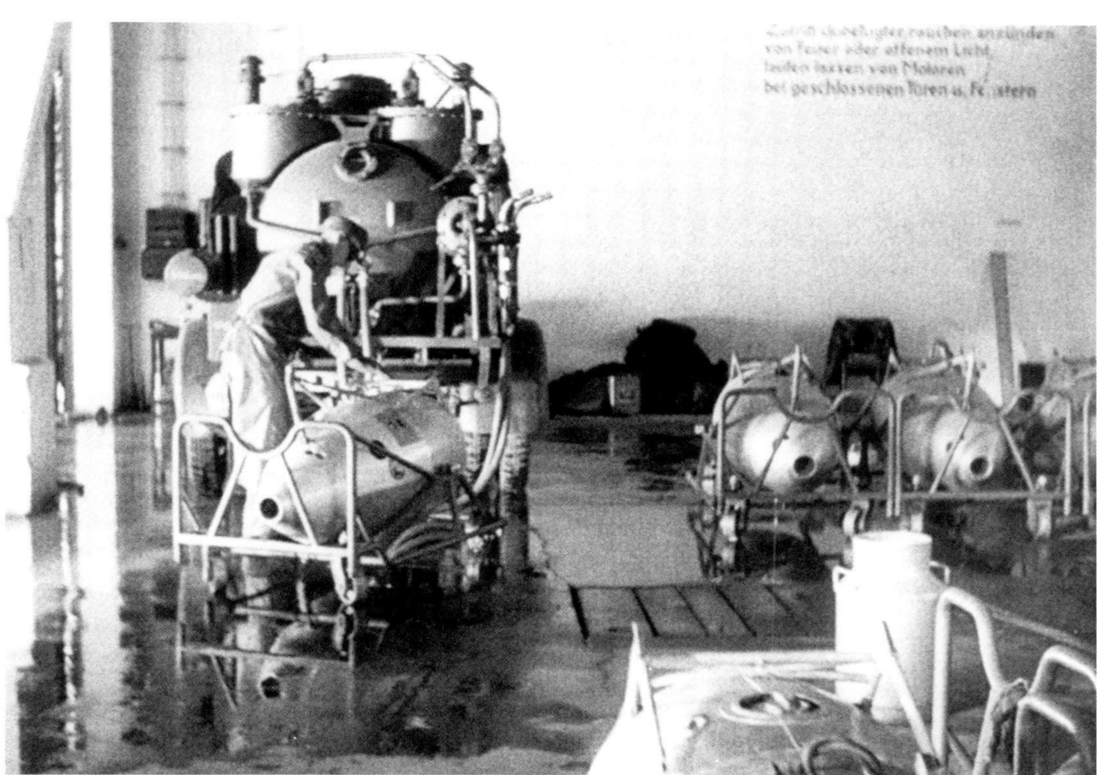

*Auftanken der Startraketen vom Typ Walther HWK 109-500. Als Treibstoffe kamen Wasserstoffsuperoxyd und Z-Stoff zum Einsatz. Beide Komponenten wurden mittels Druckluft in die Brennkammer gedrückt, in der sie reagierten und für 30 Sekunden einen Schub von 500 kp erzeugten. (Foto: Sammlung Peter Schmoll)*

*Die Druckluftbehälter der Startraketen werden befüllt und kontrolliert. (Foto: Sammlung Peter Schmoll)*

Die Inbetriebnahme und der Abwurf der Raketen erfolgten durch den Flugzeugführer. Der damalige Leutnant Josef Sachsenhauser aus Regensburg war Pilot auf der Me 321 und berichtete über die nicht ungefährliche „Gigantenfliegerei":

*„Die Gigantenfliegerei in Obertraubling lief unter strengster Geheimhaltung ab, obwohl die riesigen Flugzeuge, die später zu Dutzenden auf dem Vorfeld standen, eigentlich gar nicht zu übersehen waren. Der Gigant war eine Stahlrohrkonstruktion mit Leinwand bespannt, nur die Flügelnase und das Leitwerk bestanden aus Sperrholz. Die Maschine war als Schulterdecker mit verstrebten Tragflächen konstruiert und hatte eine Spannweite von 55 Metern, eine Länge von rund 28 Metern, und der Führerraum lag in einer Höhe von etwas über fünf Metern. Die Beladung erfolgte über die Rumpfnase, die durch zwei aufklappbare Tore geöffnet werden konnte. Der Gigant wog leer 12 Tonnen und hatte eine Zuladung von ca. 27 Tonnen, das heißt, sein größtes Fluggewicht betrug 39 Tonnen. Das Hauptfahrwerk war einachsig und konnte abgeworfen werden. Die Räder hatten die Größe eines mittleren Mannes. Ferner hatte die Me 321 unter jeder Tragfläche eine Aufhängevorrichtung für vier R-Geräte (Flüssigkeitsraketen zur Starthilfe), die mit einem donnernden Getöse und unter starker Rauchentwicklung eine zusätzliche Schubleistung von insgesamt 2 Tonnen ergaben. Die große Frage war damals: Wer soll diese Giganten fliegen? Die Me 321 war nicht einfach zu fliegen, da die Steuerkräfte zum Teil enorm waren. Für die großen Ruder gab es in diesem Segelflugzeug ja keine hydraulische Unterstützung, alles beruhte auf Hebelwirkung. Die Me 321 A hatte nur einen Pilotensitz, erst mit der Ausführung B saß ein zweiter Mann im Führerraum. Zum Fliegen war der Gigant schon gewöhnungsbedürftig. Der Pilot saß ja über dem Rumpf, und da fehlte die Flugzeugnase, die die Lage des Flugzeuges zum Horizont anzeigte. Der Führerraum befand sich in etwa fünf Metern über dem Boden, und dies machte die Landung des Riesenvogels nicht gerade einfach. Der Landeanflug erforderte absolute Präzision, denn ein Durchstarten war ja nicht möglich. Deshalb entschied sich das RLM für den Einsatz alter erfahrener Segelflieger anstelle von Motorflugzeugpiloten. In den Sonderkommandos waren alle Segelfliegerspezialisten zusammengezogen worden. Nach den ersten Versuchsstarts zeigte es sich, dass alte Segelflieger zweifellos in der Lage waren, diesen „Giganten" der Lüfte zu meistern. Verlangt wurden neben sauberen Schleppstarts ein ruhiger Schleppflug und vor allen Dingen eine Ziellandung, von der nicht zuletzt der Erfolg eines etwaigen Einsatzes abhing.*

*Ein schwieriges Problem, das erst verhältnismäßig spät gelöst wurde, war, geeignete Motorflugzeuge zum Schlepp für die Me 321 zu finden. Die Ju 90 war nur zum Schleppen mit unbeladenen Lastenseglern zu gebrauchen. Eine stärkere Maschine besaßen wir damals nicht. Man musste also mehrere Flugzeuge vor den „Giganten“ spannen. Nach verschiedenen Versuchsflügen entschied man sich für drei Bf 110 im Troikaschlepp, die über je ein ca. 120 bzw. zwei 110 Meter langes Stahlseil die Me 321 zogen. Schon der Start war alles andere als normal. Obwohl die Schleppketten der drei Bf 110, Fläche an Fläche, eng nebeneinander aufgestellt waren, ergab sich bei Vollgas doch eine Tendenz zum Ausbrechen der Kettenhunde (linke bzw. rechte Maschine).*

*Wenn so ein Schleppzug sich in Bewegung setzte, war das eine ganz kitzlige Angelegenheit, die von allen beteiligten Piloten absolute fliegerische Spitzenleistungen verlangte. Zuerst hob die Me 321 vom Boden ab, dann folgten die Kettenhunde und zuletzt der Kettenführer. Die Fahrwerke wurden auf ein Handzeichen gemeinsam eingefahren, während der Gigant so schnell wie möglich sein Fahrwerk abwarf, um den Luftwiderstand zu verringern. Die tonnenschwere Achse des Hauptfahrwerkes torkelte dann in wilden Sprüngen durch die Gegend. Abgehoben wurde beim Start mit ungefähr 85 km/h. Bei dieser Geschwindigkeit reagierte die 110 kaum auf Ruderausschläge, praktisch hing sie nur an den Luftschrauben und am Seil. Die Geschwindigkeit betrug im Steigflug ca. 130 km/h und im Geradeausflug 190 bis 210 km/h. Dann begann der Tanz des Schleppzuges, Seilstöße über Seilstöße mussten überwunden werden. Ein ruhiger Flug kam selten vor. War gar böiges Wetter, kam der Schleppzug nie zur Ruhe. Die Seilstöße waren zum Teil derartig stark, dass die Kettenhunde, deren Seil 10 Meter kürzer als das des Kettenführers war, bis zu dessen Höhe aufschossen, um dann von unheimlich starker Wucht wieder zurückgerissen zu werden. Dieses „Zurückziehen“ war mit einem Höhenverlust verbunden, der mit viel Gefühl ausgeglichen werden musste. Zu schnelles Reagieren hätte zu einer ganzen Seilstoß-Serie geführt. Manchmal kam es vor, dass die Randbogen des linken oder rechten Kettenhundes den Rumpf des Kettenführers berührten. Eiserne Nerven wurden verlangt.*

*Als Udet sich einmal die Schlepperei ansah, meinte er: „Kinder, so geht das nicht weiter, das ist ja die reinste Akrobatik!“ Daraufhin wurde die Entwicklung der He 111 Z begonnen. Aber es sollte noch ein weiteres Jahr vergehen, bis die ersten He 111 Z zur Verfügung standen. Mit der He 111 Z war dann ein wesentlich sichereres Fliegen mit der Me 321 möglich.*

*Bei der Einfliegerei mit der Me 321 gab es immer wieder Zwischenfälle. Ich erinnere mich noch*

***Die Starttraketen sind an der Kopfseite mit einem Fallschirm versehen und stehen auf Transportkarren für die Verladung bereit. Die Verladung auf einen Spezial-LKW mit einer Montagebühne erfolgte über eine Rampe. (Foto: Sammlung Peter Schmoll)***

*gut, als bei einem Start eines Troika-Schleppzuges in Obertraubling – die Me 321 hatte schon abgehoben – plötzlich die Schleppkette auseinanderplatzte, das heißt, eine der Bf 110 war ausgebrochen und kam in einer großen Staubwolke mit abgeschertem Fahrwerk zum Stehen. Der Flugzeugführer des Giganten klinkte die Motormaschinen aus und leitete mit seinen gezündeten Startraketen eine Linkskurve ein. Ein unheimliches Dröhnen erfüllte die Luft, und die Me 321 drehte immer mehr zum Platz zurück. Alles wartete auf den Augenblick, in dem die Raketen aussetzten, denn die arbeiteten nur ca. 30 Sekunden. In einem Bravourstück kurvte der Pilot, mit der Flügelspitze fast den Erdboden berührend, zur Startbahn zurück. Als die Me 321 gerade wieder horizontal lag, setzten die R-Geräte aus, und wenige Augenblicke später stand der „Gigant" wohlbehalten mitten auf der Graslandebahn. Glück gehabt! Der Flugzeugführer war Alfred Röhm. Aber nicht immer verliefen derartige Aktionen so glücklich, auch Abstürze von Schleppmaschinen und Giganten, die in Totalverlusten mit mehreren Toten endeten, waren zu verzeichnen."*

Anmerkung des Verfassers: Leutnant Josef Sachsenhauser hat ausweislich eines Flugbuches auch mehrere Frontflüge mit der Me 321, Kennung W2+SY, an der Ostfront durchgeführt. Darunter Versorgungsflüge nach Bagerewo und Slawianskaya am 15. und 16.02.1942. Alfred Röhm flog im August 1941 Versorgungseinsätze mit der Me 321 W2+SH nach Terespol, Orscha und Schatalowka. Führer der Schleppkette mit drei Bf 110 war Leutnant Schalkhäuser. In der Regel wurden ein explosives Gemisch aus Benzinfässern und/oder Munitionskisten für die weit in den russischen Raum vorgestoßenen deutschen Panzerspitzen transportiert.
Am 25. Mai 1941 dröhnte ein schweres viermotoriges Flugzeug über den Fliegerhorst Obertraubling hinweg und drehte zum Endanflug ein. Es war die Junkers Ju 90/002 KB+LA mit knapp 36 Metern Spannweite, die zur Landung einschwebte. Es war 13.07 Uhr, als Flugkapitän Hesselbach die Ju 90 auf der Landebahn des Fliegerhorstes Obertraubling aufsetzte. Diese Ju 90 hatte vier Doppelsternmotoren vom Typ Pratt & Whitney Twin-Wasp

***Von einer Arbeitsbühne, die auf einem LKW montiert ist, wurden zwei Startraketen unter der Tragfläche einer Me 321 eingehängt. Bei Volllaststarts oder kurzen Startstrecken konnten bis zu vier Raketen unter jeder Tragfläche installiert werden. (Foto: Sammlung Peter Schmoll)***

*Tragfläche einer Me 321 mit vier untergehängten Startraketen. (Foto: Archiv Airbus Group)*

SC-G mit je 1200 PS. Die KB+LA war zu diesem Zeitpunkt die Ju 90 mit der höchsten Motorleistung. Sie blieb nun ein Jahr, bis zum Eintreffen der He 111 Z, fast ständig in Obertraubling als Schleppmaschine für die Me 321 stationiert. Die KB+LA führte innerhalb eines Jahres mindestens 181 Starts zu Schlepp- und Transportflügen durch. Viermal schwebte sie zu Außenlandungen auf freiem Feld bei Niederleierndorf, Burgweinting, Wolkering und Langenerling ein, um notgelandete Me 321 zum Fliegerhorst zurückzuschleppen. Noch am Ankunftstag, dem 25. Mai 1941, erfolgten drei Starts mit je einer Me 321 im Schlepp. Um 15.25 Uhr mit der W1+SD, um 16.53 Uhr mit der W1+SG und um 18.12 Uhr nochmals mit der W1+SD. Insgesamt führte Flugkapitän Hesselbach bis zum 14. Juli 1941 19 Schleppstarts mit verschiedenen Me 321 in Obertraubling, einen in Bayreuth mit der dort außengelandeten Me 321 W2+SB und einen in Leipheim mit der Me 321 W3+SB durch. Er startete zu 16 Transportflügen, meistens nach Leipheim, aber auch nach Gablingen und Schroda. Da Flugkapitän Hesselbach zur Flugerprobung zu den Junkerswerken nach Dessau abkommandiert wurde, übernahm am 13. und 14. Juli 1941 Flugkapitän Alfried Gymnich die KB+LA. Flugkapitän Gymnich stand vom August 1941 bis zum 24. April 1942 mit der KB+LA ununterbrochen, bis zum Eintreffen der He 111 Z, in Obertraubling im Einsatz. Ausweislich seines Flugbuches führte er dabei 143 Starts und Landungen durch. Es erfolgten aber auch Flüge an die Ostfront, um außengelandete Me 321 zurückzuschleppen.

Am 27. Mai 1941 verlegte die Werftkompanie aus Leipheim in Stärke von 10 Unteroffizieren und 120 Mann nach Obertraubling zum Kommando „Warschau-Süd“. Einen Tag später, am 28. Mai, kam es zum Absturz des ersten „Giganten“ in der Nähe von Obertraubling. Die Me 321 war im Schlepp von drei Bf 110 von Leipheim nach Obertraubling überführt worden und dort glatt auf den Kufen gelandet. Nach dem Überführungsflug wurden die an Bord befindlichen 3 x 5000 Liter fassenden Wassertanks gefüllt. Der anschließende Start des Schleppverbandes erfolgte auf der 1200 Meter langen Graspiste in Obertraubling mit Unterstützung von Startraketen an der Me 321. Der Start gelang ohne große Probleme, und die Me 321 absolvierte ihr vorgesehenes Flugprogramm. Beim Landeanflug auf den Fliegerhorst Obertraubling geriet die Maschine in eine plötzlich auftretende Sturmböe. Von der

*Josef Sachsenhauser während seiner Pilotenausbildung 1938 auf dem Flugplatz München/Oberwiesenfeld. Sachsenhauser war Regensburger und flog als Leutnant bei der Sonderstaffel (G.S.) 1 und 4 die Me 321. (Foto: Dr. J. Weißmüller)*

Wetterwarte war eine Windgeschwindigkeit von 40 m/s gemessen worden. Dies führte vermutlich zum Bruch des Leitwerkes. Der Gigant stürzte aus ca. 120 m Höhe ab und zerschellte zwischen Barbing und dem Fliegerhorst am Boden. Nach neuesten Erkenntnissen wurden Teile einer Landeklappe abgerissen, die gegen das Höhenleitwerk flogen und es dermaßen beschädigten, dass es zum Absturz des Giganten kam. Die Besatzung, bestehend aus Flugzeugführer Leutnant Otto Bräutigam, Co-Pilot Ingenieur Bernhard Flinsch von der E-Stelle Rechlin, Leutnant Fritz Schwarz, Gefreiter Adolf Engel und Messerschmitt-Ingenieur Josef Sinz, kam bei dem Absturz um 20.55 Uhr ums Leben. Hanna Reitsch entging glücklicherweise dem Absturz, weil sie vor dem Start noch auf die Toilette musste. Das Ganze dauerte Otto Bräutigam zu lange, und er flog ohne sie los. Umgehend wurde eine Untersuchungskommission mit Prof. Messerschmitt, Dipl. Ing. Fuchs vom RLM und Hauptmann Bachmeier von der Abwehrstelle in Nürnberg zur Ermittlung der Absturzursache eingesetzt.
Am 02. Juni 41 wurde das Sonderkommando nochmals um 30 Mann verstärkt, weiteres Personal folgte am 16. Juni. Mehrere Zeitzeugen berichteten, dass sich in der Wehrmacht-Strafeinheit, die bei der Giganten-Produktion in Regensburg eingesetzt war, eine fast komplette U-Boot-Besatzung befand.
Am 16. Juni 1941 setzten auch die Erprobungsflüge wieder ein. Gleich beim ersten Troikastart kam eine Bf 110 nicht hoch und machte unmittelbar außerhalb des Flugplatzzaunes eine Bruchlandung, bei der das Flugzeug total zerstört wurde. Wie durch ein Wunder kam die Besatzung mit dem Schrecken davon. Den beiden anderen Schleppmaschinen gelang es mit Mühe und Not, die Me 321 in die Luft zu bringen. Mit heißlaufenden Motoren schleppten sie den Giganten in die Luft und mussten aber in ca. 150 Metern Höhe die Schleppverbindung lösen. Der Me 321 blieb nur noch eine Notlandung westlich von Barbing auf freiem Feld, die jedoch keinen Schaden am Flugzeug verursachte. Am 17. Juni 1941 riss die Schleppverbindung zwischen drei Bf 110 und der Me 321 W1+SG. Dem Giganten gelang eine glatte Notlandung bei Niederleierndorf. Am 18. Juni erfolgte eine weitere Notlandung einer Me 321 um 22.00 Uhr bei Rosenhof östlich des Fliegerhorstes.

Die Bodendienste hatten alle Hände voll zu tun, die außerhalb des Fliegerhorstes notgelandeten Giganten zurückzuführen. Die in Niederleierndorf stehende Me 321 W1+SG wurde in einer aufsehenerregenden Aktion nach Obertraubling zurückgeflogen. Zuerst wurde der Gigant auf sein Hauptfahrgestell gehievt, dann wurden acht Startraketen unter den Tragflächen montiert. Eine Startbahn von 800 m Länge und 50 m Breite in Richtung Ortsverbindungsstraße Niederleierndorf - Schierling angelegt. Die tiefer liegende Straße wurde mit einer Holzkonstruktion überbaut. Nach drei Tagen hatte man die Vorbereitungen abgeschlossen. In den Abendstunden des 19. Juni 1941 landete die Ju 90 KB+LA mit Flugkapitän Hesselbach am Steuer auf dem gewalzten Feld bei Niederleierndorf. Frühmorgens am 20. Juni wurde das Schleppseil eingehängt. Um 7.20 Uhr dröhnten die Motoren der Ju 90 auf Volllast, und Flugkapitän Hesselbach löste die Bremsen. Die Ju 90 rollte immer schneller werdend an, und was dann folgte, ließ allen Beteiligten die Haare zu Berge stehen. Die Ju 90 dröhnte die Startbahn entlang und wurde an der Rampe, die über die Straße führte, förmlich in die Luft katapultiert. Der Gigant, der vorne auf seinen Landekufen stand und nur hinten auf der Laufachse, hatte beim Anrollen alle acht Startraketen gezündet und donnerte hinterher. Als die Me 321 die Rampe über die Straße passierte, stieg sie steil nach oben mit der Folge, dass der Ju 90 das Leitwerk nach oben gezogen wurde und dadurch die Maschine in Richtung Boden flog. Ungefähr 200 Meter hinter der Straße sackte die Ju 90 gefährlich durch. Nur wenige Meter über dem Boden gelang es dem Piloten, das Flugzeug wieder unter Kontrolle zu bekommen. Es hatte nicht viel gefehlt und die Propeller hätten Bodenkontakt bekommen. Es war ein absolutes Husarenstück mit viel Glück und Können. Der Start wurde gefilmt und vermittelt noch heute die Dramatik des damaligen Geschehens. Allen Beteiligten fiel ein Stein vom Herzen, als der Schleppverband langsam an Höhe gewann.

*Vor Halle 8 die erste Me 321 A aus der Regensburger Produktion mit der Kennung W2+SA. Bei dieser Aufnahme sind die gewaltigen 55 Meter Spannweite und die Größe des Rumpfes deutlich zu erkennen. Der Wachposten vor der Maschine wirkt dagegen direkt winzig. Damit die Maschine in waagrechter Position verbleibt, ist sie am Sporn mit einem Montagebock abgestützt. Im Hintergrund lagern zahlreiche weitere Bauteile für die Me 321-Produktion. Die Hallen 10 und 11 sind zu diesem Zeitpunkt, im Sommer 1941, noch nicht errichtet. (Foto: Croneiß)*

Die Zwischenfälle beim Einflug der „Giganten“ rissen nicht ab. Am 23. Juni erfolgte eine Außenlandung einer Me 321 westlich Harting, dabei wurde das Leitwerk beschädigt. Am nächsten Tag kam es zu einem schweren Unfall. Eine Bf 110 eines Schleppverbandes scherte aus und stürzte auf die Kraftwagenhalle des Fliegerhorstes. Nur ein Fallschirm hing am Himmel. Der Funker, Gefreiter Dörfl, verbrannte bis zur Unkenntlichkeit in den Trümmern des Flugzeuges. Die Feuerwehr hatte den Brand schnell unter Kontrolle. Horstkommandant Major Weinlich und Hauptmann Weigert verabschiedeten am 16. Juni bei einer Feier im Wohlfahrtsgebäude das Personal der Werft. Am 30. Juni 1941 verlegte die Werft von Obertraubling nach Bayreuth-Bindlach. Nun stand auch die große Werfthalle für die Messerschmitt AG zur Verfügung. Bis dahin waren die Tragflächenmittelteile im Freien auf den Rumpf montiert worden. Am 11. Juli 1941 erfolgte die Notlandung eines Giganten bei Wolkering und am 22. Juli eine bei Langenerling.
Im Juli wurden bereits die ersten Giganten durch die Sonderstaffel (G.S.) 4 an die Ostfront überführt. Von Obertraubling nach Merseburg führte die Strecke der (G.S.) 4

*Junkers Ju 90 KB+LA bei der Betankung durch einen Flugbetriebsstoff-Tankwagen auf Basis eines Mercedes-Benz LG 3000. Die Ju 90 verfügt über eine Spannweite von 36 Metern und zeigt deutlich die Größenunterschiede zwischen Flugzeug und dem Tankfahrzeug auf. (Foto: Sammlung Peter Schmoll)*

*Die Ju 90 KB+LA, mit Flugkapitän Hesselbach am Steuer, schleppt am 20. Juni 1941 um 7.20 Uhr die bei Niederleierndorf außengelandete Me 321 W1+SG nach Obertraubling zurück. (Foto: Schmid)*

über Bednary, Jasionka, Hranowka nach Winniza und Nikolajew an den Südabschnitt der Ostfront. Die nördliche Route führte über Schroda, Warschau, Terespol nach Orscha. Dazu berichtet Unteroffizier Heinz Powilleit: *„Am 3. Juli 1941 sollte ich die erste Überführung eines Giganten von Obertraubling nach Merseburg durchführen. Die Me 321 mit der Kennung W2+SB stand schon auf der Startbahn, und da erschien wenige Minuten vor dem Start plötzlich ein Oberfeldwebel, der diese Erstüberführung für sich in Anspruch nahm. Da der Ober den Unter sticht, musste ich zurücktreten und bekam dafür den Auftrag, die bewältigte. Doch ein Problem hatten wir während des Fluges doch: Die Maschine flog von Anfang an mit ständig hängender linker Tragfläche. Obwohl Ernst Jung die Trimmung des Querruders korrigierte, änderte sich nichts, da es sich immer wieder in die alte Lage zurückstellte. Da ich ständig gegensteuerte, war ich bald in Schweiß gebadet. Diese Giganten hatten nur eine Einmann-Führerkabine, und Ernst Jung konnte mich hier auch nicht unterstützen. Erst als Ernst sich an das Querrudergestänge hängte, war ich etwas entlastet. Dafür kam er jetzt gehörig ins Schwitzen, da er einiges an Kraft aufwenden musste. Aber wir schafften es*

**Giganten-Piloten unter sich: von links Geisbe, Rockstroh und von rechts Powilleit und Hübsch. (Foto: Geisbe)**

*zweite Me 321 mit der Kennung W2+SA nach Merseburg zu überführen. Der ehrgeizige Oberfeldwebel mit der W2+SB kam jedoch nur bis Bayreuth und führte dort eine Außenlandung durch. Wir starteten mit der W2+SA im Schlepp von drei He 111 unter Führung von Leutnant Hammon in Obertraubling um 19.15 Uhr und landeten um 20.45 Uhr wohlbehalten in Merseburg, und so war es die Besatzung Powilleit/Jung, die den ersten offiziellen Überführungsflug über eine Distanz von 280 Kilometern ohne große Schwierigkeiten gemeinsam, die Me 321 sicher durchzubringen. In Merseburg gelandet, empfing uns Oberst Fritz Morzig mit den Worten: „Nun ist das erste Biest ja da!" Wenig später erwischte mich eine schwere Angina und setzte mich außer Gefecht."* Anmerkung des Verfassers: Die zuerst gestartete Me 321 W2+SB, welche am 3. Juli eine Außenlandung bei Bayreuth durchführte, musste am 11. Juli von der Ju 90 KB+LA nach Obertraubling zurückgeschleppt werden, da sie bei der Landung leicht beschädigt worden war.

Feldwebel Fritz Hübsch, Jahrgang 1911 aus Augsburg, berichtete dem Verfasser seine Erlebnisse mit dem Giganten:

*„1939 erhielt ich die Fluglehrerlizenz für Segelflugzeuge und wurde auf den Flugplatz Königsberg-Neuhausen versetzt. Dort erhielt ich eine erste Ausbildung auf dem Lastensegler DFS 230 und erwarb dort den Segelflugzeugführerschein (L). Anfang 1941 erhielt ich Befehl, ein Segelflugzeug vom Typ Kranich (Doppelsitzer) nach Stuttgart-Echterdingen zu überführen und mich bei einem Sonderkommando zu melden. In Stuttgart wurden zahlreiche Segelflieger zusammengezogen und auf der Ju 52 im Schleppflug geschult. Dazu wurde am Mittelmotor der Ju die Luftschraube demontiert und eine Schleppkupplung befestigt. Die Ju 52 wurde von drei Bf (Me) 110 auf Höhe geschleppt. In ca. 400 Metern wurde ausgeklinkt, und die Tante Ju segelte mit den im Leerlauf drehenden Motoren zur Landung. Nach zwei Starts und Landungen wechselte ich auf den Pilotensitz und steuerte die Ju zur Landung. Bei etwa 80 km/h setzte sie sanft auf. Als Grund für diese Art der Schulung wurde uns mitgeteilt, dass wir einen großen Lastensegler fliegen und uns bei der Ju 52 an die hohe Sitzposition gewöhnen sollten. Mit einem Überlandschlepp nach Gablingen und zurück nach Stuttgart endete diese Vorschulung. Anschließend wurde ich zum Fliegerhorst Obertraubling und dem „Kommando Warschau- Süd"abkommandiert. Bis dahin hatte ich noch keinen „Giganten" gesehen und geschweige etwas von diesem Kommando gehört. Alles war von einem Schleier des Geheimnisvollen umgeben. Mit der Reichsbahn ging es von Stuttgart über Regensburg nach Obertraubling. Kurz vor der Einfahrt in den Bahnhof von Obertraubling sah ich die erste Me 321 auf einem Feld stehen. Auf dem Weg zum Fliegerhorst konnte ich zahlreiche weitere abgestellte Flugzeuge auf dem Flugplatzgelände erkennen. Nachdem ich mich bei meinem Staffelführer Leutnant Sachsenhauser gemeldet*

***Die W1+SY wird nach einer Außenlandung wieder flott gemacht. Der abgebildete Praga-Raupenschlepper war das Arbeitspferd auf dem Fliegerhorst in Obertraubling. (Foto: Hübsch)***

*hatte, ging es raus auf den Platz. Da stand ich nun vor diesem riesigen Segelflugzeug. Ich dachte nur: ‚Puuh – und diesen Brummer sollste jetzt fliegen? Bei näherer Betrachtung der gewaltigen Tragflächen und deren dickem Profil war mir klar: Schnell kann der Vogel nicht sein, und besonders schnittig sah er mit seinem massigen Rumpf auch nicht gerade aus.*
*Beim ersten Flug mit dem Giganten musste ich die beiden Bugfahrwerke abwerfen. Beim zweiten Start durfte ich am Steuer mitfühlen. Da blickte man nun wie im 2. Stockwerk aus dem Fenster und hatte das für die Me 321 typische Steuerrad, das an einer Steuersäule montiert war, in den Händen. Der dritte Start sah mich bereits am Steuer. Der Start verlief problemlos, und nach einer größeren Platzrunde schwebte ich mit dem Giganten in Obertraubling zur Landung ein. Welch ein Gefühl, mit diesem riesigen Schiff eine Punktlandung hinzulegen!*
*Nach der Landung musste die Me 321 immer äußerst umständlich und zeitraubend auf ihr Fahrwerk gehievt werden. Deshalb wurde bei allen weiteren Flügen das Fahrwerk nicht mehr abgeworfen. Nach der Landung wurde die Maschine von einem Raupenschlepper wieder an die Startposition geschleppt, und der nächste Flug konnte beginnen. Bei einem der nächsten Flüge musste eine 110 kurz nach dem Start wegen technischer Probleme den Schleppverband verlassen. Beide Flugzeuge kuppelten das Schleppseil aus, dieses fiel auf die Oberleitung der Reichsbahn in der Nähe des Ostbahnhofes und verursachte einen Kurzschluss. Der dadurch verursachte Stromausfall legte den gesamten Bahnverkehr lahm. Nach fünf Starts und Landungen war die Umschulung für mich abgeschlossen. Obertraubling blieb mir auch noch aus einem anderen Grund in guter Erinnerung. Mit einem Segelflugzeug vom Typ „Kranich“ gelang mir das Silber-C.*
*Weitere Starts mit der Me 321 führte ich in Leipheim durch und überführte die Me 321 im Troikaschlepp nach Reims, Dijon und Marseille. In der Nähe von Marseille wurden 1942 einige Giganten für die geplante Invasion von Malta bereitgestellt, die aber nicht stattfand. Dann erhielten wir die He 111 Z als Schleppmaschine, was das Fliegen nun wesentlich einfacher gestaltete. Von diesem Typ wurden aber nur zwölf Flugzeuge gebaut.“*

**Die Ju 52 mit dem Kennzeichen H4+AR diente zur Einweisung von künftigen Me 321-Piloten. In der Ju 52 wurden die Piloten an die erhöhte Sitzposition gewöhnt. Am Mittelmotor war der Propeller demontiert und dafür eine Schleppkupplung eingebaut worden. Hier wurde das Schleppseil eingeklinkt. (Foto: Geisbe)**

**Schleppverband mit drei Bf 110 und einer Ju 52. (Foto: Geisbe)**

**Die W2+SC wird von zwei Spezialkränen auf Opel-Blitz 3 t-LKWs so weit angehoben, dass die Achse des Hauptfahrwerkes unter dem Rumpf befestigt werden konnte. (Foto: Hübsch)**

**Eine Me 321 A aus der ersten Serie mit dem Stammkennzeichen W1+SN ist auf Kufen vor einer der Flugzeughallen in Obertraubling abgestellt. Flugzeuge mit der Kennung W1 stammten aus der Leipheimer Produktion, waren aber sehr zahlreich auch in Obertraubling vertreten. Mit dieser Me 321 flog Unteroffizier Heinz Powilleit ausweislich seines Flugbuches am 28. September 1941 einen Einsatz vom Flugplatz Winniza-Süd nach Nikolajew-Ost. (Foto: Schmid)**

*Die W2+SA auf Kufen stehend, von hinten fotografiert. Links im Bild sind zwei weitere Giganten und eine Schleppmaschine vom Typ Bf 110 zu erkennen. Die W2+SA war die erste Maschine, die von Obertraubling nach Merseburg und weiter an die Ostfront überführt wurde. Überführungspilot war Unteroffizier Heinz Powilleit. (Foto: Emmerle)*

*Der Praga-Raupenschlepper in Aktion. Am Boden mussten die Bugräder der Me 321 mittels einer Rohrstange von einem Mann gelenkt werden. (Foto: Hübsch)*

*Die W2+SA wird am 5. Juli 1941 auf der Ostseite des Flugplatzes zum Startplatz für den Flug nach Merseburg geschleppt. (Foto: Hübsch)*

*Von der Tragfläche eines Giganten aufgenommen: Vier Me 321 sind auf dem Fliegerhorst Obertraubling zum Einflug abgestellt. Der Gigant ganz links trägt die Kennung W2+SO. (Foto: Hübsch)*

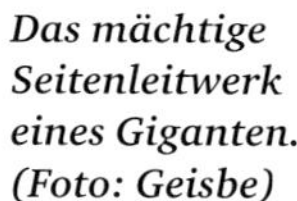

*Das mächtige Seitenleitwerk eines Giganten. (Foto: Geisbe)*

*Startaufstellung eines Schleppzuges auf dem Fliegerhorst Obertraubling. Von den Schleppmaschinen stehen zwei Bf 110 vor einer Me 321. Die dritte Bf 110 ist nicht im Bild erfasst. Unter den Tragflächen der Me 321 sind je zwei der Startraketen eingehängt. (Foto: Sammlung Peter Schmoll)*

*Bei den Schleppflugzeugen vom Typ Bf 110 wurden die Schleppseile direkt am Tragflächenholm befestigt. Nach zahlreichen Zwischenfällen im Troika-Schlepp mit der jeweils linken Schleppmaschine, welche eine sehr starke Tendenz zum Ausbrechen nach links aufwies, erhielten diese Flugzeuge eine neue Schleppkupplung an der rechten Rumpfseite. Die Schleppkupplung war durch drei Streben mit dem Rumpf verbunden. Ganz links im Bild ist die Schleppkupplung mit der Auslösevorrichtung erkennbar. Die im Bild erkennbaren Stahlseile sind mit dem Tragflächenholm verbunden und übertragen die Zugkraft auf die Kupplung. Durch diese technische Lösung konnte die Ausbrechneigung wesentlich herabgesetzt werden. (Foto: Archiv Airbus Group)*

*Diese Aufnahme zeigt den Moment kurz nach dem Abheben der Me 321. Alle vier Startraketen sind gezündet. Die 1,7 Tonnen schwere Rollachse ist abgeworfen und trudelt nun unkontrolliert über die Startbahn. Im Hintergrund ist das Flugleitungsgebäude vom Fliegerhorst Obertraubling zu erkennen, mit der Wetterwarte, dem Kontrollturm in der Mitte und rechts davon die Feuerwache. (Foto: Sammlung Peter Schmoll)*

*Landeanflug der Me 321. Deutlich erkennbar hängen die vier Startraketen noch unter der Tragfläche. Normalerweise wurden diese an Fallschirmen über dem Fliegerhorst abgeworfen und nach einer eingehenden Überprüfung wiederverwendet. (Foto: Sammlung Peter Schmoll)*

*Abgestürzte Schleppmaschine Bf (Me) 110. Das Flugzeug liegt auf dem Rücken, und die Besatzung – Pilot Unteroffizier Erhardt und Funker Gefreiter Greiner – konnten nur noch tot geborgen werden. (Foto: Geisbe)*

*Ein Kübelwagen hält vor einer in Obertraubling stationierten Schleppmaschine vom Typ Bf 110 E, Werknummer 3623. Die Schleppmaschinen waren am Bug mit einem großen weißen „S" gekennzeichnet und verfügten über die großen Ölkühler der späteren F- und G-Serie. Im Hintergrund rechts ist die Me 321 mit der Kennung W2+SN abgestellt. (Foto: Hübsch)*

*Troika-Schlepp über Obertraubling. Drei Bf (Me) 110 schleppen eine Me 321. Deutlich erkennbar hängt unter der Me 321 noch das Hauptfahrwerk. Hingegen sind die beiden Bugräder abgeworfen worden. Dem Giganten gelang trotzdem eine glatte Landung auf dem Fliegerhorst. Dies ist durch eine Filmaufnahme belegt.*
*Die neuen Seillängen, mit denen die Me 321 geschleppt wurde: rechts 140 Meter Seil, Mitte 155 Meter Seil, links 130 Meter Seil. (Foto: F. Müller-Romminger)*

*Foto einer Schleppmaschine Bf 110. Das Verkleidungsblech an der Tragflächenwurzel wurde entfernt, damit das Schleppseil am Tragflächenholm eingehängt werden konnte. (Foto: Hübsch)*

*Auch die He 111 dienten als Schleppmaschinen. Anfangs wurde noch mit drei Maschinen, später nur noch mit zwei Flugzeugen geflogen. Die linke Maschine im Schleppverband war auch von erfahrenen Flugzeugführern kaum im Verband zu halten. (Foto: Geisbe)*

*Troika-Schlepp einer Me 321 durch drei Bomber vom Typ Heinkel He 111. Die He 111 ist hier deutlich an ihrer typischen Tragflächenform zu erkennen. Das Schleppverfahren mit den He 111 erfolgte nur versuchsweise. Bei den späteren Einsatzflügen wurden in der Regel immer drei Bf 110 als Schleppflugzeuge für die Me 321 eingesetzt. (Foto: Sammlung Peter Schmoll)*

*Vorderansicht der mächtigen viermotorigen Ju 90/002 mit dem Kennzeichen KB+LA. Beachtenswert sind die mannshohen Reifen und die Außenspiegel am Führerstand. Über diese Spiegel hatte der Pilot Sichtkontakt zum geschleppten Lastensegler. (Foto: Kössler)*

In einer Besprechung am 24. Juli 1941 wurde beschlossen, die Horststraßen auf dem Fliegerhorst Obertraubling zu teeren, weitere Baracken für das zusätzliche Personal zu errichten und die Tankstellen für die Flugzeuge zu pflastern. Am 01. August 1941 wurde ein Gespräch mit dem Verwalter des Gutes Lerchenfeld geführt, da die Startbahn in Richtung Lerchenfeld verlängert werden sollte.
Starke Nerven waren beim Einflugbetrieb der Me 321 aber auch weiterhin notwendig, denn die Unfallserie riss nicht ab. Am 02. August 1941 um 19.05 Uhr gelang einem Giganten bei Lerchenfeld eine glatte Notlandung. Eine Bf 110 stürzte an diesem Tag bei Schwaighof (Geisling) mit Aufschlagbrand ab. Beide Besatzungsmitglieder wurden getötet. Am 18. August brach eine Bf 110 beim Start aus. Als die Maschine nur noch auf einem Federbein rollte, löste der Pilot die Schleppverbindung. Nach einer Drehung kam die Bf 110 in einer großen Staubwolke zum Stehen. Da der Schleppverband bereits 120 km/h erreicht hatte, als die ausgebrochene Bf 110 ausklinkte, gelang den beiden anderen Schleppmaschinen gerade noch so der Start. In einer flachen Linkskurve brachten die beiden Bf 110 die Me 321 auf ca. 400 Meter Höhe zum Platz zurück.
Zu den Schleppversuchen mit He 111 und Me 321 berichtet Einflieger Walter Starbati über haarsträubende Vorfälle:
*„Am 22. August 1941 erfolgte der erste Start mit der Me 321 W4+SJ im Schlepp von drei He 111 H-6. Die He 111 hatten die Kennzeichen DF+OQ, DF+OR und DF+OS. Als Piloten waren Oppitz, Schieferstein und Zitter eingetragen. Beim Start brach die linke He 111 H-6 aus. Die beiden verbliebenen He 111 schleppten allein weiter. In 400 m über dem Platz klinkte ich die beiden Schleppmaschinen aus, und alle Flugzeuge landeten ohne weitere Zwischenfälle in Obertraubling. Die anschließende Besprechung ergab, dass mit den normalen Schleppseilen nicht mehr gestartet werden kann. Die Seile wurden um 75 Meter verlängert.*
*Der zweite Start fand am 23. August 1941 statt. Durch ungeklärte Ursache verfing sich das Seil der linken He 111 hinter dem Bugrad der Me 321 und sprengte die Seilringe. Wieder schleppten nur zwei He 111. Der Flug war normal und zeigte, dass die Leistung der zwei He 111 voll ausreichend war zum Einfliegen leerer Me 321. Durchschnittliches Steigen von 2,5 – 3 Metern pro Sekunde, Fahrtmesseranzeige bei Me 321 von 170 – 180 km/h. In 600 m über dem Platz wurde die rechte He 111 ausgeklinkt. Die verbleibende He 111 schleppte in einer normalen Platzrunde von etwa 3 – 5 Minuten Dauer noch auf 700 m Höhe. Die Steigleistung bei der He 111 ist wesentlich günstiger als bei der Bf 110. Durch die langen Seile benötigt der Schleppzug eine wesentlich längere Startstrecke (Seillänge 220 Meter bzw. 235 Meter). Die Reibung der Seile am Boden wirkt sich sehr ungünstig aus. Es wurde beschlossen, die Seile um 40 Meter zu kürzen.*
*Der dritte Start erfolgte am 25. August 1941. Der Start verlief erstmalig normal, auch der Schlepp brachte keine Schwierigkeiten. Seilstöße waren nicht aufgetreten. Die Leistung war günstig. In 18 Minuten waren die drei He 111 mit leerer Me 321 auf 2000 m Höhe. Ein vierter Start erfolgte zum Zwecke der Übung am 26. August und verlief normal.“*
Am 25. August 1941 um 20.10 Uhr erfolgte die Notlandung eines Giganten westlich der Walhalla-Straße an der Einmündung zur Hartinger Straße. Eine 110 ließ das Schleppseil zu früh fallen, welches eine Hochspannungsleitung am Ostbahnhof durchschlug.
Am 27. August gab es die Notlandung einer Me 321 südlich von Harting, wobei das Flugzeug beschädigt wurde.
Zu dieser Notlandung mit der Me 321 berichtete Walter Starbati:
*„Am 27. August 1941 sollte der erste Versuch mit dem Behälterflugzeug Me 321 W3+SK durchgeführt werden. Die Vorbereitungen waren genügend sorgfältig getroffen worden. Zwei Behälter waren gefüllt, der mittlere war leer. Der Start erfolgte mit 8 R-Geräten. Die Trimmung stand auf ± 0°. Gleich nach dem Start brach nach etwa 150 Metern Rollstrecke die linke He 111 aus. Die zwei He 111 versuchten den Start trotzdem. Es war mir durch Ziehen mit äußerster Kraft erst nach der Platzgrenze möglich, vom Boden freizukommen. Die He 111 waren etwa 10 bis 12 Meter höher als die Me 321. Als ich die Me 321 vom Boden frei hatte und langsam versuchte, auf gleiche Höhe zu kommen, klinkte die rechte He 111 aus, während die letzte He 111 am Seil nach links ausbrach – es hatte den*

*Anschein einer Abschmierbewegung – und dann sofort ausklinkte. Die Me 321 war selbst durch schnelles Umtrimmen nicht zu halten, und mit größter Anstrengung konnte ich sie aufrichten, um – wenn möglich – noch eine glatte Landung zu erzwingen. Ich musste einem baumbestandenen Hügel ausweichen und ließ das Flugzeug nach rechts wegdrehen. Dadurch ist die bei dem Landungsaufschlag entstandene Drehung um 180 Grad erklärlich. Das Flugzeug wurde beschädigt.*

*Am 28. August 1941 wurde ein weiterer Start durchgeführt. Es wurde eine leere Me 321 geschleppt. Herr Altrogge von der Erprobungsstelle Rechlin flog selbst die linke He 111. Es gelang ihm nicht, beim Verband zu bleiben. Er brach in etwa 20 Metern Höhe nach links weg und klinkte dann aus.*

*Die Versuche hatten ergeben, dass die linke He 111 nur unter den größten Anstrengungen beim Verband bleiben kann. Das Risiko ist zu groß, da nicht für einen einwandfreien Start und Schlepp garantiert werden kann.“*

Am 15. September 1941 um 17.00 Uhr gab es Notlandungen einer Bf 110 und einer Me 321 bei Harting. Personenschaden war keiner zu verzeichnen, jedoch wurde die Bf 110 zu 30 Prozent beschädigt. Am nächsten Tag, dem 16. September, erfolgte die Notlandung einer Me 321 bei Wolkering.

Hier der Bericht von Walter Starbati:

*„Am 16. September 1941 wurde ein weiterer Versuch mit He 111 und der Me 321 in Obertraubling durchgeführt. In Fortsetzung der Versuche mit der He 111 wurden von uns zwei Flächenkupplungen in die Me 321 W6+SF eingebaut. Der Start am 16. September erfolgte mit vier R-Geräten und verlief normal, wenn auch durch ungleiches Anziehen der Schleppflugzeuge der Segler stark aus der Startrichtung kam. Bei wenig Anfangsgeschwindigkeit konnte er mit dem Seitenruder nicht in der Richtung gehalten werden. In etwa 180 Metern Höhe drehte das rechte Flugzeug erheblich nach rechts aus, bemühte sich aber, wieder zum Verband zu kommen. Es gelang dies auch, es gab nur einen unwahrscheinlich starken Schlag in der rechten Fläche, diese wurde ruckartig nach vorne gezogen. Die linke He 111 erhielt dadurch einen starken Zug nach hinten und wurde sofort um 50 Grad nach links aus dem Verband gerissen und musste ausklinken. Ich war nun gezwungen, die Seile aus der Fläche zu lösen, die rechts und links gekuppelt waren. Links fiel das Seil nur aus der Hauptkupplung, nicht aber aus der Flächenkupplung links außen. Da beide Flächenkupplungen durch einen Sammelzug betätigt wurden, fiel das rechte Seil aus der rechten Flächenkupplung heraus. Das 5 mm-Fangseil zerriss, und das ca. 20 Meter lange Seil*

**Die in Obertraubling hergestellte Me 321 A mit der Kennung W2+SH steht nach einer Außenlandung auf ihren Kufen in einer Wiese. (Foto: Sammlung Hans-Peter Dabrowski)**

*fiel aus der Flächenkupplung heraus und verwickelte sich sechs- bis achtmal um das Schleppseil des Führungsflugzeuges und um das Seil der rechten He 111, das nunmehr nach Auslösen der Flächenkupplung nur noch an der Hauptkupplung rechts außen schleppte. Die Fesselung der Seile ist in den Schleppflugzeugen bemerkt worden, und wir klinkten fast alle gleichzeitig aus.*
*Bei der anschließenden Außenlandung zerstörte ich mit dem an der linken Flächenkupplung hängenden Seil eine Hochspannungsleitung, und dabei riss die Flächenkupplung aus der Fläche heraus. Die Landung war einwandfrei und verlief ohne Bruch.*
*Aufgrund des Vorfalles und nach Rücksprache mit den Flugzeugführern und Flugkapitän Altrogge von der E-Stelle Rechlin wurde auf weitere Starts mit Flügelschlepp verzichtet, da die Durchführung bei der Truppe zu schwierig sein würde. Die He 111-Versuche werden weitergeführt, wenn Heinkel-Rostock an einer He 111 den bereits in Arbeit befindlichen Ausleger fertig hat."*

Die Probleme bei den Starts der Me 321 in Obertraubling waren natürlich auch beim Fronteinsatz gegeben. Heinz Powilleit berichtet über seinen ersten Einsatz an der Front: *„Mit dem Giganten W1+SH und den drei Schleppmaschinen der Kette Drewes, Freitag und Kandzia mit Bf 110 starteten wir am 17. August 1941 in Jasionka und flogen nach Hranowka; dort blieb unser Verband erst einmal liegen. Wir campierten auf freiem Felde nahe dem Dorf. Am 5. September ging es weiter nach Winniza-Süd. Dort wurde die Me 321 mit 80 Benzinfässern a 200 Litern beladen. Ein Ingenieur überwachte die Beladung und die ordentliche Verzurrung der Fässer. Auch der Einstellwinkel des Höhenleitwerkes wurde entsprechend der Last korrigiert. Am 20. September sollten wir in Richtung Nikolajew-Ost starten. Um den Führerraum zu erreichen, musste ich mühselig über die Benzinfässer klettern. Bei diesem Volllaststart brach kurz vor dem Abheben der rechte Kettenhund aus. Obwohl die Startraketen gezündet waren, löste ich sofort die Schleppverbindung, worauf die drei 110er befreit abheben konnten. Ich aber rollte und rutschte mit meiner Me 321 im Gelände weiter bis zu einer Überlandleitung. Die Drähte rissen. Ein Mast wurde umgeknickt, doch es gab keine Funken! Gott sei Dank war die Leitung stromlos. Die Verzurrung der Fässer hatte gehalten. Was hatten wir doch für ein Glück gehabt! An der Me 321 entstand nur geringer Schaden. Am 28. September waren die 80 Benzinfässer in eine andere Me 321 mit der Kennung W1+SN umgeladen worden. Wieder standen drei Bf 110, dieses Mal unter Führung von Leutnant Szia, bereit zum Abflug. Der Start um 8.00 Uhr morgens gelang problemlos. Die Schleppmaschinen brachten uns auf eine Höhe von 3000 Metern und die Sicht war gut. Ca. 15 Kilometer vor dem Ziel klinkte ich aus, und nach einer Flugstrecke von 310 Kilometern landeten wir um 9.50 Uhr wohlbehalten in Nikolajew-Ost. Am nächsten Tag ging es nach Winniza zurück. Nach ca. 190 Kilometern brach wieder der rechte Kettenhund aus, und ich musste die Schleppverbindung lösen. Bei einem kleinen Dorf mit Namen Kriwoje Osero gelang mir eine glatte Landung. Am 5. Oktober wurden wir dann von der Ju 90 KB+LA nach Winniza zurückgeschleppt. Wir lernten damals das einfache Leben der ukrainischen Bauern kennen. Die Bevölkerung war uns wohlgesonnen und verpflegte uns sogar. Das Einzige, was mir zu schaffen machte, waren die Läuse. In Winniza machte sich langsam das schlechte Wetter bemerkbar. Zuerst verschlammte der gesamte Platz, und dann gab es den ersten Frost. Wir verlegten im Dezember nach Posen. Dort ging es in Quarantäne, und wir wurden gründlich entlaust. Anschließend ging es in den Weihnachtsurlaub."*

In Regensburg ging der Einflugbetrieb, wenn auch nicht ohne Zwischenfälle, weiter. Die Bruchlandung einer Me 321 auf dem Flugplatz von Obertraubling erfolgte am 19. September 1941 um 18.00 Uhr. Das Flugzeug wurde zu 80 Prozent zerstört. Eine Bf 110 des Schleppkommandos musste bei Diesenhofen notlanden, dabei wurde der Flugzeugführer Unteroffizier Lohmann schwer verletzt und das Flugzeug zu 90 Prozent zerstört. Am 17. September wurde die außengelandete Me 321 von Burgweinting, am 18. September die von Langenerling und am 22. September 1941 die von Wolkering mit der Ju 90 KB+LA unter Führung von Flugkapitän Gymnich nach Obertraubling zurückgeschleppt.

Die Versuche mit der He 111 als Schleppmaschine für die Me 321 wurden am 28. September 1941 in Obertraubling erneut aufgenommen, allerdings schleppten dieses Mal nur zwei Heinkel den Giganten. Dazu der Bericht von Walter Starbati:
*„Der Start erfolgte mit vier R-Geräten und verlief normal. In etwa 150 Metern Höhe drehte die rechte Maschine nach innen und berührte mit der Tragfläche die andere He 111 am Rumpf und am Leitwerk. Dadurch klinkten beide Flugzeugführer ihre Seile aus. Anschließend löste ich die Seile am Segler.*
*Die darauffolgende Außenlandung verlief glatt. Die Me 321 lässt sich wahrscheinlich nach Wolkering transportieren, wo ganz in der Nähe in den letzten Tagen von mir eine außengelandete Me 321 herausgestartet wurde. Die Startbahn ist noch gut erhalten. Ein Herausstarten ist also möglich. Die Ursache ist wie folgt geklärt: Beim Zurückgehen von Start- auf Reiseleistung verstellte der Bordmechaniker die Luftschrauben ungleich. Der rechte Motor hatte zu hohe Leistung, und das Flugzeug drehte nach links in das Führerflugzeug. Durch Seilberührung ist das Leitwerk der rechts fliegenden He 111 beschädigt und muss ausgewechselt werden. Die Versuche der Einfliegerei mit zwei He 111 wurden weitergeführt.“*
Am 09. November 1941 um 12.03 Uhr erfolgte die Notlandung einer Bf 110 und einer Me 321 bei Harting. Am 12. November wurde der erste Versuch, eine Me 321 mit einem Bänderschirm (Bremsschirm) auf dem Flugplatz zu landen, erfolgreich durchgeführt.

Auf einem Überführungsflug notlandete ein Gigant bei Monheim, einer zwischen Neuburg/Donau und Öttingen und ein weiterer bei Nördlingen. Am 07. Dezember beschädigte ein Sturm fünf Me 321 auf dem Fliegerhorst in Obertraubling, 15 weitere Giganten rissen sich teilweise aus den Verankerungen. Einem Arbeitskommando von 120 Soldaten gelang es nur unter großem Einsatz, die Maschinen wieder ordnungsgemäß zu verankern.
In den Mittagsstunden des 10. Dezembers 1941 begannen auf dem Fliegerhorst in Obertraubling die Startvorbereitungen für einen Überführungsflug eines Lastenseglers vom Typ Messerschmitt (Me) 321 „Gigant“ mit der Kennung W4+SB nach Leipheim. Der Gigant war nur mit einer Ballastkiste beladen. Als Schleppmaschine für die Me 321 war die viermotorige Junkers (Ju) 90 mit der Kennung KB+LA vorgesehen, die von Flugkapitän Alfried Gymnich gesteuert wurde. Gymnich hatte schon Dutzende von Schleppflügen hinter sich und galt als sehr erfahrener Pilot. Die Besatzung der Me 321 mit Feldwebel Riek als Pilot, den Fliegern Halbig und Walz begab sich zur W4+SB, die vor der 100 Meter breiten Halle 5 abgestellt war, und überprüfte nochmals das Flugzeug. Unter den Tragflächen waren zwei Startraketen eingehängt, die nach dem Start an Fallschirmen abgeworfen werden sollten. Anschließend rollte eine Zugmaschine vor die Me 321 und schleppte das riesige Flugzeug langsam an das östliche Ende der Startbahn. Flugkapitän Alfried Gymnich und Feldwebel Riek begaben sich zur Flugleitung und holten sich von der Wetterwarte die neuesten Daten. Für diesen Flug waren die Wetterbedingungen alles andere als ideal. Ein starker Westwind fegte übers Land mit Sturmböen bis Windstärke 8, hinzu kamen noch vereinzelte Regenschauer. Die Wolkengrenze lag bei ca. 1000 Metern Höhe. Das würde mit Sicherheit kein Spazierflug werden, und die Ju 90 wird Schwerstarbeit zu leisten haben, um den Lastensegler nach Leipheim zu bringen! Vor allem Feldwebel Riek in der Me 321 hatte einen anstrengenden Flug vor sich, denn die Ruder des Lastenseglers waren bei diesem Wetter nur mit sehr großer Kraftanstrengung zu steuern. Flugkapitän Gymnich bestieg die vor der Flugleitung abgestellte Ju 90 und startete den ersten Motor. Nachdem alle Triebwerke abgebremst wurden, Öldruck und -temperatur ihre Werte erreicht hatten, löste Gymnich die Bremsen und rollte auf die Startbahn. Die Ju 90 hatte eine Spannweite von 36 Metern und war an sich schon ein stattliches Flugzeug, aber als sie ca. 100 Meter vor der Me 321 in Startrichtung einschwenkte, sah sie doch etwas unterdimensioniert aus. Als das 120 Meter lange Schleppseil an beiden Maschinen eingehängt war, erfolgte von der Bodenmannschaft das Startzeichen. Vorsichtig rollte die Ju 90 an, langsam spannte sich das Schleppseil. Es begann ein Flug, der in einer Katastrophe enden sollte. Alfried Gymnich schob die Leistungshebel aller vier

Motoren auf Volllast, so dass die Ju 90 in allen Fugen vibrierte. Die Bremsen wurden gelöst, und der Schleppverband setzte sich in Bewegung. Feldwebel Riek zündete in diesem Moment die Startraketen, die für 30 Sekunden zusätzlichen Schub leisteten. Es muss ein imposanter Anblick gewesen sein, als sich die Ju 90 mit dröhnenden Motoren um 13.37 Uhr in die Luft erhob und dahinter die Me 321 mit donnernden Startraketen abhob. Der Start gelang problemlos, und nachdem die Me 321 ihre Raketen abgeworfen hatte, nahm die Ju 90 Kurs 250 Grad auf und ging auf ca. 450 Meter Flughöhe. Wie erwartet, kam der Verband nur langsam voran, es war sehr böig. Die Flugzeuge wurden regelrecht durchgeschüttelt, es ging dauernd rauf und runter. Ein wichtiger Navigationspunkt für diesen Flug war die Befreiungshalle, und genau darauf steuerte Flugkapitän Gymnich zu. Es war ca. 13.45 Uhr, der Schleppverband befand sich ca. einen Kilometer vor Kelheim, als wieder heftige Sturmböen die beiden Flugzeuge erbeben ließen. Nach Aussagen der Ju 90-Besatzung flog die Me 321 plötzlich eine rollenförmige Flugbewegung, und dann ging der Lastensegler steil nach unten weg. Von der Besatzung gelang keinem mehr die Rettung mit dem Fallschirm. Hinter der Waldarbeiterschule am Goldberg schlug der Gigant in den Wald ein. Nur einige Sekunden später, und der Gigant wäre mitten über Kelheim, mit unter Umständen katastrophalen Folgen, in die Stadt gestürzt!

Nach dem Bruch des Schleppseils umkurvte die Ju 90 die Befreiungshalle und überflog in Richtung Regensburg die Absturzstelle der Me 321, die ihre gesamte Besatzung mit in den Tod gerissen hatte. Flugkapitän Gymnich setzte mit der Ju 90 um 13.59 Uhr auf dem Fliegerhorst Obertraubling zur Landung an und stand eine Stunde später an der Absturzstelle bei Kelheim. Soldaten des Fliegerhorstes sperrten sofort alles ab.

*Vom Mai 1941 bis April 1942 stand die viermotorige Junkers Ju 90/002 mit der Kennung KB+LA als Schleppflugzeug für die Giganten in Obertraubling zur Verfügung. Diese Ju 90 verfügte über vier Pratt & Whitney Twin-Wasp SC-G-Triebwerke mit einer Gesamtleistung von rund 4800 PS. Mit dieser Motorleistung war es möglich, eine Me 321 mit maximal drei Tonnen Zuladung einigermaßen sicher zu schleppen. Von dieser Version der Ju 90 stand jedoch nur eine Maschine zur Verfügung. Vierter von rechts der Pilot der Ju 90, Flugkapitän Alfried Gymnich in heller Bekleidung. (Foto: Schmid)*

Ulrich Huber, Jahrgang 1929, aus Ihrlerstein berichtete über den Absturz:

*„Es war am frühen Nachmittag des 10. Dezembers 1941, ich war schon von der Schule zu Hause, als ich auf das typische Geräusch von Flugzeugmotoren aufmerksam wurde. Für Flugzeuge hatte ich mich schon immer brennend interessiert und kannte fast alle Typen auswendig. Ich lief sofort aus dem Haus in Richtung Brand. Von hier aus hatte ich einen sehr guten Rundblick auf das Donau- und Altmühltal. Aus Osten, aus Richtung Regensburg konnte ich ein großes viermotoriges Flugzeug erkennen, das einen großen Lastensegler schleppte. Da ein starker Westwind herrschte, kam der Schleppzug nur langsam voran. In ca. 500 Metern Höhe näherte sich der Schleppverband Kelheim. Ich hatte genügend Zeit, die beeindruckende Größe dieser Flugzeuge zu betrachten. Dem Geräusch der Motoren nach liefen die auf Vollgas. Trotz des heftigen Windes zogen die beiden Maschinen anscheinend ruhig ihren Weg in Richtung Westen. Kurz vor Kelheim, der Verband hatte fast meinen Standort erreicht, kam plötzlich Bewegung in den Schleppverband. Die Me 321 geriet ins Wanken, wie ein Schiff im Sturm, und ich konnte hören, wie das Schleppseil riss. Der Lastensegler ging sofort in den Sturzflug über. Die Viermotorige schoss förmlich, wie von einer schweren Last befreit, geradeaus weiter. Die Me 321 aber stürzte in einem immer steileren Winkel vom Himmel. Es ging alles rasend schnell vor sich und dauerte nur wenige Sekunden. Wäre das Schleppseil nur etwas später gerissen, dann wäre das Flugzeug in die Stadt gestürzt. Die viermotorige Maschine wendete über der Befreiungshalle und flog über die Absturzstelle in Richtung Regensburg ab. Der „Gigant" war hinter der Waldarbeiterschule am Goldberg mitten im Wald aufgeschlagen. Fallschirme waren am Himmel keine zu sehen. Der „Gigant" hatte vermutlich die gesamte Besatzung in den Tod gerissen. Ich machte mich von Ihrlerstein aus sofort querfeldein auf den Weg zum Absturzort. Die Absturzstelle bot ein Bild der Zerstörung, denn die Me 321 war beim Aufprall total zerschmettert worden, und Grabesstille lag über dem Wald. Zwei tote Luftwaffensoldaten konnte ich eingeklemmt unter den Flugzeugtrümmern erkennen. Später wurden insgesamt drei Tote geborgen. Es war ca. eine Stunde nach dem Absturz, als die Besatzung des viermotorigen Flugzeuges und zahlreiche weitere Soldaten zur Absturzstelle kamen. Alle Zivilisten mussten die Absturzstelle verlassen. Für mich hatte die ganze Sache noch ein Nachspiel. Bei der Erkundung der Absturzstelle hatte ich meine neuen Schuhe ruiniert. Was es in Kriegszeiten bedeutete, neue Schuhe zu bekommen, kann man heute gar nicht mehr ermessen. Auf jeden Fall war der Empfang daheim durch meine Mutter entsprechend."*

***Das Ende der ersten in Regensburg gebauten Me 321 W2+SA. Nachdem eine Schleppmaschine vom Typ Bf 110 während des Startvorganges in Orscha abstürzte, zerschellte der Gigant an den Splitterschutzwällen einer Flugzeugabstellbox. (Foto: Hübsch)***

*Ju 90 schleppt Me 321. (Foto: Müller-Romminger)*

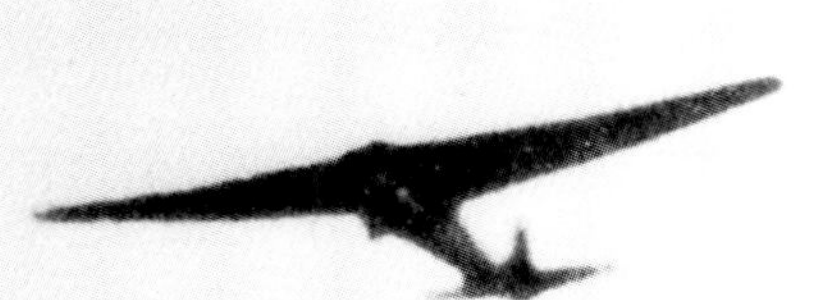

Josef Wagner aus Kelheimwinzer, damals 14 Jahre alt, erinnert sich:
*„Mein Bruder und ich wurden am frühen Nachmittag des 10. Dezembers 1941 durch das Dröhnen schwer arbeitender Flugzeugmotoren aufmerksam. Wir schauten in Richtung Norden auf die Winzerer Höhen, als dort eine große viermotorige Maschine erschien, die ein noch größeres Flugzeug schleppte. Der Schleppverband flog in Richtung Kelheim, und das Motorengeräusch der Schleppmaschine war so laut, wie ich es bis dahin noch nie von einem Flugzeug gehört hatte. Wir beobachteten den Schleppverband von hinten links, und trotz des grollenden Motorgeräusches konnten wir hören, wie mit einem peitschenden Knall das Schleppseil abriss. Der Segler nahm kurz die Schnauze hoch und stürzte dann in einer rollenförmigen Flugbewegung über die rechte Tragfläche zu Boden. Mit einem gewaltigen Krachen schlug die Maschine oberhalb der Winzerer Höhen in den Wald. Mein Bruder und ich rannten sofort zur Absturzstelle und waren mit die ersten Personen, die dort eintrafen.*
*Zwei Flieger waren noch im Flugzeug, gaben aber kein Lebenszeichen mehr von sich. Ein drittes Besatzungsmitglied lag ebenfalls tot, ca. 10 Meter vom Flugzeug entfernt, auf dem Waldboden. Eine halbe Stunde später erschien die Polizei, und nach weiteren 30 Minuten war das erste Militär vor Ort und sperrte den gesamten Bereich ab. Alle Zivilisten wurden aufgefordert, die Absturzstelle zu verlassen, da dieser Bereich jetzt militärisches Sperrgebiet war.“*

Im Winter 1941/42 standen in Leipheim und Obertraubling rund 50 Me 321 flugklar zur Abholung bereit. Um die Flugzeuge vor den Witterungseinflüssen zu schützen, war der Bau von entsprechenden Schutzdächern vorgesehen worden. Bis auf wenige erstellte scheiterte das Projekt aus Material- und Arbeitskräftemangel genauso wie das Vorhaben, die „Giganten“ nach Frankreich zu schleppen, da die Bf 110-Schleppmaschinen von der Luftwaffe anderweitig eingesetzt waren. Bei den geparkten Me 321 wurden alle Ruder und Landeklappen abmontiert und in den Maschinen gelagert. Bis zum 03.02.42 wurden lediglich vier Schutzdächer in Obertraubling fertiggestellt. Elf weitere befanden sich in einem mehr oder weniger fortgeschrittenen Baustadium. Abkommandierte Luftwaffensoldaten führten im Frühjahr 42 notwendige Reparaturen an den geparkten Me 321 durch, damit diese Maschinen wieder flugklar wurden. Am 25. Dezember 1941 wurden nochmals mehrere Giganten in Obertraubling durch einen Sturm beschädigt. In der Zwischenzeit waren die Giganten-Sonderstaffeln (G.S.) 1, 2, 4 und 22 aufgestellt worden. Diese Einheiten verfügten über je 5 Giganten Me 321 und 12 bis 15 Bf (Me) 110 als Schleppmaschinen. Hinzu kam umfangreiches Personal für die Startraketen, Sonderfahrzeuge und Bodengeräte. Angesichts der Kriegslage 1941/42 wurde ein unwahrscheinlich hoher Aufwand an Personal und Material betrieben, um die Me 321 in den Einsatz zu bringen. An der Ostfront konnten in einzelnen kritischen Frontlagen Erfolge mit der Me 321 bei der Versorgung der Truppe mit dringend benötigtem Nachschub an Treibstoff, Munition und Verpflegung erzielt werden. Aber auf die Dauer war ein derartiger Aufwand angesichts der immer bedrohlicher werdenden Kriegslage kaum mehr zu vertreten. Eine geeignete Schleppmaschine stand erst im April 1942 mit der Heinkel He 111 Z zur Verfügung. Am 13. April 1942 erfolgte auf dem Fliegerhorst Obertraubling ein erster Start einer He 111 Z mit einer Me 321 im Schlepp, da wurde im gleichen Monat nach 175 gebauten Me 321 die Produktion in Leipheim und Obertraubling eingestellt. Mit dem Eintreffen der He 111 Z wurde zusätzlich die Sonderstaffel (G.S.) 3 aufgestellt.

*Am 27. Oktober]941 war die Junkers Ju 90 V-7 GF+GH, mit Flugkapitän Pancherz am Steuer, als Schleppflugzeug für die Me 321 in Obertraubling eingesetzt. Während die Ju 90 V-7 kurz nach dem Abheben gerade das Hauptfahrwerk einfährt, donnert die Me 321 mit vier gezündeten Startraketen hinterher. Im Hintergrund ist das Flugleitungsgebäude erkennbar. Vor der Flugleitung sind drei Heinkel He 111 und mindestens neun Me 321 abgestellt. (Foto: EADS)*

*Ab April 1942 standen die ersten Heinkel He 111 Z für den Schlepp der Me 321 zur Verfügung. Die He 111 Z wurde in nur zwölf Exemplaren hergestellt und entstand aus zwei He 111 H-6 Bombern, die mit einem neu konstruierten Flügelmittelteil verbunden waren, welches einen fünften Motor aufnahm. Die He 111 Z verfügte mit seinen fünf Motoren vom Typ Jumo 211 F über eine Gesamtleistung von 6700 PS und konnte einen voll beladenen Giganten ohne Probleme schleppen. Zur Reichweitenvergrößerung konnten unter den Rümpfen vier je 900 Liter fassende Zusatztanks angebracht werden. Die Aufnahme zeigt zwei vor der Flugleitung in Obertraubling abgestellte He 111 Z. (Foto: Hübsch)*

*Eine He 111 Z und ihre Besatzung warten auf den nächsten Einsatz. (Foto: Geisbe)*

*Die He 111 Z wurden trotz ihrer überlegenen Motorisierung immer bis an ihre Leistungsgrenzen beansprucht. Am Motor 1 wird gerade Motoröl aus einem Öltankwagen aufgefüllt. Im Vordergrund ein Kran auf Opel-Blitz 3 t-Fahrgestell. Zwei derartige Fahrzeuge hoben einen leeren Giganten an, damit das Fahrwerk eingehängt werden konnte. Feldwerften und Flughafen-Betriebskompanien verfügten über derartige Spezialfahrzeuge. (Foto: Hübsch)*

*Blick aus dem Führerraum einer Me 321 B auf die schleppende He 111 Z. Beide Piloten der Me 321 umklammern mit festem Griff die Steuerräder, mit denen die Querruder bedient wurden. (Foto: Hübsch)*

*Eine He 111 Z schleppt eine Me 321. (Foto: Geisbe)*

Im Oktober 1942 wurden einige Me 321 von Obertraubling auf den Fliegerhorst Lechfeld verlegt. Belegbar sind folgende Giganten: W6+SJ, W6+SU, W6+SW, W6+SX, W6+SZ und W8+SS. Weitere Giganten wurden im November von Obertraubling nach Dijon überführt.

Ein barbarischer Akt ganz anderer Art ereignete sich am 23. Oktober 1942. Drei russische Kriegsgefangene wurden beim Diebstahl von einigen Krautköpfen entdeckt. Die Wachmannschaften eröffneten sofort das Feuer. Zwei von ihnen wurden an Ort und Stelle erschossen. Der dritte Gefangene überlebte schwer verwundet.

Über einen weiteren Zwischenfall mit einer Me 321 in Obertraubling berichtet Unteroffizier Karl Geisbe:
*„Im Schlepp einer He 111 Z starteten wir am 30. Oktober 1942 mit der Me 321 W6+SP um 17.47 Uhr in Obertraubling zu einem Überführungsflug nach Lechfeld. Abgesprochen war, dass wir auf 400 Meter Höhe geschleppt werden. Der Start gelang problemlos. Nach Abwurf der Fahrwerke und einer Platzrunde drehten wir in Richtung Westen. Kurze Zeit später wackelte die He 111 Z plötzlich mit den Tragflächen, löste die Schleppverbindung – und das in nur 200 Metern Höhe. Verdammt noch mal, dachte ich, das kann doch nicht sein, denn wir waren ja schon westlich der Bahnlinie Regensburg – München. Da blieb keine lange Zeit zum Überlegen. Kurzer Entschluss: Zurück zum Platz Wendekurve nach links eingeleitet und immer tiefer sinkend in Richtung Fliegerhorst. Sehr schnell musste ich erkennen, dass wir den Flugplatz nicht mehr erreichen konnten. Über die Bahnlinie wollte ich aber unbedingt noch hinweg, da dies den Rücktransport der Me 321 auf den Flugplatz ungemein erleichtern würde. Beim tiefen Anflug auf die Bahnlinie sahen wir einen erschreckten Schrankenwärter, der fluchtartig seinen Posten verließ. Wir waren schon bedenklich tief, die Flughöhe betrug höchstens noch zehn Meter. Vor der Bahnlinie noch mal leicht angedrückt und dann drübergezogen. Plötzlich gab es im Heck einen fürchterlichen Schlag, aber ich konnte die Maschine danach noch auf einem angrenzenden freien Feld problemlos landen. Was war passiert? Wir waren so tief angeflogen, dass wir mit dem Sporn in der elektrischen Oberleitung der Bahn hängengeblieben waren und den Fahrdraht gekappt hatten. Die Me 321 wies leichte Beschädigungen am Leitwerk auf. Um 18.05 Uhr hatte uns die Erde wieder.“*

Laut KTB kam es am 27. Dezember 1942, einem Sonntag, zum nächsten Totalverlust einer Me 321 auf dem Fliegerhorst in Obertraubling. Unteroffizier Helmut Sachse stürzte beim Landeanflug mit einem Giganten zwischen Harting und der Landebahn ab. Die Landung sollte als Ziellandung mit dem Bänderschirm (Bremsschirm) zur Verkürzung der Landestrecke erfolgen. Die Unteroffiziere Helmut Sachse, Detlef Willekens und ein weiteres Besatzungsmitglied fanden beim Absturz den Tod. Der damalige Unteroffizier Helmut Scholtz aus Aachen erinnert sich noch genau an jenen Tag:
*„Für mich unvergesslich wurde nach dem zweiten Weihnachtsfeiertag 1942 durch Leutnant Knippei Flugdienst angeordnet. Alles war tief verschneit und strahlend blauer Himmel.*

***Eine He 111 Z mit Wintertarnanstrich 1942/43. (Foto: Geisbe)***

*Diese Aufnahme wurde aus einer Focke Wulf200 „Condor" aufgenommen und zeigt die Beladung von Me 321 auf dem Fliegerhorst Obertraubling für den Einsatz nach Stalingrad im Januar 1943. (Foto: Bundesarchiv 372/2584/27)*

*Me 321 B mit der Kennung W6+SW in fabrikneuer weißer Wintertarnung für den Einsatz an der Ostfront. (Foto: Bundesarchiv 372/2584/20)*

*Wir wünschten dem Leutnant die Pest an den Hals. Zum Start kam mein Freund Helmut Sachse mit dem Auftrag, eine Ziellandung mit einer Me 321 unter Einsatz eines Bänderschirmes (Bremsschirms) durchzuführen. Ich ging mit an Bord, aber unser Lt. Knippei hatte mich dabei schon erspäht. „Scholtz, Sie sind doch schon geflogen." Da blieb mir nichts anderes übrig, als die Maschine wieder zu verlassen. Dies rettete mir aber das Leben. Die Me 321 wurde von einer He 111 Z geschleppt. Der Start gelang, und auf ca. 600 Meter über dem Platz wurde der „Gigant" ausgeklinkt. Helmut Sachse ging in den Landeanflug über, er kurvte dazu weit nach Westen und flog dann in Richtung Osten den Platz an. Ca. 600 Meter vor dem Flugplatz, in ungefähr 180 Metern Höhe, zog er den Bänderschirm. Ich stand gegenüber der Flugleitung mit Blick auf die Walhalla und beobachtete Sachse beim Endanflug. Plötzlich konnte ich erkennen, wie sich von der rechten Landeklappe zuerst kleine, dann immer größer werdende Teile lösten und gegen das Leitwerk flogen. Sekundenbruchteile später montierte das Höhenleitwerk ab, und die Me 321 rauschte im Sturzflug zu Boden. Aus, keine Chance! Ich stand wie vom Blitz getroffen, zu keiner Reaktion fähig. Wie konnte so etwas passieren? Es gab meiner Meinung nach nur drei Möglichkeiten: Entweder war die zulässige Höchstgeschwindigkeit für die ausgefahrenen Landeklappen überschritten worden, es lag ein Materialfehler vor, oder es war Sabotage. Kaum hatte sich die Schnee- und Staubwolke über der Absturzstelle gelegt, rasten wir los in der Hoffnung, unseren Kameraden noch helfen zu können, aber wir konnten sie nur noch tot bergen."*

Einen weiteren Bericht zu diesem Absturz von Hermann Vilsmeier, Jahrgang 1930, aus Obertraubling, der aus unmittelbarer Nähe das Unglück beobachten konnte:
*„Immer an Sonn- oder Feiertagen mussten wir Kinder mit unseren Eltern einen Spaziergang mitmachen. Am 26. oder 27. Dezember 1942 gingen wir auf der Walhallaallee in Richtung des Fliegerhorstes. An diesem Tag war strahlend schönes Winterwetter, und die Landschaft lag unter einer dicken Schneedecke. Wir hatten in etwa den Bereich der Allee erreicht, in dem alle Bäume abgeholzt waren, als wir aus Richtung Regensburg eine Me 321 anfliegen sahen. Das*

*Flugzeug ging ziemlich steil in den Landeanflug über und war nicht mehr allzu hoch, als es einen Bremsschirm auslöste. Kaum hatte sich dieser geöffnet, als irgendwas an der Maschine abriss. Die Me 321 stürzte anschließend steil nach unten und schlug ca. 400 Meter vor dem Flugplatz auf. Es dauerte nicht lange und es kamen jede Menge von Soldaten angelaufen, die versuchten, ihre Kameraden zu retten. Später erfuhren wir, dass alle drei Mann der Besatzung tot waren.“*

Anfangs Januar 1943 spitzte sich die Lage für die 6. Armee in Stalingrad dramatisch zu. Ohne ausreichenden Nachschub konnten die halb verhungerten Soldaten keinen Widerstand mehr leisten. Für den Stalingrad-Einsatz wurden auf den Fliegerhorsten in Regensburg/Obertraubling und in Lechfeld einige Me 321 bereitgestellt. Bereits am 12. Januar waren zwei Me 321 als Vorauskommando nach Stalino geschleppt worden, und am 23. Januar 1943 kamen zwei und am 24. Januar nochmals fünf He 111 Z von der Ostfront zurück und landeten auf dem Fliegerhorst Obertraubling, um weitere Me 321 für die Versorgung von Stalingrad über Jasionka, Shitomir nach Stalino zu schleppen. Diese geballte Transportkapazität kam aber zu spät an die Front, denn in Stalingrad hatte längst das große Sterben begonnen, und die Wetterlage war dermaßen schlecht, dass nicht geflogen werden konnte. Als sich das Wetter besserte, schwiegen in Stalingrad bereits die Waffen.

Über seine Frontflüge mit der Me 321 im Jahre 1943 berichtet Fritz Hübsch:
*„Am 10. Januar 1943 flog ich mit der Me 321 W8+SK im Schlepp hinter einer He 111 Z zu einem äußerst riskanten Einsatz von Lagerlechfeld nach Stalingrad. Beladen mit 20 t Nachschub ging es über 1000 Kilometer nach Minsk und von dort nach Shitomir. Wegen schlechten Wetters konnte aber nicht weiter nach Stalingrad geflogen werden. Als das Wetter sich wieder besserte, war die Schlacht in Stalingrad beendet. Glücklicherweise, denn es wäre für meine Besatzung und mich mit Sicherheit ein Flug ohne Wiederkehr geworden. Aber eine Krise an der Ostfront jagte die nächste, und die Russen machten ungeheuren Druck auf den Südabschnitt unserer Front. Nach Stalingrad*

**Die W6+SW nach einigen Wochen Russlandeinsatz. Der Tarnanstrich macht einen ziemlich verwaschenen Eindruck, und das Flugzeug lässt deutliche Verschleißspuren erkennen. (Foto: Deutsches Museum)**

**10. Januar 1943: Startaufstellung der Me 321 W8+SV und einer He 111 Z mit Wintertarnanstrich zum Flug von Obertraubling nach Stalino. Der Einsatz nach Stalingrad konnte wegen schlechten Wetters nicht mehr durchgeführt werden. (Foto: Powilleit)**

*stießen die Russen weiter vor und besetzten Rostow am Asowschen Meer. Dabei schnitten sie die deutschen Truppen ab, die sich aus dem Kaukasus zurückzogen. Die Truppen, die bei Rostow nicht mehr durchkamen, saßen nun im Kuban-Brückenkopf fest, riefen nach Nachschub und hofften auf Rettung.*
*Wir verlegten weiter auf die Krim, genauer gesagt auf die Halbinsel Kertsch, zur Versorgung des Kuban-Brückenkopfes. Wir transportierten auf dem Hinflug alles, was die Truppe dort benötigte, sogar Heu für die Pferde der Gebirgsjäger, die sich aus dem Kaukasus bis zum Kuban zurückgekämpft hatten. Auf dem Rückflug nahmen wir in der Regel verwundete Soldaten mit. Bis zu 80 Mann wurden in die Giganten verladen. Im Brückenkopf ballten sich immer mehr abgekämpfte deutsche Truppen, die sich gegen den hartnäckig nachdrängenden Gegner verzweifelt zur Wehr setzten. Wir flogen auch bei schlechtestem Wetter, weil wir wussten, dass die Kameraden vom Heer dringend Nachschub benötigten, um den russischen Druck standzuhalten. Dazu wurden die Flugzeuge bis an ihre Leistungsgrenze und darüber belastet. Diese Überbelastung des Materials bekam ich im wahrsten Sinne des Wortes am eigenen Körper zu spüren. Wir hatten einige Einsätze zum Teil unter Beschuss durch die Russen im Kuban-Brückenkopf geflogen und verlegten über Saki nach Shitomir zurück. In Shitomir wurde meine Me 321 mit 50 Öl- und Treibstofffässern beladen und sollte wieder nach der Kertsch starten. Eine He 111 Z schleppte uns, und wir hatten noch nicht einmal das Hauptfahrwerk abgeworfen, als es in ca. zehn Meter Höhe passierte: Das rechte Querruder löste sich und flog weg. Dann ging alles blitzschnell – der Gigant kippte über die rechte Fläche nach unten und war nicht mehr zu halten. Die Fläche rammte in den Boden. Mein Copilot und ich wurden samt den Anschnallgurten aus dem Führerraum katapultiert. Wir fanden uns im Schnee wieder. Außer Abschürfungen und Prellungen hatten wir keine ernsthaften Verletzungen erlitten, obwohl ich über Wochen jeden Knochen einzeln spürte. Unser Bordwart aber, der im Laderaum für den Abwurf der beiden Bugräder zuständig war, hatte keine Chance, er wurde von den Fässern erschlagen und konnte nur noch tot aus dem Wrack geborgen werden. Warum das Querruder wegflog, konnte nicht mehr ermittelt werden. Für mich kamen eigentlich nur drei Ursachen in Frage: Entweder war es Materialermüdung infolge Überbelastung, eine fehlerhafte Schweißnaht an einem der Querruderlager oder ein Beschussschaden, der nicht weiter aufgefallen war.“*

**Me 321 B mit der Kennung W8+SK im Januar 1943 in Shitomir. Bemerkenswert an dieser Aufnahme ist, dass der Wintertarnanstrich seitlich nicht aufgetragen wurde. (Foto: Hübsch)**

***Auch diese He 111 Z erhielt für den Einsatz an der Ostfront einen Wintertarnanstrich, der hier schon einen ziemlich verbrauchten Eindruck hinterlässt. Bei Frontflügen waren die Maschinen voll bewaffnet, wie hier mit 20 mm MG-FF/M in der vorderen Kanzel. (Foto: Hübsch)***

Aufgrund eines erhaltenen Flugauftrages (siehe Anhang) der Sonderstaffel (G.S.) 4 vom 12. Januar 1943 ist auch ein Flug eines Giganten mit der Kennung W8+SV von Obertraubling über Jasionka-Shitomir/Süd nach Stalino dokumentiert. Als Schleppflugzeug diente eine He 111 Z. Flugzeugführer der Me 321 war Unteroffizier Geisbe. Hier sein Bericht:

*„Die Maschine, mit der ich ursprünglich fliegen sollte, überführte ich von Öttingen nach Obertraubling. Dort angekommen, fragte mich Leutnant Sachsenhauser, wie sich denn dieser Gigant fliegen lässt, und ich sagte ihm, dass es die bisher beste Me 321 war, die ich bis dahin geflogen hatte. Daraufhin musste ich diese Maschine an Sachsenhauser abtreten. Nach der Beladung wurde aber gerade diese Me 321 von einer He 111 gerammt und ging in Flammen auf. Mir wurde dann die W8+SV zugeteilt und mit jeder Menge Material, welches für den Flugbetrieb der Giganten an der Ostfront benötigt wurde, vollgeladen. Fahrgestelle, Rampen, Startraketen usw. wurden im Laderaum verstaut. Im Schlepp einer He 111 Z starteten wir um 11.45 Uhr in Obertraubling. Wir flogen ca. 90 Minuten ohne Bodensicht. In der Höhe des Riesengebirges hatten wir wieder Erdsicht und flogen entlang einer mehrgleisigen Bahnstrecke in Richtung Krakau. Ohne ersichtlichen Grund wich die He 111 Z um ca. 15 Grad nach Nordosten vom Kurs ab. Durch ständiges Winken versuchten wir den Bordfunker auf die Kursabweichung hinzuweisen. Daraufhin scherte ich einige Male stark nach links aus, um die He 111 Z nach rechts auf den alten Kurs zu drehen. Der Flugzeugführer dort vorne zeigte aber keine Reaktion. Wir dachten uns: ‚Ja, pennen die?‘*

*Durch ständigen leichten Steigflug waren wir auf ca. 2200 Meter Höhe gestiegen. Es muss in Höhe von Kamienz gewesen sein, als es vor uns lebendig wurde. Der Besatzung wurde anscheinend bewusst, dass sie sich verflogen hatte. Sie drehte die Kiste auf Gegenkurs, und immer schneller werdend ging es nach unten, dass uns angst und bange wurde. Ich hatte das Gefühl, die flogen deshalb so schnell, damit wir zum Lösen der Schleppverbindung gezwungen sein sollten. Mein Kamerad Brixa war der Ansicht, die Heinkel werde uns jetzt nach Gleiwitz schleppen. Es wurde nun auch immer dunkler. In ca. 150 Metern Höhe überflogen wir ein kleines Städtchen mit Bahnhof, ein hoher Wasserturm wurde umkurvt. Nach dem zweiten Überflug des Städtchens wurden wir ausgeklinkt. Dank der erhöhten Fluggeschwindigkeit konnten wir auf Gegenkurs die Stadtgrenze erreichen. Zwei Telefonmasten wurden geknickt, ehe wir im hohen Schnee aufsetzten. Beim Ausgleiten geriet die vordere linke Kufe gegen einen gewachsenen Felsen. Das Flugzeug wurde um 30 Grad zur Seite geschleudert, eine Landeklappe wurde abgerissen und die Rumpfbespannung aufgerissen. Stark beschädigt blieb die Me 321 in der tief verschneiten Landschaft bei Tarnowitz liegen. Der Gigant musste abgewrackt werden. Die He 111 Z landete ca. 1000 Meter seitwärts von uns im tiefen Schnee. Nachdem das Flugzeug aufgetankt worden war, startete es nach Posen. Bei der Landung brach ein Fahrwerk weg. Der Flugzeugführer, ein Oberfeldwebel, wurde in die Wüste geschickt. Rückblickend muss ich sagen, dass die gesamte Gigantenfliegerei einen riesigen Aufwand erforderte, aber nur wenige Erfolge brachte. Alle Maßnahmen für Stalingrad kamen zu spät, da hätte uns die Führung mindestens vier Wochen vorher einsetzen müssen. Die Ursachen für die wenigen Erfolge mit der Me 321 waren vielfältig: Beim Schleppen brauchten wir zum Beispiel erfahrene Piloten und keine, die gerade von der Schule kamen und nur das Geradeausfliegen beherrschten. Das waren meistens junge Leutnants, die meinten, das Fliegen erfunden zu haben, und uns alten Hasen nichts glaubten. Einen davon erlebte ich zu meiner Genugtuung ziemlich kleinlaut, er hatte vergessen, das Kabinendach seiner Me 110 zu verriegeln, und dieses flog während des Starts weg und zertrümmerte den Funkmast. Erschrocken kuppelte er das Schleppseil aus, seine Maschine brach nach der Seite weg und kam mit abgerissenem Fahrwerk zum Stehen. Der Start des gesamten Schleppverbandes ging damit daneben, denn ich kuppelte sofort die beiden anderen Schleppmaschinen aus und kam so gerade noch am Platzrand zum Stehen. Als er mich anschließend*

***Fritz Hübsch als Unteroffizier der Luftwaffe. (Foto: Hübsch)***

***Die Überreste der Me 321, mit der Fritz Hübsch 1943 in Shitomir abstürzte. Im Trümmergewirr ist in der Bildmitte das Hauptfahrwerk zu erkennen. (Foto: Hübsch)***

*fragte, inwieweit ich etwas gesehen habe, schilderte ich ihm meine Beobachtungen und bemerkte, dass ich keine Meldung machen würde.*
*Am 26. Januar 1943 erfolgte ein weiterer Einsatz von Unteroffizier Geisbe mit der Me 321 W6+ST. Als zweiter Pilot war Gefreiter Michels eingeteilt. Der Start erfolgte um 10.30 Uhr hinter einer He 111 Z vom winterlichen Fliegerhorst in Obertraubling und um 14.05 Uhr die Landung in Jasionka. Am 28. Januar erfolgte die weitere Verlegung in Richtung Front. Mit Start in Jasionka um 08.30 Uhr und einer glatten Landung um 11.10 Uhr in Shitomir endete dieser Tag. Bereits am nächsten Tag ging es weiter in Richtung Stalino. Die Startbahn in Shitomir war stark verschneit. Parallel zur Startbahn war ein hoher Schneewall aufgeschichtet worden. Bei diesen Bodenverhältnissen war es für die He 111 Z sehr schwierig, Fahrt aufzunehmen. Am Ende der Startbahn brachte uns starker Seitenwind in Schräglage. In diesem Moment wurde das Hauptfahrwerk ausgeklinkt. Bei einer Flughöhe von ca. fünf Metern krachte das Fahrwerk in das Höhenleitwerk und beschädigte es stark. Der Bordfunker in der Heinkel hatte dies beobachtet und klinkte uns sofort aus. In einer Höhe von jetzt zwei bis drei Metern und geringer Fahrt drehte der Gigant mit dem Wind in ein abfallendes Tal ohne Landemöglichkeit. Frontal stießen wir gegen einen starken Holzmast, dem wir nicht mehr ausweichen konnten. Durch den Aufprall wurden die Ladetore aufgesprengt. Der Schnee schob sich in den Rumpf des Giganten und brachte ihn an einem Dorfrand zum Stillstand. Beim Bekanntwerden unseres Flugauftrages in Obertraubling hatten wir gleich Bedenken über die Kommandierung des Gefreiten Sch. als Fahrwerk-Abwerfer zu unserer Besatzung gehabt. Sch. war für diese Tätigkeit ungeeignet. Er war ein nicht ernst zu nehmender Sack, der in der Staffel nur als Putzer bei den Offizieren tätig war. Die Verantwortung für den Bruch trug eindeutig unsere Staffelführung."*

Der nächste Schritt war die Motorisierung des Giganten. Nachweislich wurden mindestens 68 Me 321 in Obertraubling endmontiert und eingeflogen. Ein Teil dieser Giganten befand sich an den Brennpunkten der Ostfront im Einsatz.

*Unteroffizier Karl Geisbe an der Steuersäule einer Me 321. Mit dem Lenkrad wurden die Querruder über einen Kettenantrieb gesteuert. (Foto: Geisbe)*

*Notlandung der Me 321 W6+ST in einem russischen Dorf bei Shitomir. Beim Start wurde das Hauptfahrwerk zu früh abgeworfen und flog gegen das Leitwerk. Deutlich ist zu erkennen, dass dabei das gesamte Heck verdreht wurde. (Foto: Geisbe)*

*Die kleinere Schwester der Me 321, die Gotha Go 242, im Landeanflug. Am 4. März 1942 ist ein Überführungsflug der Ju 90 KB+LA mit zwei Go 242 von Obertraubling nach Langendiebach dokumentiert. (Foto: Geisbe)*

*LKW Opel-Blitz 3 t hinter einer Gotha Go 242. Im Vergleich dazu konnte die Me 321 zwei dieser LKWs mühelos transportieren. (Foto: Geisbe)*

Schöne Aufnahme einer Focke-Wulf Fw 200 C-3 „Condor“ des Kampfgeschwaders 40 im Januar 1943 in Obertraubling. Darüber ein Schleppzug mit einer He 111 Z und zwei Lastensegler vom Typ Gotha Go 242. (Foto: Bundesarchiv 272/2584/31)

Die gleiche Fw 200 hat ihre Passagiere auf dem Fliegerhorst Obertraubling abgesetzt. Einige wenige Maschinen dieses Typs wurden zur Versorgung der 6. Armee in Stalingrad eingesetzt. (Foto: Bundesarchiv 272/2584/26)

# Die Produktion der Me 163 B „KOMET“ in Regensburg

Ab dem 01. Januar 1942 übernahm die Messerschmitt GmbH Regensburg offiziell den Fliegerhorst Regensburg-Obertraubling von der Messerschmitt AG Augsburg. Ab Juni 1942 gehörte der Fliegerhorst Obertraubling zum Flughafenbereich Fürth. Da die Messerschmitt-Werke den Fliegerhorst übernommen hatten, wurde die Horstkommandantur Regensburg-Obertraubling in ein einfaches Flugplatzkommando abgewertet. Ein weiteres Spezialkommando richtete sich 1942 auf dem Horst häuslich ein. Das Erprobungskommando 16 unter Hauptmann Späte und Oberleutnant Rudolf Opitz testete den ersten Raketenjäger der Welt in Obertraubling. Als Testpiloten waren Hanna Reitsch und Heini Dittmar eingesetzt.

*Flugkapitän Hanna Reitsch war in den Jahren 1941/42 ständiger Gast auf dem Fliegerhorst in Obertraubling, denn sie war sowohl am Einflugprogramm der Me 163 als auch bei der Me 321 beteiligt. (Foto: Radinger)*

Die Me 163 war das erste Flugzeug, das in der Luftfahrtgeschichte im Horizontalflug eine Geschwindigkeit von über 1000 km/h erreichen sollte. Es war der 02. Oktober 1941, als Testpilot Heini Dittmar über Peenemünde zu seinem Rekordflug startete. Allerdings wurde dieser Rekord während des Zweiten Weltkrieges erreicht und daher streng geheim gehalten.

Bei der Me 163 handelte es sich um den ersten einsatzfähigen Raketenabfangjäger der Luftfahrtgeschichte. Sein Konstrukteur Alexander Lippisch entwarf ein Flugzeug ohne übliches Leitwerk, in so genannter schwanzloser Bauweise, mit bestechenden Flugeigenschaften. Die Bezeichnung Me 163 ist etwas irreführend, denn Professor Messerschmitt war an der Konstruktion dieses Flugzeuges nicht beteiligt. Lediglich die Vorbereitung für die Serienfertigung lief in den Messerschmitt-Werken Augsburg und Regensburg unter der Bezeichnung Abteilung L (Lippisch).

Die Me 163 startete auf einem abwerfbaren Fahrgestell, stieg auf Angriffshöhe mit einer Steigleistung von 12.000 Metern in 3,45 Minuten, bekämpfte den feindlichen Bomberverband und landete mit leeren Kraftstofftanks, wie ein Segelflugzeug, auf einer hydraulisch gefederten Kufe. Aufgrund der eingeschränkten Reichweite und der Schutzlosigkeit beim Landeanflug gegenüber feindlichen Jägern – ein Durchstarten war ja wegen der leer geflogenen Treibstofftanks nicht möglich – blieben die Abwehrerfolge gegen die einfliegenden US- Bomber, am Gesamtaufwand gesehen, sehr gering. Von der technischen Seite gesehen, ist die Me 163 jedoch ein Meilenstein in der Luftfahrtgeschichte.

Höchste Achtung haben die Männer verdient, die mit diesem Flugzeug zum Einsatz gestartet sind. Jeder Flug mit der Me 163 war ein Ritt auf einer Bombe. Dies lag an den beiden Treibstoffkomponenten, die im Triebwerk gemischt explosionsartig verbrannten. Die Treibstoffe reagierten aber auch bei kleinsten Undichtigkeiten explosionsartig, sobald sie miteinander in Berührung kamen. Eine Treibstoffkomponente war der T-Stoff, eine 80-prozentige Wasserstoffsuperoxid-Lösung. Die andere Komponente war der C-Stoff, eine Mischung aus 57 Prozent Hydrazin-Hydrat, 30 Prozent Methanol und 13 Prozent Wasser. Der T-Stoff zersetzte jeden organischen Stoff, und aus organischem Stoff bestand ja auch der Pilot. Dieser trug einen Schutzanzug mit PVC- Beschichtung, und bereits beim Start war er an die Sauerstoffversorgung über eine Vollmaske angeschlossen. Der Flugzeugführer saß zwischen den T-Stoff-Tanks, und bei geringsten Undichtigkeiten hätte er ohne Schutzbekleidung und Sauerstoffversorgung das Flugzeug mit dem Fallschirm verlassen müssen oder hätte schwere Verätzungen erlitten. Zum Einsatz kam die Me 163 allerdings erst Mitte 1944, und da hatten die Alliierten schon die Luftherrschaft errungen. Der Einsatz der Me 163 wurde mit einem großen technischen Aufwand betrieben, erbrachte aber kaum militärischen Nutzen.

Anfang April 1942 begann sich eine Gruppe der Abteilung L (Lippisch) in drei Gebäuden im Nordostteil des Werksgeländes in Prüfening einzurichten. Dieses Areal innerhalb des Werkes durfte nur mit Sonderausweis betreten werden. In den drei Hallen wurde der Serienbau der Me 163 B vorbereitet. Hier erfolgte die Herstellung von Werkzeugen, Bauvorrichtungen und Bauteilen für den Rumpf und das Seitenleitwerk. In Prüfening wurden die V-2 bis V-4 endmontiert und die V-2 am 04. und 05. August 42 im Schleppflug in Obertraubling erprobt. Noch am 05. August 1942 um 16.25 Uhr wurde die Me 163 B V-2 von Obertraubling nach Augsburg überflogen.

Die Endmontage ab der V-5 und der Einflugbetrieb wurden auf dem Fliegerhorst in Obertraubling durchgeführt. Auch dafür war zusätzliches Personal erforderlich: 15 Fertigungsprüfer, sechs Arbeitsvorbereiter, zehn Vorrichtungskonstrukteure und 300 Arbeiter für die Endmontage wurden angefordert. Im Rahmen des RLM-Fertigungsprogrammes sollten 1942 noch 66 Flugzeuge vom Typ Me 163 B gebaut werden. Durch laufende konstruktive Änderungen an der Maschine konnten in diesem Jahr nur acht Me 163 fertiggestellt werden. Die Tragflächen der 163

*Geparkte Me 163. (Foto: Radinger)*

wurden von einem Werk in Zeulenroda in Holzbauweise hergestellt. Bei einer Kontrolle der ersten 70 Flügelpaare stellte man in Regensburg zwei Millimeter Spiel an den Hauptbolzen der Flächen-Anschlussbeschläge fest. Das hätte bei den hohen Geschwindigkeitsbereichen, in denen die Me 163 geflogen wurde, zum Bruch der Tragflächen führen können. Auch bei der von Hanna Reitsch geflogenen V-5 wurde das unzulässig hohe Spiel an den Tragflächen festgestellt. Glücklicherweise konnte sie aufgrund des sich nicht lösenden Fahrwerkes keine höheren Geschwindigkeiten erreichen. Nur mit einem erheblichen Arbeitsaufwand konnte dieser Fehler behoben werden. Ein weiteres Problem bereitete die Plexiglas-Kanzel, die Schlieren und Verzerrungen aufwies. Erst als man die Wandstärke der Kanzel von 8 auf 6 Millimeter reduzierte, erhielt man glasklare Kanzeln.
Allein im Januar 1943 war die Produktion der Me 163 mit sechs Maschinen im Minus. Durch weitere Konstruktionsänderungen, z. B. an der Kufenhydraulik, wurde im Februar 43 nicht eine einzige Maschine abgeliefert. Die Anzahl der aus der Endmontage in Obertraubling kommenden Me 163 B betrug im Jahre 1943 insgesamt 62 Flugzeuge.
Die erste in Obertraubling endmontierte Maschine war die Me 163 B V-5. Da die Raketentriebwerke noch nicht verfügbar waren, wurde die Me 163 im Schleppflug,

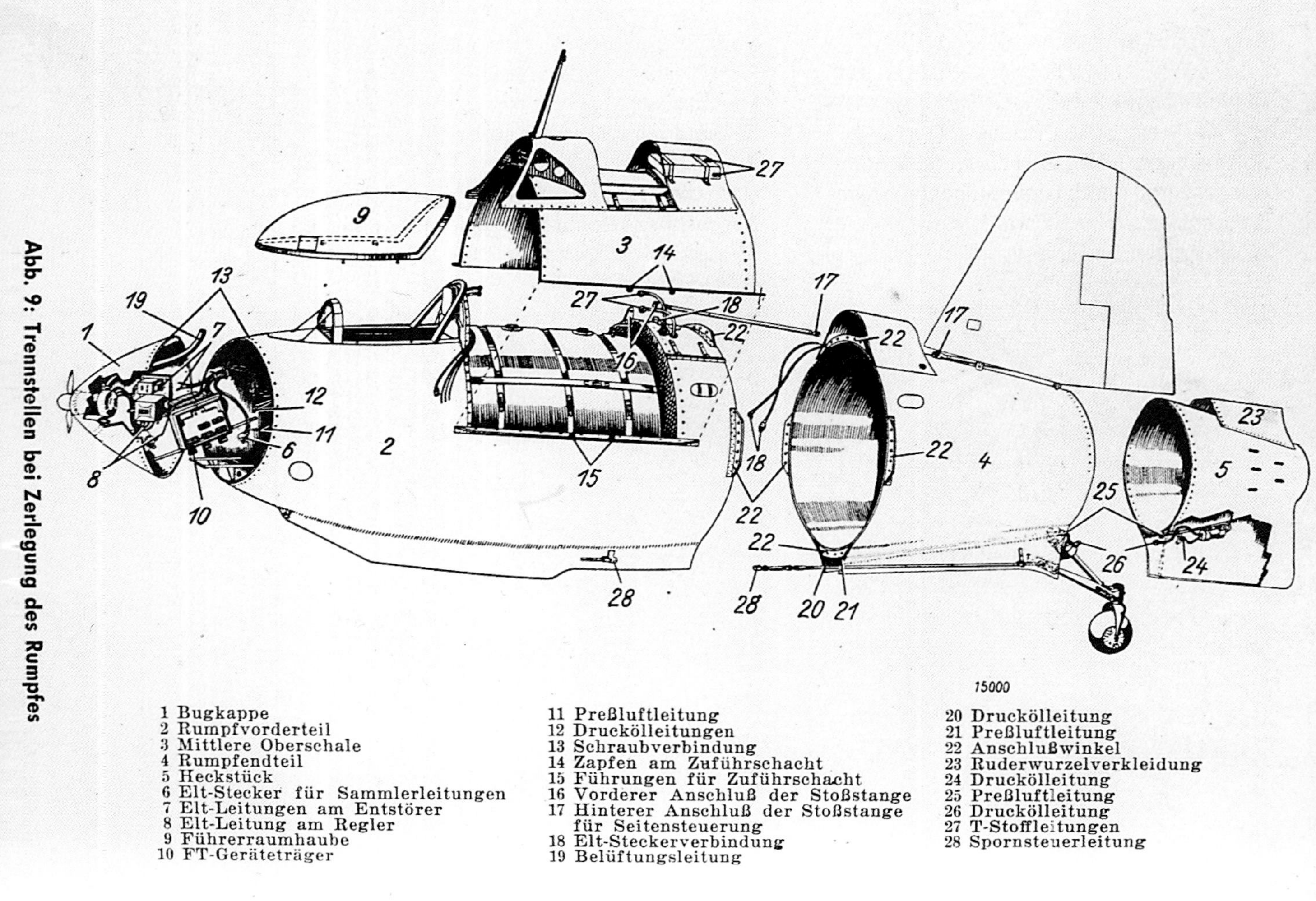


*Rumpfzeichnung der Me 163. Von diesem Raketenjagdflugzeug wurden insgesamt 70 Flugzeuge der Vorserie auf dem Fliegerhorst endmontiert. (Foto: Sammlung Peter Schmoll)*

gezogen von einer Bf 110, eingeflogen. Am 30.10.1942 stürzte Flugkapitän Hanna Reitsch beim Einflug mit der V-5 im Landeanflug auf Obertraubling aus ca. zehn Metern Höhe ab. Das Flugzeug war nur leicht beschädigt, jedoch erlitt Hanna Reitsch schwerste Kopfverletzungen.

Werkmeister Elias hob sie vorsichtig aus dem Flugzeug, und sie lehnte es ab, mit dem Sanka zum Flugplatz zu fahren. Mit der ihr eigenen Energie ging sie in Begleitung der anderen in das Krankenrevier des Fliegerhorstes, um sich verbinden zu lassen. Auf dem Beifahrersitz eines PKW fuhr man sie dann nach Regensburg ins Neue Krankenhaus. Hier weigerte sie sich, das Krankenhaus durch den Haupteingang zu betreten, sie wollte kein Aufsehen. So ging man über den Hintereingang einige Treppen hoch ins Arztzimmer. Eine sofort durchgeführte Untersuchung ergab einen Schädelbasisbruch.

Natürlich begann sofort eine eingehende Ursachenforschung über den Absturz. Dabei stellten sich folgende Ursachen heraus: Dass sich das Fahrgestell nicht löste, lag an einem Konstruktionsfehler am Fahrwerk. Dieser Fehler wurde durch Diplomingenieur Armbrust sofort abgestellt, war jedoch für den Absturz nicht primär entscheidend. Flugversuche mit untergehängtem Fahrwerk und glatte Landungen bestätigten diese Annahme. Wie immer bei Unfällen kam es zum Zusammentreffen mehrerer Ursachen. Wegen ihrer zierlichen Figur hatte Hanna Reitsch keine Schultergurte angelegt, da sie sonst den Steuerknüppel nicht voll nach vorne drücken konnte. Im Rücken wurde ihr ein großes Kissen untergelegt, damit sie die Pedale des Seitenruders erreichte. Um das Seitenruder voll durchtreten zu können, mussten auf die Pedale noch Holzklötze geschraubt werden, die bei der V-5 nicht montiert waren. Ohne Holzklötze an den Seitenruderpedalen konnte Hanna Reitsch das Seitenruder nicht voll durchtreten, und das auch nur unter Verrenkung des gesamten Körpers. Außerdem war bei der Notlandung das Reflexvisier (Revi) 16 B nicht weggeklappt worden und verursachte die schweren Kopfverletzungen. Hauptmann Späte, der für den Einflugbetrieb verantwortlich und am Unglückstag in Peenemünde war, konnte keinen Mitarbeiter für den Absturz verantwortlich machen. Es blieb bei einer Verkettung unglücklicher Umstände, die sogar Hanna Reitsch selbst zu verantworten hatte, denn sie bestand darauf, ohne die montierten Holzklötze an den Seitenruderpedalen zu starten.

In einem ärztlichen Bericht wurden Hanna Reitsch folgende Verletzungen attestiert: Gehirnquetschung, Schädelbasisbruch, Gehirnerschütterung, Wunden des Nasenrückens mit Zertrümmerung des Nasenbeines, zahlreiche Quetschungen und Hautabschürfungen am gesamten Körper. Bis zum 27. März 1943, also annähernd fünf Monate, befand sich Hanna Reitsch in stationärer Behandlung im Frauenkrankenhaus in Regensburg.

Nach diesem Unfall mit der V-5 erfolgte in Regensburg kein Einflugbetrieb mehr mit der Me 163 B. Die insgesamt 70 endmontierten Flugzeuge wurden in Obertraubling abgestellt, sofern sie nicht nach und nach als Erprobungsmaschinen verwendet wurden.

Als dann am 17. August 1943 die Produktionshallen des Messerschmitt-Werkes I in Prüfening durch einen Bombenangriff schwer zerstört wurden, kam ein Teil der Endmontage der Bf 109 auf den Fliegerhorst Obertraubling, auf dem auch noch die Endmontage und der Einflugbetrieb der Me 323 „Gigant“ liefen. Da der verfügbare Platz in den Hallen für die Jägerproduktion benötigt wurde, verlegte man die Endmontage der Me 163 im Herbst 1943 zur Firma Klemm.

## Die Verschrottung der Me 210

*Eine Episode in der Fliegerhorstgeschichte bildete die Me 210. Im Messerschmitt-Werk I in Regensburg-Prüfening wurde vom September 1941 bis zum April 1942 die Me 210 als Zerstörer und Nachfolgemuster für die Bf 110 produziert. Als im April 1942 die Produktion dieses Typs auf Anordnung des Reichsluftfahrtministeriums eingestellt werden musste, wurden die noch nicht abgenommenen Me 210 auf dem Fliegerhorst in Obertraubling abgestellt. (Foto: Sammlung Peter Schmoll)*

Wurden auf dem Fliegerhorst Regensburg-Obertraubling eigentlich sonst nur Flugzeuge produziert, so war dies bei der Me 210 genau das Gegenteil. Nach Zeitzeugenberichten standen auf dem Fliegerhorst ca. 12 bis 15 abgestellte Me 210, die im Juni/Juli 1942 zerstört wurden. Die Me 210 war für unerfahrene Flugzeugführer, die frisch von der Schule kamen, alles andere als einfach zu fliegen. Vor allem bei der Landung gab es zahlreiche Unfälle. Auch die beiden DB 601 F arbeiteten nicht gerade zuverlässig, und so gab es auch hier etliche Verluste durch Absturz.

Die Verluste der Me 210 wurden Prof. Messerschmitt angelastet, da er an der ursprünglichen Konstruktion einige Änderungen vorgenommen hatte. So waren im Entwurf von Messerschmitt ein verkürzter Rumpf und an den Tragflächen automatische Vorflügel vorgesehen. Tatsächlich wurde in der Serie dann aus Kostengründen vonseiten des RLM auf die Vorflügel verzichtet. Damit ergaben sich für unerfahrene Piloten doch einige Schwierigkeiten mit dem neuen Einsatzmuster, da es um die Hochachse sehr leicht instabil wurde. Deshalb erfolgte im April 1942 die Einstellung der Produktion. Prof. Messerschmitt wurde der Konzernführung enthoben und zum Leiter des Konstruktionsbüros in seiner eigenen Firma förmlich degradiert. Ein Teil der bereits fertiggestellten Flugzeuge wurde auf dem Fliegerhorst verschrottet. Alle wiederverwendbaren Teile wurden ausgebaut und dann die Flächen und Rümpfe zerstört.

*Nach dem Produktionsstop der Me 210 standen im Mai 1942 diese mit Planen abgedeckten Me 210 auf dem Fliegerhorst. Ein Teil der Flugzeuge wurde ausgeschlachtet und die verbliebenen Rümpfe, Tragflächen und Leitwerke verschrottet. (Foto: Radinger)*

*Eine Me 210 mit bereits abgenommenen Tragflächen wird auf dem Fliegerhorst Obertraubling mithilfe eines LANZ-Schleppers zu einem Abstellplatz gezogen. (Foto: Croneiß)*

*Auf dem Weg zum Bahnhof geht es eng zu, und es ist Maßarbeit gefragt. (Foto: Radinger)*

*Abschleppvorgang einer Me 210 zum Verladebahnhof. Die äußeren Tragflächen sind bereits abgenommen, genauso wie ein Teil des oberen Seitenleitwerks. (Foto: Radinger)*

*Mittels eines Lanz-Schleppers wird eine Me 210 zum Abwracken gezogen. (Foto: Radinger)*

*Motorprobleme waren bei der Me 210 fast ständig zu registrieren. Deutlich ist die total verölte rechte Triebwerksverkleidung erkennbar. (Foto: Radinger)*

# Die Produktion der Me 323 in Regensburg von 1942 bis 1944

Bereits Ende 1940, noch vor dem Bau des Lastenseglers Me 321 V 1, berechnete Messerschmitt-Konstrukteur Waldemar Voigt eine motorisierte Version mit der Bezeichnung Me 263. Das Transportflugzeug, ausgerüstet mit vier Daimler-Benz DB 601 A, bot Messerschmitt dem Reichsluftfahrtministerium (RLM) an. Aber noch zögerte man in Berlin. Erst nach dem Erstflug des Lastenseglers Me 321 am 13. März 1941 teilte das RLM für die motorisierte Version die Typennummer 323 zu.

*Endmontage einer Me 323 E in der Werfthalle im Sommer 1943. (Foto: Bundesarchiv Nr. 78/106/26)*

Aus einem Lastensegler ein Transportflugzeug zu konstruieren, hört sich einfach an, dafür war jedoch eine Überarbeitung der Gesamtkonstruktion der Me 321 durch Messerschmitt und Mannesmann erforderlich. Die Motoraufhängungen am Tragflächenmittelteil, der Einbau von Treibstoff- und Ölbehältern waren zu planen und zu fertigen. Das zusätzliche Gewicht der Motoren und der vollen Tanke erforderten eine Verstärkung des Tragflächenmittelteiles und letztendlich auch des Rumpfgerüstes, denn der Rumpf musste das zusätzliche Tragflächengewicht und die des Fahrwerkes aufnehmen. Mit der Me 323 modifizierte Professor Willy Messerschmitt den Lastensegler Me 321 zu einem motorisierten Großraumtransporter. Die Me 323 hatte eine Vielzahl von wegweisenden Konstruktionsmerkmalen, die für alle folgenden Transportflugzeug-Entwicklungen noch heute Gültigkeit haben. Vergleicht man moderne Transportflugzeuge mit der Me 323, so haben sie Folgendes gemeinsam: Schulterdecker, einen großen, fast rechteckigen Laderaum, das Fahrwerk seitlich am Rumpf in separaten Radkästen untergebracht und große Frachtraumtore. Auch auf diesem Gebiet leistete Messerschmitt Pionierarbeit.

Eine Analyse aller Einsatzberichte mit der Me 321 brachte folgende Erkenntnisse: Die schlechten Einsatzerfahrungen basierten nicht so sehr auf der Konstruktion des Großraumlastenseglers, sondern waren hauptsächlich auf die Schleppmethode sowie auf die langwierigen und zeitraubenden Startvorbereitungen zurückzuführen. Professor Messerschmitt selbst erstellte aufgrund von gemachten Erfahrungen Pläne für einen motorisierten „Giganten". Bereits im Herbst 1941 legte er dem RLM die ausgearbeiteten Unterlagen vor. Im Technischen Amt führte man sofort entsprechende Planungen durch, um einen geeigneten Motor für dieses Projekt zu finden. Bei der Besetzung von Frankreich erbeutete man eine große Anzahl von 14-Zylinder-Doppelstern-Vergasermotoren vom Typ Gnome-Rhone 14 N 48/49, die zur Ausrüstung für französische Bomber vom Typ Bloch und LeO vorgesehen waren. Messerschmitt erhielt umgehend den Auftrag, einen entsprechenden Erprobungsträger auf der Basis der Me 321 zu bauen. Die Me 321 B wurde mit vier Gnome-Rhone-Motoren ausgerüstet. Dadurch wurden zwar zahlreiche Verstärkungen vor allem am Rumpf und am Mittelflügel erforderlich, aber die Flugversuche beeindruckten. Mit einer Zuladung von zehn Tonnen konnte die Me 321 B jedoch nicht mehr starten. Stärkere Motoren standen aber nicht zur Verfügung, sodass man sich bei Messerschmitt entschloss, es mit sechs Motoren zu versuchen. Die Bezeichnung der motorisierten Version der Me 321 lautete nun Me 323. Auch das anfänglich geplante Fahrwerk musste von acht Rädern auf insgesamt zehn Räder verstärkt werden. Je fünf Räder waren an jeder Seite des Rumpfes in einem verkleideten Kasten untergebracht. Das Fahrwerk wurde von Skoda in Pilsen entwickelt und hatte auf jeder Seite drei Doppelbremsräder der Dimension 1200 x 420 und je zwei vordere ungebremste, aber gefederte Räder der Dimension 935 x 320. Da die Räder hintereinander angeordnet waren, ergaben sie eine Art Raupenrollwerk, mit dem auch kleinere Bodenhindernisse auf den Feldflugplätzen überrollt werden konnten. Ringfedern an den Aufhängungen der Hauptträder dämpften den Landestoß, und die Bremsen wurden per Druckluft betätigt. Das Fahrwerk selbst war eine völlige Neukonstruktion und wurde dann in der Serienfertigung von Skoda in Komotau produziert. Die ersten Flugversuche dieser so modifizierten Me 323 fielen so günstig aus, dass das RLM eine Vorserie von zehn Flugzeugen bestellte. Im Sommer 1942 begann daraufhin der Serienbau der Me 323 in Leipheim und in Regensburg-Obertraubling. Der Auftrag des RLM wurde dann aufgrund der Kriegslage auf 200 Me 323 erhöht. Zunächst erfolgte die Produktion aus den geänderten Zellen der vorhandenen Me 321. Teilfertigungen wurden an einzelne Industriebetriebe vergeben. Die Rumpfgerüste kamen aus dem

*Fabrikneue Me 323 auf dem Fliegerhorst in Obertraubling im Juni 1943. Wie auf dem Bild ersichtlich, war eine große Anzahl von fahrbaren Arbeitsplattformen für die Motorenwartung erforderlich. Die Abdeckung der Pilotenkanzel ist geöffnet, und im Bugtor ist die Lafette für ein schweres Maschinengewehr MG 131 zu erkennen. (Foto: Schmid)*

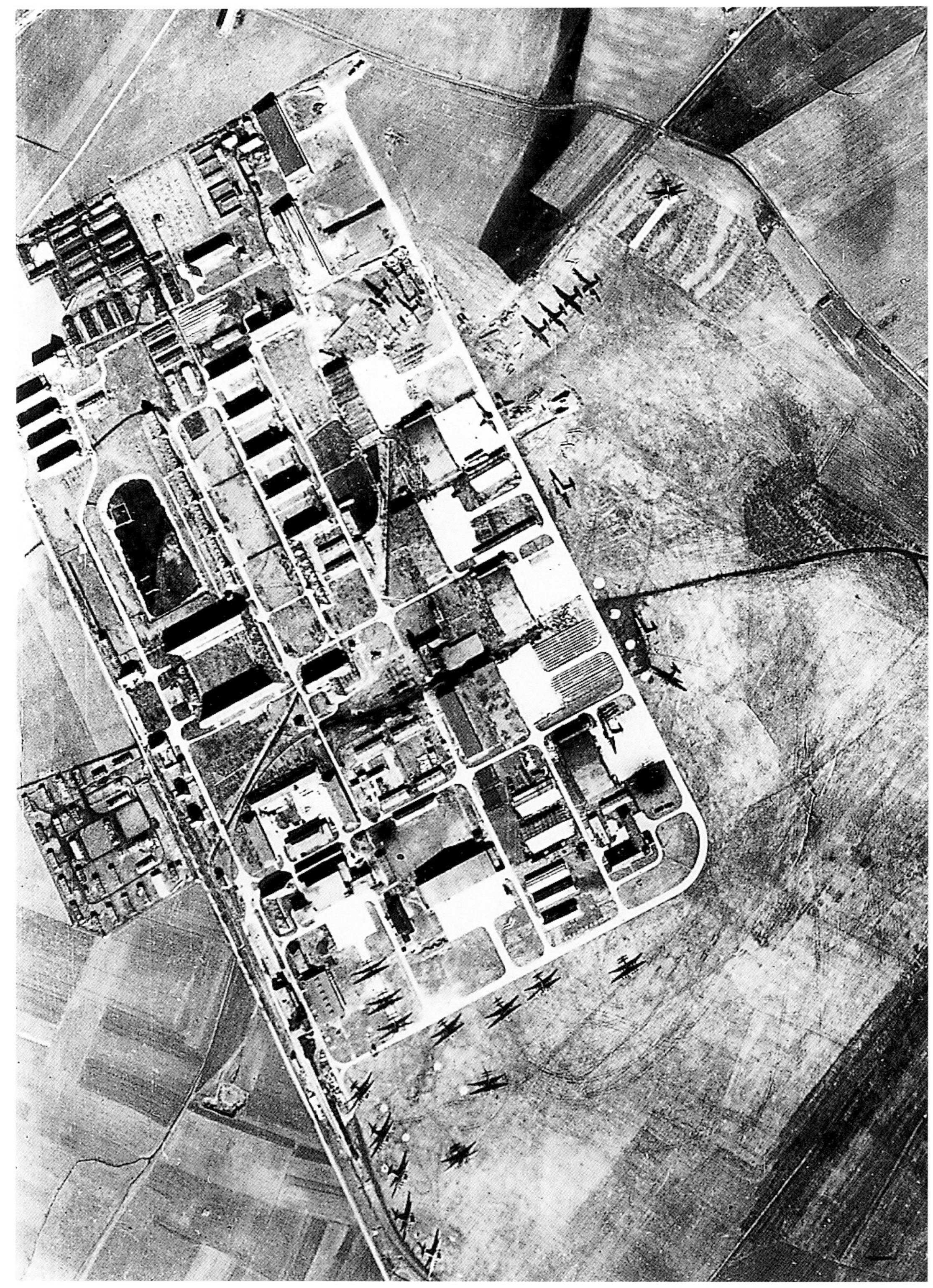

*Eine hoch interessante Luftaufnahme des Fliegerhorstes Regensburg-Obertraubling vom Sommer 1943. Insgesamt 20 Me 323 sind auf dem Flugplatz abgestellt: Am westlichen Platzrand sind sechs Flugzeuge zu erkennen. Drei sind hintereinander vor der Werfthalle abgestellt. Fünf Me 323 sind auf dem Vorfeld vor Halle 1 geparkt. Eine ist vor der Halle 3 zu erkennen, und zwei Maschinen stehen an den Tankstellen im Vorfeld zur Halle 4. Eine weitere Me 323 steht auf dem Vorfeld vor Halle 6. Im Bereich des Vorfeldes der Halle 8 sind hintereinander geparkt vier Me 321 zu sehen, rechts davon eine Me 323. Weitere Me 321 sind zwischen der Halle 8 und der im Bau befindlichen Halle 10 zu erkennen. Die Halle 11 ist bereits weitgehend fertiggestellt. Am linken Bildrand ist das außerhalb des Fliegerhorstes gelegene Lager für die Kriegsgefangenen zu erkennen. (Foto: US-Air Force)*

Mannesmann-Werk Rath bei Düsseldorf. Die Holme für die Tragflächen wurden ebenfalls von Mannesmann hergestellt, aber im Werk Komotau. Die Fahrwerkrahmen und Radgabeln wurden von Skoda in Pilsen produziert. Die Tragflächennasen und die Endrippen produzierte die Möbelfabrik May in Stuttgart. Das komplette Leitwerk des „Giganten" lieferte die Firma Hirth aus Nabern/Teck. Studiert man die Unterlagen über die Produktion der Me 323, so ergibt sich ein einzigartiger Hindernislauf in der Rüstungsindustrie und vor allem aufseiten des RLM, das anscheinend zu diesem Zeitpunkt nicht in der Lage war, die Fertigung der verschiedenen Bauteile zu koordinieren. Vor allem fehlte es an genügend großen Hallen für die Endmontage, sodass man bei Messerschmitt gezwungen war, die Endmontage teilweise im Freien durchzuführen. Hier einige Beispiele der Probleme, die die Produktion der Me 323 entscheidend verzögerten:
Das Bauprogramm für zusätzliche Hallen auf dem Fliegerhorst in Obertraubling war aus Material- und Arbeitskräftemangel weit hinter dem festgelegten Plan. Damit verbunden konnte das RLM-Bauprogramm 222 für die Me 323 nicht eingehalten werden. Für den Antransport der Flugzeugteile wurden im Februar 1942 nur 30 Prozent des benötigten Treibstoffes zugewiesen. Für den Transport der Rumpf-Gittermasten von den Mannesmann-Werken in Düsseldorf nach Obertraubling sollte auf Holzgaser-LKWs ausgewichen werden. Diese LKWs verfügten jedoch nicht über die notwendige Motorleistung, damit die Rumpf-Gittermasten über Autobahnsteigungen transportiert werden konnten. Schließlich traf man Vorbereitungen, die Gittermasten für die Rumpfkonstruktion mit Schiffen auf dem Rhein von Düsseldorf nach Mannheim zu transportieren. Hier ergaben sich jedoch weitere Verzögerungen durch Eisgang im Winter 41/42 und durch Hochwasser im Frühjahr 42. Bei Mannesmann stauten sich die abholbereiten Gittermasten und behinderten die weitere Fertigung. Ein ständiges Problem war der Arbeitskräftemangel. Für Obertraubling wurden 4100 russische Kriegsgefangene angefordert, aber bis zum 16.03.1942 erfolgte keine verbindliche Zusage, sodass man 1000 für Augsburg zugesagte kriegsgefangene russische Offiziere nach Obertraubling umleitete.

***Die in Obertraubling gebaute Me 323 D-1 mit der Kennung SL+HJ führt einen Testlauf des Triebwerks Nummer drei durch. Die Triebwerksverkleidung ist zum Teil abgenommen worden. (Foto: Sammlung Peter Schmoll)***

In Leipheim kam die Fertigung der Me 323 am 26.09.42 total zum Erliegen, da man sämtliche Wehrmachtsstrafgefangenen abgezogen hatte und die von der Messerschmitt AG angeforderten 1307 KZ-Häftlinge noch nicht eingetroffen waren. Seltsamerweise setzte man die vorher im Flugzeugbau beschäftigten Wehrmachtsstrafgefangenen nicht, wie in einem Führerbefehl vorgesehen, zur Frontbewährung ein, sondern zu Erdarbeiten in Wildflecken bzw. in Klagenfurt zur Anlage von Exerzierplätzen!

Da in Regensburg das RLM-Fertigungsprogramm 222 aufgrund von fehlenden Hallen nicht eingehalten werden konnte (Schreiben vom 22.11.42 an Oberst i.G. Vorwald), wurde für Obertraubling eine Maximalproduktion von zwölf Me 323 je Monat ab dem Mai 1943 vorgesehen, sofern genügend deutsche Fachkräfte zur Verfügung standen.

Im Dezember 1941 sollten in Obertraubling zwei viermotorige Giganten flugklar sein, denen im Januar 1942 zwei sechsmotorige Versionen folgen sollten. Die beiden viermotorigen und ein sechsmotoriger Gigant waren im Januar 1942 einflugklar. Am 20. Januar 1942 erfolgte in Obertraubling der erste Start der viermotorigen Me 323 V1 mit dem Kennzeichen W1+SZ. Die zweite sechsmotorige Version war ca. Mitte Februar flugklar, aber schwere Schneefälle behinderten den Flugbetrieb. Nur unter größter Kraftanstrengung gelang es, eine Startbahn mit 1000 Metern Länge und 100 Metern Breite vom Schnee zu räumen.

Ein weiteres Problem war der Motorenmangel für die Me 323. In der Anfangsphase waren für den Einbau Triebwerke von Alfa-Romeo vorgesehen, die aber nicht geliefert wurden. Daraufhin plante man den Einbau von Junkers-Motoren Jumo 211, wie sie in der Ju 88 eingebaut waren. Aber auch diese Motoren mit den dazu notwendigen Luftschrauben standen in nicht ausreichender Anzahl zur Verfügung. Weitere Verzögerungen im Bauprogramm waren die Folge. Mit den Gnome-Rhone-Motoren und den Ratier-Verstellpropellern aus dem besetzten Frankreich hatte man dann eine befriedigende Lösung gefunden, da diese in genügend großer Stückzahl vorhanden waren, wenn es auch mit den Ratier-Luftschrauben immer wieder technische Probleme gab.

Im August 1942 begann in Leipheim, unter dem Kommando von Hauptmann Günther Mauss, die Aufstellung der I. Gruppe des Kampfgeschwaders 323 zur besonderen Verwendung (I./KG 323 zbV). Die ersten Giganten Me 323 D verließen zu dieser Zeit die Endmontage und wurden eingeflogen. Auch in Obertraubling lief die Herstellung der Me 323 D auf Hochtouren, und im September wurden die ersten Serienflugzeuge fertiggestellt. Die erste Me 323 aus Obertraubling mit dem Stammkennzeichen DT+IA wurde am 9. September 1942 nach Leipheim überflogen, an die I./KG 323 übergeben und zur Pilotenschulung eingesetzt. Ausweislich des Kriegstagebuches des Fliegerhorstes Obertraubling wurden bis zum Jahresende 1942 mindestens 17 Me 323 nach Leipheim überflogen.

Im Jahre 1942 sind in Obertraubling sieben Vorserien- und 16 Serienmaschinen der Me 323 hergestellt worden. Auf Anweisung des OKL waren 15 Flugzeuge für die Versorgung von Stalingrad vorgesehen. Zumindest ein Teil dieser Me 323 muss auf dem Weg an die Ostfront gewesen sein, bevor sie in den Mittelmeerraum verlegt wurden.

Dass die Regensburger die Bereitstellung der 15 Me 323 für den Stalingradeinsatz auch schafften, war nur unter Einschaltung von Flugkapitän Heinrich Obermeier möglich, der nicht nur bei allen 15 Me 323 die Abnahmeflüge, sondern auch bei acht Maschinen die notwendigen Werkflüge durchführte. Heinrich Obermeier erhielt für seinen Einsatz vom Regensburger Betriebsführer Rechtsanwalt Merkel ein persönliches Dankschreiben.

Alle 2. Piloten der Me 323 erhielten in einem Sonderlehrgang eine entsprechende Einweisung in die Beladung eines Giganten. Priorität bei dieser Ausbildung lag in der Einhaltung des Schwerpunktes und bei der Verzurrung der Ladung. Zur Berechnung des Schwerpunktes wurden entsprechende Rechenschieber an die Besatzungen ausgegeben. Alle denkbaren Transportgüter wurden behandelt und teilweise auch Probebeladungen durchgeführt. Die Sollstärke der I./KG 323 zbV umfasste insgesamt 21 Me 323, die sich wie folgt aufteilten: Die Stabstaffel mit drei Flugzeugen und die 1., 2. und 3. Staffel mit je sechs Maschinen.

Während die Aufstellung der ersten Gigantenstaffeln in Leipheim fortschritt, begannen sich Ende Oktober 1942 die Kriegsereignisse im Mittelmeerraum zu überschlagen. Am 24. Oktober startete die britische 8. Armee unter Befehl von Montgomery ihre Offensive an der El Alamein Stellung. Diese Offensive wurde mit einer derartigen Materialüberlegenheit geführt, dass sich die Gesamtlage für das Deutsche Afrikakorps an der Front vor El Alamein dramatisch zuspitzte. Aufgrund der Treibstoff- und Munitionslage sowie dem Ausfall der meisten Panzer und schweren Waffen, sah sich Generalfeldmarschall Rommel gezwungen, am 2. November 1942 entgegen den Befehlen Hitlers den Rückzugsbefehl für alle deutschen und italienischen Truppen zu erteilen, um damit die völlige Einkesselung und Vernichtung des Afrikakorps zu verhindern. Damit begann ein langer und verlustreicher Rückzug von über 1500 Kilometern, der in Tunesien enden sollte. Das Gros des Afrikakorps konnte so, wenn auch mit herben Verlusten, noch einmal gerettet werden. Am 8. November landeten alliierte Truppen in Marokko und Algerien, faktisch im Rücken des Deutschen Afrikakorps, welches sich bis dahin in schweren Kämpfen nach Sidi Barrani zurückgezogen hatte. Das Afrikakorps war damit einer strategischen Zangenbewegung, gepaart mit einer riesigen Materialüberlegenheit, der Alliierten ausgesetzt. Damit Rommel der Rücken freigehalten werden konnte, landeten am 9. November 1942 deutsche und italienische Verbände im französisch besetzten Tunesien und bildeten hier einen Brückenkopf, der sehr schnell in Richtung Westen nach Bizerta und südlich in die Wüste ausgedehnt wurde. Kampferprobte deutsche Elitefallschirmjäger besetzten Schlüsselstellungen im Raum Bizerta und Tunis. Mit ihrem Einsatz sicherten sie so den Aufbau des Brückenkopfes, zumal die in Algerien gelandeten Alliierten nur langsam in Richtung Tunesien vorrückten. Den deutschen Truppen in Tunesien fehlten von Anfang an aber vor allem schwere Waffen und Fahrzeuge, welche mit den vorhandenen Flugzeugen vom Typ Ju 52 und den italienischen Transportmaschinen nicht eingeflogen werden konnten. Für Seetransporte war kaum noch Schiffsraum verfügbar, außerdem beherrschten die Alliierten zunehmend den Luftraum und versenkten die Transportschiffe mit Torpedoflugzeugen, die auf Malta stationiert waren. Dies hatte ja auch den gesamten Nachschub für Rommels Truppen vor El Alamein zum Erliegen gebracht. Im Februar/März 1943 kam kaum noch ein Transportschiff nach Tunis oder Bizerta durch, es fehlte vor allem Treibstoff für die Panzer und Fahrzeuge, ohne den ein Krieg in der Wüste nicht zu führen, geschweige denn zu gewinnen war. Hinzu kam, dass die Engländer durch das Entschlüsseln des deutschen Funkcodes und durch Agentenmeldungen bestens über alle Transporte informiert waren und entsprechende Gegenmaßnahmen treffen konnten.

Jetzt kam die Stunde der Giganten Me 323. Sie sollten einen entscheidenden Beitrag zur Versorgung des Brückenkopfes in Tunesien leisten. Mitte November 1942 verlegte die I./KG 323 zbV nach Lecce in Italien, während in Leipheim mit der Aufstellung der II./KG 323 zbV begonnen wurde. Erste Transportflüge wurden zur Versorgung des Deutschen Afrikakorps in Tunesien durchgeführt. Der Flugplatz von Campo di Cino bei Neapel diente als Absprungbasis für die Flüge nach Afrika, war aber für die Giganten mit seiner ca. 1000 Meter langen Grasstartbahn eigentlich viel zu klein, und so mancher Start mit einem vollbeladenen Giganten war mehr als haarsträubend und oft am Rande einer Katastrophe.
Es folgten auch Transportflüge in den ägäischen Raum, so flog Leutnant Ernst Peter von der Stabsstaffel der I./KG 323 zbV, mit der in Obertraubling gebauten Me 323 D Stammkennzeichen DT+IG Werknummer 1207, am 22. November 1942 einen Versorgungseinsatz nach Kreta. Die neunköpfige Besatzung bestand aus dem 1. Piloten Leutnant Peter, dem 2. Piloten Unteroffizier Spitz, dem Bordfunker Unteroffizier Fendenley, zwei Bordmechanikern und vier Bordschützen. Der Flug führte von Neapel zum Flughafen Athen/Eleusis. Von dort startete die Me 323, beladen mit 50 Fässern á 200 Litern Benzin und zehn Fässern á 200 Litern Motoröl sowie zehn Soldaten mit voller Ausrüstung, nach Thymbakion auf Kreta. Die Beladung hatte ein Gesamtgewicht von ca. 13 Tonnen.

*Eine Me 323 D-1 rollt in Obertraubling an den Start. Beachte die Abgasspuren an der Unterseite der Tragfläche. (Foto: Sammlung Peter Schmoll)*

Nach der Rückkehr von Kreta am 24.11.1942 wurde bereits am 26.11. von der gleichen Besatzung mit derselben Maschine ein weiterer Sondereinsatz geflogen und dabei der erste Panzer nach Tunesien geflogen. In den frühen Morgenstunden erfolgte auf dem kleinen Flughafen Campo di Cino bei Neapel die Beladung der Me 323 mit einer 7,62 cm-Selbstfahrlafette. Dieser Panzer mit einem Gewicht von elf Tonnen war ein von Skoda hergestellter Panzer 38 t, auf dem eine erbeutete russische Panzerabwehrkanone vom Kaliber 7,62 cm montiert war. Samt Besatzung und Ausrüstung wurde ein Ladegewicht von 12,5 Tonnen errechnet. Nachdem der erste Startversuch abgebrochen werden musste, gelang im zweiten Anlauf der haarsträubende Start auf der viel zu kurzen Startbahn, wobei kurz nach dem Abheben mit der linken Tragflächenstrebe noch einige Pinien gestreift wurden. Letztlich gewann der Gigant mit 110 Prozent Kampfleistung auf den Motoren langsam an Höhe und drehte über dem Golf von Neapel auf Kurs Sizilien und weiter Bizerta/Tunesien.

Aufgrund der Intervention des Kommandeurs vom KG 323 zbV beim Transportführer Mittelmeer wurde Mitte Dezember 1942 für die I./KG 323 zbV der Alfa Romeo-Werkflugplatz in Neapel/Pomigliano d'Arco als Einsatzplatz zugewiesen. Dieser Flugplatz verfügte über die entsprechende Größe und Infrastruktur zur Aufnahme der Giganten und hatte eine 1200 Meter lange betonierte Startbahn. Das Personal der Gruppe wurde in einer Werksiedlung der Alfa-Romeo-Werke untergebracht. Die Flüge nach Afrika wurden in der Regel in aller Frühe durchgeführt, um den feindlichen Jagdverbänden nicht zu begegnen. Die Strecke von Neapel nach Tunis betrug ca. 650 Kilometer und erforderte eine Flugzeit von ca. 3,5 Stunden. Der Flug führte über das Tyrrhenische Meer zur Westspitze von Sizilien mit dem Monte

Erice. Nach Aufnahme des Jagdschutzes, der auf dem Flugplatz von Trappani stationiert war, ging es die restlichen 250 Kilometer im Verbandsflug, meistens mit den langsameren Ju 52, nach Bizerta oder Tunis. Den Jagdschutz übernahmen meistens Bf 109 der Jagdgeschwader 27, 53 und 77 oder Zerstörer Bf 110 vom ZG 26. Die Jäger und Zerstörer waren jedoch hoffnungslos überfordert, da sich ein großer Pulk von Transportflugzeugen oft über 50 Kilometer Länge hinzog. Nach der Landung in Tunis oder Bizerta wurde so schnell wie irgend möglich entladen. Auf den Flugplätzen wurden einheimische Entladekommandos eingesetzt. Sehr unbeliebt waren bei den Gigantenbesatzungen die Beladung mit Benzinfässern und Munitionskisten. Erstens saß man förmlich auf einer Bombe und zweitens dauerte die Entladung eine halbe Ewigkeit, und in Tunesien waren die Me 323 damit über einen längeren Zeitraum den Bomben- und Tiefangriffen alliierter Flugzeuge schutzlos preisgegeben. Auf den Rückflügen wurden Verwundete und Kriegsgefangene, aber auch defektes Gerät und leere Treibstofffässer ausgeflogen. Leere Fässer, das hört sich relativ ungefährlich an, war es aber nicht. In den Fässern befanden sich Restmengen an Benzindämpfen, die durch Beschuss jeder Zeit explodieren konnten. Die Me 323 D hatten ca. 6000 Liter Sprit in den Tanks, und das reichte nach der Entladung in Tunesien so gerade zum Rückflug nach Trappani, Castelvetrano oder Palermo auf Sizilien. Dort wurde aufgetankt und der Rückflug nach Neapel angetreten. Wenn alles glatt ging, waren die Besatzungen nach 9 – 10 Stunden wieder in Neapel. Sofort wurden vom Bodenpersonal die notwendigen Kontrollen an den Giganten durchgeführt und für den nächsten Tag beladen.

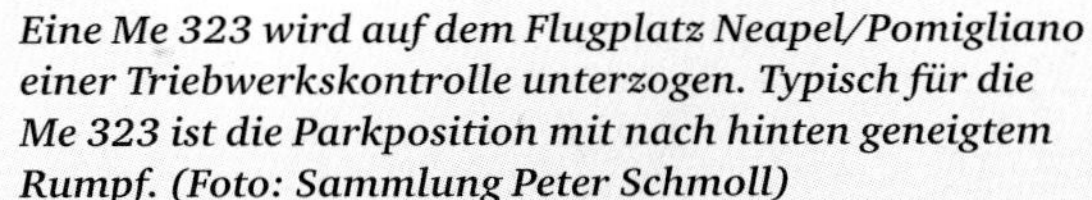

*Eine Me 323 wird auf dem Flugplatz Neapel/Pomigliano einer Triebwerkskontrolle unterzogen. Typisch für die Me 323 ist die Parkposition mit nach hinten geneigtem Rumpf. (Foto: Sammlung Peter Schmoll)*

## Flugbetrieb mit der Me 323

Bericht von Feldwebel Arno Fischer I./JG 53: *„Anfang Januar 1943 wurde ich zum Jagdgeschwader 53 nach Tunesien kommandiert. Nach wenigen Wochen härtesten Einsatzes war der Bestand an einsatzbereiten Bf 109 im Geschwader derart geschrumpft, dass unbedingt Ersatzmaschinen eingeflogen werden mussten. Das hört sich einfacher an als getan, es war aber nicht so ohne weiteres zu bewerkstelligen, denn Überführungspiloten standen keine zur Verfügung. Die neuen 109er parkten in der Luftwaffenschleuse Bari abholbereit für unser Geschwader, und so musste unser Kommandeur ein Abholkommando zusammenstellen. Nach meiner Erinnerung waren wir 8 oder 9 Mann, die auf die Reise nach Bari gingen. Wir meldeten uns beim Stab des Lufttransportführers in Tunis und wurden einem leeren startbereiten Giganten zugeteilt. Mit gemischten Gefühlen machten wir uns auf den Weg zu dem Riesenbrummer, der da etwas abseits an der Platzgrenze stand. Eigentlich war das nun überhaupt nicht nach unserem Geschmack, in diesem Stoffbomber übers Mittelmeer zu fliegen. Eine Ju 52 wäre uns da schon lieber gewesen. Aber Befehl war Befehl, und da saßen wir dann etwas verloren in diesem riesigen Laderaum umgeben von jeder Menge an Stahlrohren und nur durch die Leinwand von der Außenwelt getrennt. Vor uns startete ein Pulk Ju 52 und hinterließ eine riesige Staubwolke über dem Flugplatz in Tunis. Unser Flugzeugführer, der ja rund vier Meter über uns saß, rollte ganz gemütlich mit seinem Giganten in Richtung Startbahn. Gab Vollgas auf alle Triebwerke, die übrigens einen höllischen Lärm verursachten, und schon waren wir in der Luft und über dem Meer. Für uns Jägerpiloten war es ein ziemlich ungemütlicher Flug, denn wir mussten uns ja bei einem Jägerangriff völlig auf das fliegerische Können des Gigantenpiloten bzw. auf die Schießkünste der Bordschützen verlassen. Hinzu kam, dass die Leinwand absolut keinen Schutz darstellte und wir uns wie auf einem riesigen fliegenden Präsentierteller vorkamen. Nach ungefähr 15 Minuten Flugzeit überholten wir locker die vor uns*

***Fliegendes Personal einer Giganten-Staffel vor einer Me 323 D-2. Deutlich sind die mächtigen starren Holzluftschrauben der Firma Heine mit ihren abgeflachten Propellerenden zu erkennen. (Foto: Sammlung Peter Schmoll)***

***Eine in Obertraubling gebaute Me 323 D-2, erkennbar am starren Zweiblattpropeller, wartet auf ihren nächsten Einsatz. (Foto: Archiv Airbus Group)***

*gestarteten Ju 52. Alle Augen suchten den Himmel nach verdächtigen kleinen schwarzen Punkten ab. Die Tommys hatten anscheinend noch Mittagspause, und so landeten wir ohne Zwischenfälle in Castelvetrano auf Sizilien zum Tankstopp. Anschließend ging es weiter in Richtung Neapel. Das war dann schon ein Flug, den wir etwas genießen konnten, denn hier war mit dem Auftauchen von alliierten Jägern zu dieser Zeit nur selten zu rechnen. Nach der Landung in Neapel verließen wir aber dann doch sehr erleichtert unseren Giganten. Mit der Bahn ging es weiter nach Bari zur Übernahme neuer Bf 109 G/trop.*
*Meine Achtung vor den Piloten der Me 323, die hier ihren Dienst verrichteten, war enorm gestiegen. Auf diesem Flug war mir eigentlich so richtig bewusst geworden, was es hieß in einem der damals größten Flugzeuge mit ca. 220 km/h übers Mittelmeer zu fliegen und jederzeit mit einem Angriff durch feindliche Jäger rechnen zu müssen. Bedenkt man, dass die Maschinen auf den Flug nach Afrika mit Munition und Treibstoff vollgepackt waren, dann gehörte schon eine große Portion Überwindung, sprich Mut dazu, den Flugauftrag durchzuführen. Aber die Kameraden in Tunesien, ob in den Schützengräben, in den Panzern oder wir als Jagdflieger waren auf den Nachschub angewiesen. Aus heutiger Sicht betrachtet, war es ein sinnloses Opfern junger Menschen, aber damals waren wir alle Soldaten und an Befehle gebunden. Da gab es keine Diskussionen über Sinn oder Unsinn von Befehlen oder über den Krieg an sich.“*

Für das Bauprogramm trafen am 08. Mai 1942 weitere 351 russische Kriegsgefangene ein. Die Gesamtbelegschaft auf dem Fliegerhorst in Obertraubling umfasste zum Jahresende 3811 Personen, davon 2756 Kriegsgefangene. Zur Unterbringung der Kriegsgefangenen war anfangs 1942 mit dem Bau eines großen Barackenlagers gegenüber der Hauptwache begonnen worden. Geplant war die Belegung mit 4000 kriegsgefangenen Russen, 100 Mann Wachpersonal, 200 Mann Aufsichtspersonal, 208 Rüstungssoldaten, 280 Facharbeitern für einige Monate und weiteren 350 Mann Messerschmitt-Personal.
Die Fertigung der Baureihe Me 323 D-1 lief auf Hochtouren. Dem Messerschmitt-Liefer-

plan vom 12. April 1943 nach, sollten von dieser Baureihe bis Juni 1943 von Leipheim 22 und vom Werk in Obertraubling 32 Flugzeuge geliefert werden. Während Leipheim nur 21 ablieferte, konnten vom Obertraublinger Werk die geforderten 32 Me 323 fertiggestellt werden. Die Motorisierung der D-1 umfasste sechs Doppelsternmotore vom Typ Bloch 175.
Bei der Version Me 323 D-2 wurden die elektrischen Verstellschrauben von Ratier durch feste zweiflügelige Holzpropeller der Firma Heine ersetzt und als Antrieb dienten sechs Gnome le Rhone Doppelsternmotoren. Diese Version der Me 323 war nur für Tiefflugeinsätze geplant. Es zeigten sich jedoch im Flugbetrieb derart starke Schüttelerscheinungen und Vibrationen, dass Messerschmitt den weiteren Flugbetrieb ablehnen musste. Eine Erprobung in der E-Stelle Rechlin kam zum gleichen Ergebnis und ließ einen Einsatz mit diesen Luftschrauben nicht zu. Erst als Messerschmitt eine weichere Motorlagerung konstruierte, konnte die Version ab Februar 1943 gebaut werden. Geplant waren 50 Me 323 D-2, gebaut wurden in Leipheim und Obertraubling zusammen nur 34 D-2.
Da die D-2 aufgrund der Probleme mit den auftretenden Schwingungen nicht parallel zur D-1 gebaut werden konnte, folgte noch Ende 1942 die Version D-6.

*In der Bildmitte Karl Schmid bei einer kurzen Arbeitsbesprechung vor einem der zahlreichen Giganten in Obertraubling. (Foto: Schmid)*

Von der Version D-6 sollten zehn in Leipheim und 29 in Obertraubling gebaut werden. Letztendlich betrug die Gesamtproduktion dieses Typs 50 Maschinen. Die Flugzeuge der Version D-6 verfügten auch über eine stärkere Bewaffnung mit Maschinengewehren vom Typ MG 131. Der Serie D-6 folgte dann die Me 323 E-1, welche eine weitere Verstärkung der Bewaffnung in Form von einem Drehturm mit MG 151 auf jeder Tragfläche erhielt. Der ursprüngliche Lieferplan vom 12. April 1943 sah eine Produktion von 40 Me 323 E-1 in Leipheim und 70 in Obertraubling vor. Tatsächlich sind bis zum Jahresende 1943 von Leipheim 20 und von Obertraubling nur sieben an die Luftwaffe abgeliefert worden. Bis zum April 1944 lieferte Leipheim weitere 19 und Obertraubling nur noch drei Me 323 E-1 an die Luftwaffe ab. In Obertraubling hatte mittlerweile die Produktion des Jagdflugzeugs Bf (Me) 109 absoluten Vorrang.

Verlief der Einflugbetrieb der Me 323 weitgehend ohne größere Zwischenfälle, gab es mit der Me 321 und den Schleppmaschinen der Sonderstaffeln (G.S.) weitere Unfälle. Am 02. Mai 1942 stürzte eine He 111-Z beim Start in Obertraubling ab; drei tote Besatzungsmitglieder, darunter der Pilot Oberfeldwebel Grzega, waren zu beklagen.

Über diesem Absturz berichtet Heinrich Dienstl:
*„Ich war in der Besatzung von Oberleutnant Sachsenhauser als Bordwart eingesetzt. Meine Aufgaben als Bordwart bestanden darin, dass das Transportgut richtig verzurrt war und die Gewichtsverteilung passte. Ferner war ich für den Abwurf der beiden Bugfahrwerke verant-*

*wortlich. Am 2. Mai 1942 sollte ein neuer Pilot einen Einweisungsflug auf der Me 321 durchführen. Seit wir die He 111 Z hatten, war die Gigantenfliegerei relativ harmlos geworden. Der Neue bekam noch eine entsprechende Unterweisung von Oberleutnant Sachsenhauser. Der sagte ihm, dass beim Steuern mit dem Querruder möglichst kein voller Ausschlag gegeben werden sollte. Diese hatten bei der Me 321 die unangenehme Eigenschaft, dass sie sich in der Endstellung förmlich festsaugten und nur unter größter Kraftanstrengung wieder gegengesteuert werden konnten. Auf Befehl von Oberleutnant Sachsenberg flog ich bei diesem Werkstattflug mit der neuen Besatzung, um den Bordwart einzuweisen. Die He 111 Z rollte vor den Giganten, das Schleppseil wurde eingehängt, und ab ging die Post. Der Start verlief planmäßig. Dann erwischte uns eine Böe, und es wurde im Führerraum oben laut. Ich stieg sofort über die Leiter nach oben. Da hingen die beiden Piloten an den Steuersäulen. Wir zogen die He 111 Z bei noch geringer Geschwindigkeit seitlich weg. Dann ging alles blitzschnell. Die in der Heinkel hatten das Schleppseil ausgeklinkt und gingen in einem flachen Winkel nach unten. Für die Schleppmaschine gab es kein Halten mehr, sie schmierte seitlich über die Tragfläche nach unten weg. Wenige Sekunden später war ein Feuerball zu sehen und kündete vom Ende der He 111 Z. Wir dagegen kamen heil an den Boden. Von den drei Mann der Besatzung der He 111 Z überlebte keiner den Absturz. Wieder hatte die Gigantenfliegerei ihre Opfer gefordert, wenn auch in diesem Fall völlig unnötig, da sich die beiden Flugzeugführer des Giganten offenbar nicht an die Anweisungen gehalten hatten.“*

Ein weiterer Augenzeuge dieses Absturzes war Unteroffizier Geisbe:
*„Unser Kommandoführer Hauptmann Schäfer wollte an diesem Tage unbedingt einen Einweisungsflug mit Oberfeldwebel Jödicke durchführen. Die He 111 Z von Grzega war als Einzige verfügbar. Obwohl fast die gesamte Besatzung von Grzega zu einer Bootsfahrt auf der Donau unterwegs war, ging er mit seiner He 111 Z und zwei Bordmechanikern an den Start. Kurz nach dem Abheben beider Flugzeuge zog die Me 321 ungewöhnlich steil nach oben und drehte aus der Flugrichtung. In höchstens 80 Metern Höhe zog sie dabei die He 111 Z seitlich hoch, mit dem*

*Die Me 323 mit der Kennung RL+UJ in Parkposition. Typisch für den Giganten hat der Rumpf über den Notsporn Bodenkontakt. (Foto: Sammlung Peter Schmoll)*

*Me 323 mit einem geöffneten Laderaumtor. Vor dem Laderaum liegt eine Fliegerbombe zur Verladung bereit. (Foto: Hübsch)*

*Betankung einer Me 323 durch einen Tankwagen, der bequem unter den weit ausladenden Tragflächen Platz findet. Die Tanks des Giganten fassten insgesamt 5340 Liter Benzin bei der Version D. (Foto: Hübsch)*

*Erfolg, dass diese über die linke Tragfläche abschmierte, den Boden berührte und explodierte. Dieses Mal lag die Schuld ganz eindeutig bei den beiden Piloten des Giganten."*

Am 11. Mai 1942 erfolgte die Notlandung einer Bf 110 der G.S. 2 in Obertraubling wegen Motorschadens, dabei wurde der Flugzeugführer verletzt. Im Spätsommer 1942 kamen die ersten Serienmaschinen der Me 323 aus der Endmontage in Obertraubling. Bei einem der Ein- und Unterweisungsflüge gab es eine Bruchlandung, bei der eine Me 323 total zerstört wurde. Unteroffizier Heinz Powilleit erinnert sich an das damalige Geschehen:

*„Im Frühjahr 1942 waren die meisten Gigantenpiloten auf einem Navigationslehrgang in Leipheim mit dem Ziel, uns als Piloten auf der Me 323 einzusetzen. Aber anscheinend waren wir vom militärischen Dienstrang her zu niedrig, um eine Motormaschine zu fliegen. Dass die reinen Motorflugzeugpiloten so ihre Schwierigkeiten mit den Flugeigenschaften eines motorisierten Lastenseglers hatten, erlebte ich auf dem Fliegerhorst in Obertraubling. Es war ein herrlicher Sommertag, und für uns Me 321-Piloten stand Leistungsfliegen mit kleinen Segelflugzeugen auf dem Dienstplan, und dies war dann eine militärische Angelegenheit. Wir hatten dabei auch Zeit, den Einflugbetrieb bei den Messerschmitt-Leuten zu beobachten. Eine Me 323 wurde für einen Einflug vorbereitet und unweit der Startbahn bereitgestellt. Von der Flugleitung her sahen wir einen Major kommen, im mittleren Alter, in voller Montur und mit allerhand Orden sowie Ehrenzeichen behängt. Er eilte auf die Me 323 zu, die inzwischen auf die Startbahn gerollt worden war. Er setzte sich auf den Pilotensitz und startete einwandfrei. Ob er nun einen Probeflug machen wollte oder um die Maschine zu übernehmen, vielleicht auch nur mal zum Testen, blieb uns unbekannt. Nach einer Platzrunde setzte er zur Landung an. Beim Anflug kam die Me 323 zu hoch an. Sie schwebte weit über das ausgelegte Landekreuz ein. Für eine Landung auf dem Platz hätte es aber immer noch gereicht. Doch der Ehrgeiz schien den guten Mann gepackt zu haben, den Giganten am Landekreuz aufzusetzen. Er*

**Eine der ersten Me 323 D aus der Obertraublinger Produktion Ende 1942. Ausweislich der Kennung auf dem Seitenruder XIB gehörte diese Me 323 zur I./KG z.b. V. 323 (ab Mai 1943 umbenannt in I./TG 5). (Foto: Obermeier)**

*Eine Me 323 der Baureihe D. Die Motoren sind gegen Witterungseinflüsse mit Planen abgedeckt. Das Flugzeug verfügt noch über kein Stammkennzeichen. (Foto: Hübsch)*

*startete die Maschine durch und flog eine weitere Platzrunde, die etwas kleiner ausfiel. Als er wiederum zu hoch anschwebte, startete er erneut durch. Er wollte es halt genau wissen, flog wieder eine Runde und setzte nun zum dritten Mal an. Auch bei diesem Versuch flog er den Platz zu hoch an. Die Entscheidung durchzustarten kam zu spät. Die Me 323 war schon zu langsam und viel zu niedrig. Der Major gab trotzdem Vollgas. Durch die Zugkraft der Propeller und durch die aufgrund der geringen Geschwindigkeit stark nachlassende Wirkung des Höhenruders wurde die Maschine kopflastig und die Schnauze bekam Bodenberührung, sprang aber wieder hoch. Der Major gab nochmals Vollgas auf alle sechs Triebwerke, doch die Geschwindigkeit war weg. Das Flugzeug stieß nun in einem stumpfen Winkel auf dem Boden auf, hob aber nochmals ab. Beim dritten brutalen Aufschlag ging die 323 total zu Bruch. Das Ende war schaurig! Der Major wurde blutend und schwer verletzt aus der total zertrümmerten Maschine gezogen. Die Sanitäter waren sofort da, legten ihn auf eine Trage und brachten ihn ins Lazarett. Der ganze Ablauf, vom Verlassen der Flugleitung mit draufgängerischem Schritt bis zur Krankentrage, dauerte höchstens 20 Minuten. Eine makabre Geschichte! Vermutlich wegen falschem Ehrgeiz, die Kiste am Landekreuz aufzusetzen, wurde eine Me 323 zu Schrott geflogen. Uns Me 321-Piloten stimmte das ganze Erlebnis sehr traurig. Die Me 323 war halt ein motorisierter Lastensegler. Er schwebte bei einem Landeanflug viel weiter als ein normales Motorflugzeug."*

Anmerkung des Verfassers: Bei der verunglückten Me 323 handelte es sich um die VM+IF mit der Werknummer 1258, die dabei zu 90 Prozent zerstört wurde. Bei der Bruchlandung gab es einen Toten und zwei Schwerverletzte, darunter Major Markus Zeidler. Betrachtet man die Verlustmeldungen der Gigantenverbände, dann sind bei Landungen zahlreiche Unfälle verzeichnet worden.

*Am 21.04.1943 besichtigt Reichsstatthalter Ritter von Epp die Messerschmitt-Werke in Regensburg. Am rechten Bildrand ist Diplom-Ingenieur Linder zu erkennen, der Technische Direktor der Messerschmitt GmbH Regensburg. (Foto: Willbold EADS)*

*Technischer Direktor Linder im Gespräch mit Ritter von Epp. Karl Linder hält ein wunderschönes Werkmodell einer Me 323 in der Hand und erläutert dem Reichsstatthalter die Konstruktion des „Giganten“. (Foto: Willbold EADS)*

*Im Tiefflug erfolgt ein Einsatz in Richtung Tunesien zur Versorgung des Deutschen Afrikakorps. Vor allem Treibstoff und Munition, aber auch Panzer und Fahrzeuge aller Art sowie Geschütze wurden transportiert. (Foto: Sammlung Peter Schmoll)*

*Treibstofffässer wurden in Tunesien ausgeladen und werden unter Mithilfe von einheimischen Hilfskräften verladen. Die Me 323 hat ihre Triebwerke bereits angelassen und startet zum Rückflug. Aufgrund zunehmender alliierter Luftherrschaft musste die Ausladung des Transportgutes immer so schnell wie möglich erfolgen, um Angriffen von Tieffliegern zu entgehen. (Foto: Sammlung Peter Schmoll)*

*Leere Treibstofffässer warten auf den Rücktransport nach Italien. Waren Munition und volle Benzinfässer schon ein unbeliebtes Transportgut, so waren leere Fässer noch unbeliebter. In den leeren Fässern waren in der Regel noch Benzindämpfe. Bei Beschuss explodierte so ein Fass wie eine Bombe, mit fatalen Folgen für das Flugzeug und seine Besatzung. (Foto: Sammlung Peter Schmoll)*

*Beim Betanken in Brand geratene Me 323. Die sofort herbeigeeilte Feuerwehr konnte in diesem Fall aber nichts mehr retten. Im Vordergrund ein Feuerwehrfahrzeug vom Typ Henschel Tankspritze TS 2.5 der Luftwaffe. (Foto: Sammlung Peter Schmoll)*

*Im Bug eingebaute Bewaffnung mit MG 15 Kaliber 7,92 mm. Im Bereich der Flugzeugkanzel ist ein weiteres MG zu erkennen. (Foto: Sammlung Peter Schmoll)*

*Bei dieser Me 323 wurde die Bewaffnung verstärkt auf MG 131 Kaliber 13,1 mm. Deutlich ist zu erkennen, dass der Bedienstand mit einer Panzerplatte verstärkt worden ist. (Foto: Sammlung Hans-Peter Dobrowski)*

*Drei Spezialkranfahrzeuge auf Basis des Opel-Blitz 3 t sind zur Motorenwartung an einer Me 323 eingesetzt. Die Flugzeugtriebwerke aus französischer Produktion verrichteten relativ problemlos ihren Dienst. Der Schwachpunkt waren die Luftschrauben und deren Verstellungsmechanismus, welcher sehr oft zu Ausfällen führte, mit der Konsequenz, dass das betroffene Triebwerk außer Betrieb genommen werden musste. (Foto: Archiv Airbus Group)*

*Kontrolle des Seitenleitwerks und des Seitenruders an einer Me 323. Beachtenswert ist die ungesicherte Position des Flugzeugwarts auf dem Kranausleger. (Foto: Sammlung Peter Schmoll)*

Da die Me 323 bei der Landung aufgrund ihres Tragflächenprofils sehr lange schwebte, erforderte dies die volle Konzentration der Piloten. Ehemalige Piloten berichteten von zahlreichen Vorfällen, weil die Maschine absolut nicht aufsetzen wollte. Dann wurde es meistens knapp auf der Landebahn. Ein Durchstarten hatte rechtzeitig bei noch ausreichender Geschwindigkeit zu erfolgen. Ehemalige Lastenseglerpiloten äußerten sich gegenüber dem Verfasser: *„Der Gigant hatte halt ein Tragflächenprofil wie ein Segelflugzeug, das musste man bei den Landungen mit der 323 unbedingt beachten!"*

Was passierte, wenn die Landebahn nicht mehr ausreichte, zeigen die folgenden Bilder.

Der ehemalige Oberfeldwebel Ludwig Kandler aus Saal erinnert sich an die Me 323:
*„1938 kam ich als Kraftfahrzeugmeister zur Luftwaffe und wurde nach Fürth eingezogen. Nach der Grundausbildung auf dem Fliegerhorst in Fürth wurde ich für einige Wochen zu einem Sonderkommando versetzt, das die Gebrüder Horten auf der Wasserkuppe bei der Flugerprobung mit ihren Segelflugzeugen unterstützte. Sogar eine Motorschleppmaschine vom Typ Focke Wulf 56 war dazu im Einsatz. Während dieser Wochen auf der*

***Vermutlich handelt es sich hier um die Me 323 mit der Werknummer 1203, welche am 22. November 1942 bei einer missglückten Landung zu 60 Prozent beschädigt worden ist. Den Giganten hat es dabei aber ganz übel erwischt. Entweder ist bei der Landung zu spät aufgesetzt worden oder die Bremsen haben versagt. Auf jeden Fall ist die Me 323 in einen Erdwall hineingerollt und schwer beschädigt liegen geblieben. Unter der Tragfläche steht ein LKW vom Typ Henschel 33 mit Fässern auf der Ladefläche. Aus Gewichts- und Sicherheitsgründen wurden offenbar die Treibstofftanks entleert und die Öltanks abgepumpt. (Foto: Martin Wibmer)***

***Von der anderen Seite aufgenommen, sieht die Lage nicht viel besser aus. Die Tore vom Laderaum sind durch den Aufprall kräftig deformiert worden. (Foto: Martin Wibmer)***

***Ein Blick unter die rechte Tragfläche zeigt, dass die Tragflächenstrebe total verbogen ist. (Foto: Martin Wibmer)***

*Ein ziemlich ratloser und resignierender Blick eines Besatzungsmitglieds in die Kamera angesichts der bescheidenen Lage des Giganten. (Foto: Martin Wibmer)*

*Die Laderaumtore wurden bereits demontiert. Beachtenswert ist der freie Blick auf die gepanzerte Flugzeugführerkabine. (Foto: Martin Wibmer)*

*Mit vereinten Kräften wird versucht, das Fahrwerk freizulegen und einen Weg durch den Erdwall zu schaffen. (Foto: Martin Wibmer)*

*Geschafft! Das Fahrwerk ist freigeschaufelt und der Erdwall soweit abgetragen, dass die Me 323 zum Flugplatz geschleppt werden kann. Ganz rechts vermutlich der Flugzeugführer des Giganten mit Spaten und EK I sowie dem Flugzeugführerabzeichen auf der Lederjacke. (Foto: Martin Wibmer)*

**Feldwebel Ludwig Kandier vor einer Zugmaschine Typ Hanomag SS 100. Eine Zugmaschine dieses Typs war auch auf dem Fliegerhorst stationiert. (Foto: Kandier)**

*Wasserkuppe reifte in mir die Entscheidung, mich als Pilot bei der Luftwaffe zu bewerben. Nach Fürth zurückgekommen, füllte ich einen entsprechenden Antrag aus. Fast ein Jahr verging, und ich erhielt eine Absage. Wegen meiner technischen Ausbildung im Bereich Bewaffnung und Flugzeugmotoren wurde ich nicht freigegeben. Mittlerweile war ich Unteroffizier und wurde 1940 nach Obertraubling versetzt. In Obertraubling führte ich ein kleines Kommando, und wir rüsteten bei He 111-Kampfflugzeugen Abweiser in den Bombenschächten nach. Dann begann in Obertraubling die Gigantenfliegerei. Zuerst hatte ich damit nichts zu tun, da ich ja der Werft unterstellt war.*
*Es war aber jedes Mal ein atemberaubender Anblick, wenn sich ein Schleppverband in die Luft erhob. Als dann die ersten Me 323 so Anfang 1942 auf dem Platz standen, wurde ich abkommandiert, Waffenstände einzubauen. Am Anfang waren es nur MG 15 und MG 131, die eingebaut wurden. Mein Kommandeur schlug mir nun vor, ich sollte mich zur Bordschützenausbildung melden, da hätte ich gute Aussichten, genommen zu werden. Außerdem verstand ich eine Menge von Flugzeugmotoren und hätte als Bordwart eingesetzt werden können, der ja ebenfalls in der Tragfläche saß. Ich habe mir das damals gründlich überlegt: Einerseits war es verlockend, zum fliegenden Personal mit all seinen Vorzügen zu gehören, andererseits war mir bewusst, dass diese Versetzung auch ein Himmelfahrtskommando sein konnte. Ich kann heute nicht mehr genau sagen, was mich damals bewegt hatte abzulehnen, vielleicht war es eine Trotzreaktion, weil ich als Flugzeugführer abgelehnt worden war. Diese Ablehnung meinerseits aber hat mir vermutlich das Leben gerettet. Aber wie es nun so beim Barras war, wurde ich dafür versetzt. Mittlerweile Feldwebel, kam ich zum Luftpark nach Erding und wurde sofort nach Sizilien auf den Flugplatz Trapani kommandiert. Es hätte auch schlimmer kommen können, und ich hätte mich an der Ostfront wiedergefunden. Auf Sizilien gab es Anfang 1943 zahlreiche Bomber- und Jagdverbände, und die brauchten Ersatzteile und vor allem Ersatzmotore. Wir waren in Trapani eine Zweigstelle des Luftwaffenparks und koordinierten über Bari und Neapel den Nachschub. Und damals sah ich auch die Me 323 nach Tunesien fliegen. Es waren mit Sicherheit auch Maschinen aus Obertraubling dabei, bei denen ich die Bordwaffen mit eingebaut hatte. Sah ich den Me 323 anfangs noch etwas sehnsüchtig nach, wurden die Verluste aber zusehends größer. Wir konnten ja auch zählen, wenn von sieben Maschinen nur fünf zurückkamen. Als es in Tunesien zu Ende ging und Dutzende von Giganten über dem Mittelmeer abgeschossen worden waren, dachte ich mir, dass ich damals in Obertraubling doch für mich die richtige Entscheidung getroffen hatte."*

Die Verluste des KG 323 z.b.V. im Mittelmeerraum innerhalb von nur fünf Monaten Einsatzes.

Stand zum 30. April:

| **Personal** | |
|---|---:|
| Gefallene: | 42 |
| Vermisste: | 204 |
| Schwerverwundete: | 28 |
| Leichtverwundete: | 52 |
| **Total** | **326** |

| **Me 323** | |
|---|---:|
| Zerstörte: | 39 |
| Vermisste: | 29 |
| Schwerbeschädigte: | 21 |
| Leichtbeschädigte: | 12 |
| **Total** | **101** |

Die Anzahl von 101 verloren gegangenen oder beschädigten Me 323 innerhalb von nicht ganz einem halben Jahr Einsatz entspricht einer großen Anzahl an Serienflugzeugen, die in Obertraubling im Jahr 1943 gebaut worden sind. Diese Verluste, wohlgemerkt von einer Transporteinheit, gehen auf die erstarkten alliierten Fliegerverbände zurück. Die wenigen deutschen Jagdfliegerverbände waren schon lange nicht mehr in der Lage, die Luftherrschaft über den Fronten und auf den langen Nachschubwegen zu sichern. Für die deutschen Flieger war es ein einziger Opfergang.

# Die Katastrophe vom 22. April 1943

Auf dringende Hilferufe des „Deutschen Afrika Korps“ – die Treibstoffreserven gingen zu Ende – flog am 22. April 1943 das letzte Aufgebot des Transportgeschwaders 323 mit 14 Maschinen einen Versorgungseinsatz nach Tunis. Jede Me 323 war mit 13 Tonnen Benzin in Fässern beladen worden. Insgesamt 700 Fässer mit Treibstoff waren an Bord der Giganten. In Sichtweite der afrikanischen Küste, wenige Flugminuten vor dem Ziel, schlugen die alliierten Jäger zu. Agenten auf Sizilien hatten den Flug der Giganten an das alliierte Hauptquartier in Nordafrika gefunkt. Alle 14 Me 323 wurden abgeschossen, sechs von der I. Gruppe und acht von der II. Gruppe K.G. 323 z.b.V. Von den 138 Besatzungsmitgliedern überlebten nur 19 Mann.

Der im Wortlaut original wiedergegebene Gefechtsbericht der I./K.G.z.b.V. 323 zu den Ereignissen:

*„Am 22. April starteten bis 07:10 Uhr 16 Me 323 unter Führung von Oberstleutnant Stephan von Pomigliano zum Einsatz nach Tunis. Die Flugzeuge waren mit Brennstoff und Munition beladen. Um 08:30 Uhr erfolgte nach mehrmaligen Kurven über Trapani die Jagdschutzaufnahme. Anschließend ging der Me 323-Pulk zusammen mit dem Ju-52-Pulk über Maritimo auf Kurs Tunis. Der Me-323-Pulk flog etwas schneller, überholte den Ju-52-Pulk und in Folge veränderter Windverhältnisse, kam der Me-323-Pulk etwas links vom befohlenen Kurs ab. An begeleitenden Jägern wurden etwa 10 Me (Bf) 109 gezählt, die rottenweise um beide Pulks kreisten. Um 09:25 Uhr erfolgte völlig überraschend von Westen ein Jagdangriff. Aus dem Dunst auftauchend wurden die rechts hinten fliegenden Me 323 zuerst von der Seite dann von hinten angegriffen und nach wenigen Minuten waren fünf Me 323 abgeschossen. Von Beginn*

***Ein Sonderkraftfahrzeug 4 Opel Maultier zieht eine leichte Feldhaubitze 10,5 cm aus einer Me 323. (Foto: Archiv Airbus Group)***

*des Angriffs an wurden eigene Jäger nicht mehr gesehen. Laufend wurden die restlichen Maschinen des Pulks von Schwärmen von 4 bis 7 Spitfires und Hurricanes von rechts vorne, rechts und hinten weiter angegriffen, bis die Pulkführer und die links fliegende Maschine allein übrig blieben. Nach kurzer Zeit wurden auch diese beiden abgeschossen. Nach Aussagen der Geretteten haben bis auf zwei oder drei Flugzeuge bereits alle in der Luft gebrannt. Die nach dem ersten überraschenden Angriff einsetzende Abwehr des Pulkes schoss vor allem mit den von der Truppe selbst eingebauten Maschinengewehren vom Typ 131 mit Sicherheit sechs feindliche Jäger ab, die brennend ins Meer stürzend gesehen wurden und wahrscheinlich wurden noch 3 weitere Jäger abgeschossen. Es ist jedoch anzunehmen, dass von den fünf Flugzeugen, von denen bisher keiner der Besatzung gerettet wurde, noch weitere feindliche Jäger abgeschossen wurden. Sämtliche Flugzeuge gingen sofort nach dem Aufsetzen zum Teil sich überschlagend unter, sodass nur wenige Besatzungsmitglieder aus den Flugzeugen heraus kamen. Die Möglichkeit des Abwurfes des 4-Mann-Schlauchbootes bestand bei keinem Flugzeug und nur durch das Auseinanderbrechen der Flugzeuge fielen die Schlauchboote heraus und nur zwei davon konnten von den Besatzungsmitgliedern für die weitere Rettung benutzt werden. Im Übrigen mussten sich die Besatzungsmitglieder mit dem Ein-Mann-Schlauchboot oder mit Holztrümmern über Wasser halten. Bei dem Seegang war es aber fast unmöglich, sich an dem 1-Mann-Schlauchboot zu halten. Die von den zuerst erschienenen Fieseler „Störchen" abgeworfenen Schlauchboote verfehlten sämtlich ihr Ziel, sodass viele Soldaten nachträglich ertranken, da durch einen in der Mittagszeit einsetzenden heftigen Regenschauer und ein Auffrischen des Windes, die um 12:00 Uhr einsetzende Rettungsaktion stark behinderte. Ein Auffinden einzelner Soldaten durch Schnellboote war nur dadurch möglich, dass die Fieseler Störche über den Betreffenden solange kreisten, bis die Boote sie gefunden hatten. Die letzten wurden etwa um 18:00 Uhr, nachdem sie 8 ½ Stunden im Wasser lagen gerettet.*

*Eigene Verluste: 14 Me 323 mit 134 Mann fliegenden Personal und zwei Fluggästen, davon wurden nach bisher vorliegenden Meldungen gerettet: 19 Mann darunter sechs Offiziere."*

Gez.<br>
*Mauss*<br>
Major und Gruppenkommandeur.

**Das Halbkettenfahrzeug wird in den „Giganten" verladen. Nur die Me 323 war damals in der Lage, Fahrzeuge und Geschütze zu transportieren. (Foto: Sammlung Peter Schmoll)**

*Verladung einer Panzerabwehrkanone in eine Me 323. Dahinter steht ein Halbkettenfahrzeug vom Typ Opel „Maultier“ als Zugfahrzeug zur Verladung bereit. (Foto: Sammlung Peter Schmoll)*

*Eine Panzerabwehrkanone (PAK) wird in Tunesien unter Mithilfe von einheimischen Hilfskräften entladen. (Foto: Sammlung Peter Schmoll)*

Anmerkung der Verfassers: Was hier mit nüchternen knappen militärischen Sätzen ausgesprochen wird, ist die Vermeldung einer Katastrophe. In diesem Bericht wird im Angesicht der erlittenen Verluste auch noch versucht, einen Abwehrerfolg mit sechs beobachteten und drei wahrscheinlichen Abschüssen von feindlichen Jagdflugzeugen zu vermelden. Vergleicht man die Verluste des hier eingesetzten 7. SAAF-Wing, dann bestehen erhebliche Zweifel über die Anzahl der von den Besatzungen der Me 323 angegebenen Abschüsse. Das Transportgeschwader 5 verlor an diesem 22. April 1943 alle einsatzbereiten Me 323.

*Ein Panzerjäger vom Typ Marder II wird in Neapel Pomligiano in eine Me 323 verladen. Dies bedeutete allerdings einen Start mit Überlast. Nur mit dem Giganten war es möglich, gepanzerte Fahrzeuge im Lufttransport zu verlegen. (Foto: Sammlung Hans Peter Dabrowski)*

Der Bericht von Major Heynen von der Luftflotte 2 an den Luftwaffen-Führungsstab/Ic, gibt schon etwas mehr Aufschluss, wieso es zum Verlust von 14 eingesetzten Giganten kam:

*„Der Befehl für den 22.04.43 ordnete an, dass der Ju-52 und Giganten-Pulk unter stärkstem Jagdschutz um 08:30 Uhr über Trapani sammelte. Flugweg Richtung Porto Farina, also außerhalb der bisher gefährdeten Zone am Kap Bone. Landung Tunis. Begleitschutz durch Jagdführer Sizilien mit mindestens 40 Jagdflugzeugen. Aufnahme vor der tunesischen Küste durch 40 Jagdflugzeuge des Fliegerkorps Tunis, sodass im gefährdeten Gebiet mindestens 80 Jäger zum unmittelbaren Schutz am Geleit sein mussten. Zur gleichen Zeit hatte Fliegerkorps Tunis einen Jagdvorstoß in Richtung des ankommenden Pulks mit 20 – 40 Jagdflugzeugen zu unternehmen. Weiterhin war die italienische Luftwaffe gebeten worden, dass sie von Pantelleria aus gegen Kap Bone einen Jagdvorstoß mit stärksten Kräften unternehme.*

*Lage: Einsatzbereite Jagdflugzeuge bei II. Fliegerkorps 59 und beim Fliegerkorps Tunis 102. Die bei beiden Korps vorhandenen einsatzbereiten Jäger konnten nicht sämtlich zum Begleitschutz des Lufttransportes eingesetzt werden, da sie für andere Aufgaben gebunden waren.*

**Blick in den Laderaum einer Me 323. Das Besatzungsmitglied trägt eine Kapok-Schwimmweste und im hinteren Laderaumbereich sind leere 200 Liter Treibstofffässer zu sehen. (Foto: Archiv Airbus Group)**

*1.) Für II. Fliegerkorps: Luftsicherung an einem für Tunesien vorgesehenen Geleit.*
*2.) Für Fliegerkorps Tunis:*
  *A) Einsatz an der Front der 1. Armee und Brigade Schmid zur Abwehr von Luftangriffen und Sicherung eines eigenen Panzerangriffes.*
  *B) Hafenschutz Tunis und Bizerta.*

*Es war die Höchstzahl der somit verfügbaren Flugzeuge zum Schutz des Luftgebietes eingesetzt.*

*Verlauf: Der Ju- und Giganten-Pulk war befehlsgemäß über Trapani und flog um 08:30 Uhr mit Kurs auf Maritimo ab. 39 Me 109 flogen von Sizilien aus den unmittelbaren Begleitschutz. 65 Jäger kamen von Tunis aus, auf dem befohlenen Flugweg entgegen, sodass in dem hauptsächlich gefährdeten Gebiet 104 Jäger den unmittelbaren Schutz übernehmen mussten. Aus bisher ungeklärten Gründen trennte sich entgegen dem wiederholt gegebenen Befehl jedoch auf halben Weg zwischen Sizilien und Tunesien der Me 323-Pulk und flog nicht wie befohlen die Nordspitze von Tunesien sondern die besonders gefährdete Gegend um Kap Bone an. Grund ist nicht feststellbar, da Oberstleutnant Stephan vermisst wird. In der Flugbesprechung am Vortage ist ausdrücklich auf den neuen Kurs hingewiesen worden, da der Ju-Pulk auf dem befohlenen Flugweg weiterflog, folgten zunächst nur einige Jäger dem Me-Pulk auf seinem falschen Flugweg. Erst als die Jäger von Tunis den Ju-Pulk erreichten, flogen die von Sizilien mitgekommenen Jäger dem Me-Pulk nach. So kam es, dass an dem Me 323 Pulk statt 104 nur 36 Jäger waren, als er von etwa 80 Curtiss, 40 Kittyhawk und Spitfire angegriffen wurde. 36 Me 109 des II. Fliegerkorps versuchten die Angriffe der feindlichen Jäger zu binden. 14 – 20 im Tiefflug angreifende Spitfire konn-*

**Verwundete werden mit einem Sanka zu einer wartenden Me 323 transportiert und warten dort unter freiem Himmel auf den Abtransport in die Heimat. (Foto: Sammlung Peter Schmoll)**

*ten nicht wirksam bekämpft werden. Deswegen gelang es diesen Spitfires 14 Giganten abzuschießen. Bei den Luftkämpfen wurden bei 3 eigenen Verlusten eine Spitfire und zwei Kittyhawk abgeschossen. Der Ju-Pulk, der den befohlenen Kurs geflogen hatte, erreichte ohne Feindberührung seinen Zielhafen. Das pünktliche Eintreffen der feindlichen Jagdverbände in dieser großen Zahl zu einem Zeitpunkt, der von dem früheren abwich, dürfte auf Verrat zurückzuführen sein. So wurde am 22.4. in Trapani dem Ort, wo die Verbände den Jagdschutz aufnehmen, im Beichtstuhl eines Geistlichen in der Kirche ein Schwarzsender ausfindig gemacht. Dem Duce ist dies gemeldet.*

*Zusatz: Die Stärke der Pulks waren 10 Ju 52 und 14 Me 323."*

Offenbar waren die Alliierten vom Anflug der Transporter informiert worden. Denn zum fraglichen Zeitpunkt waren ca.100 alliierte Jäger über dem Golf von Tunis in weit auseinander gezogenen Formationen unterwegs. Somit ergab sich eine lückenlose Überwachung des Luftraumes in diesem Gebiet. Ferner erschienen die Transporter fast fahrplanmäßig immer zu, selben Zeit mit Kurs auf Tunis. In Höhe der Insel Zembra, die Küste von Tunesien schon in Sichtweite, wurden die Me 323 gesichtet. Auszüge aus den Gefechtsberichten der eingesetzten Verbände der SAAF (South African Air Force) ergeben folgenden Ablauf des Geschehens:
Die Spitfire V der 1. SAAF entdeckten als erste den Großverband der sechsmotorigen Giganten mit Kurs Cap Bon. Die 1. SAAF teilte sich sofort und ging mit acht Maschinen zum Angriff über, während vier Spitfire den Höhenschutz übernahmen. Auch sechs polnische Spitfire der 145. RAF Squadron warfen sich sofort in den Luftkampf und gerieten wie die 1. SAAF an den Begleitschutz der Giganten. Beide Einheiten meldeten mehrere Abschüsse von italienischen MC 202 und deutschen Bf 109. Auf der Funkfrequenz der SAAF war der Teufel los. Nach den ersten Sichtmeldungen drehten alle verfügbaren Jäger auf das angegebene Planquadrat. Als sechs Spitfire der 1. SAAF den Deckungsschirm der deutschen Jäger von der II./JG 27 durchstoßen und ihren ersten Angriff auf die mächtigen Transporter fliegen, erreichen auch die 2., 4. und 5. SAAF das Schlachtfeld

**Halt, der muss auch noch mit! Verwundete des Afrika Korps warten in Tunesien auf den Rückflug in ein sicheres Lazarett. (Foto: Sammlung Peter Schmoll)**

mit insgesamt 35 Jagdmaschinen. Während elf P-40 der 2. SAAF den Höhenschutz bilden, greifen die anderen 24 Jäger der 4. und 5. SAAF die Transporter frontal an. Es war kurz nach 9:30, Uhr als das Gemetzel begann. Die zwölf Kittyhawk der 5. SAAF greifen als erste an und ihnen folgte die 4. Squadron. Die Geschossgarben fraßen sich in Tragflächen und Rümpfe. Aus allen Richtungen erfolgten die Angriffe der Jagdflugzeuge auf die langsamen Transporter. Ein daneben schießen war bei den riesigen Ausmaßen der Giganten fast ausgeschlossen. Bei einer Me 323 bricht durch den Beschuss eine Tragfläche ab und die Me ging in den Sturzflug über und schlug brennend auf dem Meer auf, wo sie kurze Zeit später versank. Die Piloten der SAAF kennen die Schwachpunkte der Me 323 ganz genau, denn sie feuern immer zuerst auf die Triebwerke, die dann auch sofort in Flammen stehen.
Anmerkung des Verfassers: Unmittelbar hinter jedem Triebwerk befinden sich die 1000 Liter fassenden Benzintanks in den Tragflächen.
Mit brennenden Motoren kurven die Giganten aus dem Verband und versuchen noch eine Notwasserung, was aber fast keiner der Maschinen gelingt. Beim Aufsetzen auf den Wellen brechen die Giganten auseinander und nur wenigen Besatzungsmitgliedern gelingt es sich zu retten. Eine der unter Beschuss geratenen Me 323 explodiert mit einem grellen Blitz noch in der Luft und die Einzelteile trudelten wie welke Blätter ins Meer. Fallschirmabsprünge wurden keine beobachtet. Die südafrikanischen Piloten berichteten, dass sie Salven von mindestens zwei bis vier Sekunden auf die Transporter aus ca. 250 – 200 Meter Entfernung abfeuerten und dabei bis auf 50 Meter Schussdistanz an die Me 323 heranflogen. Die Besatzungen der noch verbliebenen Me 323 versuchen sich durch Tiefstflug in wenigen Metern Höhe über dem Wasser den Angriffen und damit ihrem Schicksal zu entziehen. Eine dieser Giganten wurde voll in den Führerraum getroffen. Der Gigant berührte mit einer Tragflächenspitze das Wasser und rollte sich wie ein Flügelrad auseinanderbrechend auf. Ein anderer Gigant drehte nach Westen ab und schien zu entkommen, aber der Höhenschutz hatte dies beobachtet und alle in der Nähe verfügbaren Jäger stürzten sich auf den einzeln fliegenden Transporter. Über Rumpf und Flächen brennend versuchte die Besatzung der Me 323 noch eine Notlandung, als kurz vor dem Aufsetzen der Rumpf hinter den Tragflächen abbrach und die Maschine im Meer versank. Insgesamt wurden von den alliierten Jägern 20 abgeschossene Transportflugzeuge gemeldet. Offensichtlich lagen hier aber Doppelmeldungen vor. Vom Begleitschutz der Giganten wurden wenigstens vier Bf 109 als abgeschossen und weitere als beschädigt gemeldet. Das ganze Drama hatte keine 10 Minuten gedauert.

In Obertraubling lief die Produktion der Me 323 zu dieser Zeit (1943) auf vollen Touren. Für den Bau der Me 323 war seit dem 01. Januar 1942 in Regensburg-Obertraubling Diplomingenieur Karl Schmid von der Messerschmitt GmbH Regensburg zuständig. Karl Schmid wurde als Erstes mit dem Mangel an Arbeitskräften konfrontiert. Aber anstatt zusätzliches Personal anzufordern, welches er sowieso nicht bekommen hätte, ging Schmid einen ganz anderen Weg. Er analysierte alle Fertigungsvorgänge und organisierte die Produktionsabläufe neu. Dadurch erreichte Schmid mit dem vorhandenen Personal einen fünfmal höheren Ausstoß je Monat an Me 323 als vorher. Für diese Leistung wurde Karl Schmid 1943 im Reichsluftfahrtministerium in Berlin – übrigens als Einziger aus dem Bereich der Luftfahrtindustrie – mit dem Ritterkreuz zum Kriegsverdienstkreuz ausgezeichnet. Nach seiner Rückkehr aus Berlin fand am 19. Juni 1943 ein großer Festakt (Betriebsappell) in der Werfthalle auf dem Fliegerhorst statt. Unter der Führung von Karl Schmid fertigte die Messerschmitt GmbH Regensburg bis zum 31. März 1943 insgesamt 49 Me 323 D.

Wenige Wochen später stürzte Karl Schmid von der Tragfläche eines Giganten ab und zog sich dabei schwerste Verletzungen zu. Erst nach einem monatelangen Genesungsprozess übernahm Schmid in 1944 eine neue Aufgabe im Bereich der Herstellung von Funkmessgeräten der Regensburger Leichtmetall GmbH in Marienbad.

*Als Folge der ständigen Belastung bis an die Grenze der Tragfähigkeit und darüber hinaus, blieben Schäden nicht aus. Im Bild ein kolossaler Fahrwerksbruch an einer Me 323. (Foto: Sammlung Peter Schmoll)*

Mit Linder, Schmid, Wrede, Dr. Wedemeyer, Widmann, um nur einige wenige zu nennen, verfügte die Messerschmitt GmbH Regensburg über ein äußerst fähiges, kompetentes und mit einem unwahrscheinlichen Organisationstalent ausgestattetes Ingenieurskorps, ohne das die Flugzeugproduktion im Bombenhagel von 1943 – 1945 zusammengebrochen wäre.

Nach dem verheerenden Luftangriff vom 17. August 1943 auf das Messerschmitt-Werk I in Regensburg-Prüfening wurden in Obertraubling sechs Hallen für die Produktion der Bf 109 G-6 freigemacht. Dadurch reduzierte sich der Ausstoß der Me 323 auf acht Maschinen im Monat. Im Januar 1944 begann in den Obertraublinger Werkhallen die Serienproduktion des Rumpfes für die Me 262. Regensburg wurde somit ein Schwerpunkt der deutschen Jagdflugzeugproduktion.

Zu welchen Transportleistungen die Me 323 in der Lage waren und welchen Beitrag sie für den Nachschub an allen Fronten leisteten, zeigen folgende Zahlen auf: Der Hauptanteil der in 198 Exemplaren gebauten Me 323 gehörte der Serie D-6 an, die mit sechs „Gnome-Rhone“- Motoren des Typs 14 N 48/49 ausgerüstet waren. An Startleistung standen der Me 323 rund 6600 PS zur Verfügung. Die Reichweite betrug ca. 750 km und konnte durch Zusatztanks im Rumpf auf 1100 km gesteigert werden. Infolge des Gewichtes für die Motoren, das Fahrwerk, die Bewaffnung und sonstiger Ausrüstung sank die Nutzlast auf elf Tonnen. Es wurden mit Starthilfsraketen auch Überlaststarts mit bis zu 16 Tonnen Nutzlast durchgeführt. Die normale Beladung betrug zwei mittlere LKWs samt zwei Tonnen Beladung oder eine 8,8 cm-Flak mit Bedienungsmannschaft und einem größeren Munitionsvorrat, mehr als 50 Benzinfässern mit je 200 Litern, fast 9000 Brote oder 130 voll ausgerüsteten Soldaten oder 60 Verwundeten auf Tragen. Diese Zuladung entsprach der Transportkapazität von sechs

Ju 52 mit 18 Mann an fliegender Besatzung, die bei der Me 323 nur neun Mann betrug, ganz abgesehen davon, dass die Ju 52 keine Großfahrzeuge transportieren konnte. Benötigte die Ju 52 1,0 Liter Treibstoff je Tonne und Flugkilometer, lag der Spritverbrauch bei der Me 323 bei 0,57 Liter. Im Oktober 1942 wurde in Leipheim die I. Gruppe des Kampfgeschwaders 323 z.b.V. aufgestellt, das ab dem 15.05.1943 die Bezeichnung TG 5 (Transportgeschwader 5) trug, dem kurze Zeit später eine II. Gruppe folgte.

Von Ende November 1942 bis zu jenem unglückseligen 22. April 1943 wurden in 1200 Einsätzen rund 15000 Tonnen an Nachschub nach Tunesien überflogen. Transportiert wurden: 309 LKWs, 51 mittlere Fahrzeuge, 209 Artilleriegeschütze bis zu Kaliber 15 cm, 324 leichte Geschütze, 83 Pak- und Flakgeschütze, 42 Radargeräte, 96 gepanzerte Mannschaftsfahrzeuge und Selbstfahrlafetten.
Im April 1943 gingen 21 Me 323 durch Feindeinwirkung und weitere sieben durch andere Ursachen verloren. Am 30. April 1943 waren noch 35 Me 323 im Mittelmeerraum vorhanden. Die II./ KG 323 z.b.V. wurde Ende April 1943 schon wieder aus dem Kampf gezogen und in Leipheim neu aufgerüstet. Die wenigen noch vorhandenen Me 323 der I. Gruppe flogen von Neapel aus Versorgungseinsätze nach Sardinien und Korsika und erlitten weitere schwere Verluste. Es erfolgte dann die Umbenennung des Verbandes von Kampfgeschwader 323 zur besonderen Verwendung in Transportgeschwader 5. Angesichts der hohen Verluste an Me 323 und der immer stärkeren Präsenz der alliierten Luftwaffen im Mittelmeerraum, war dort ein Einsatz nicht mehr vertretbar. Der Schwerpunkt der Einsätze verlagerte sich damit an die schwer ringende Ostfront.

*Geparkte Me 323 D. Interessant an dieser Aufnahme ist die Abstützung im hinteren Rumpfbereich. Dadurch wurde eine gerade Parkposition erreicht, was die Beladung wesentlich vereinfachte. (Foto: Sammlung Peter Schmoll)*

# Erinnerungen eines Me 323 Piloten über seine Einsätze im Mittelmeerraum 1943 und an der Ostfront 1943/44

In die Flugbücher von Gigantenpiloten wurden in der Regel alle durchgeführten Flüge penibel mit Start- und Landeplatz, Uhrzeit und Datum eingetragen. Eine Ausnahme erscheint mir das Flugbuch von Unteroffizier Egon Rößmann, der zu den Flugdaten auch noch das Gewicht und die Art der transportierten Ladung und sonstige Zwischenfälle in sein Flugbuch eingetragen hat. Deshalb liest sich dieses Flugbuch wie ein Tagebuch und gibt Aufschluss über die Umschulung auf die Me 323, die Einsatzbelastung von Mensch und Maschine sowie die Transportleistungen, welche die Besatzungen zu erbringen hatten.

Lassen wir das Flugbuch erzählen: „*Unteroffizier Egon Rößmann kam nach seiner Blindflugausbildung auf Ju 52, Ju 86, Do 17Z und Do 217 Anfang Mai 1943 zur Umschulung auf die Me 323 nach Leipheim zum Transportgeschwader 5 (TG 5). Nach einer eingehenden technischen Einweisung, erfolgte am 10. Mai ein erster Einweisungsflug zum Erfliegen der Me 323 als zweiter Pilot, mit einer Dauer von 75 Minuten, auf dem Giganten mit dem Stammkennzeichen SG+RX. Die weitere Umschulung, bei der meistens Hauptmann Büsselmann als 1. Pilot fungierte, umfasste elf Starts und Landungen als zweiter Pilot auf der Me 323 SG+RQ und sechs auf der RF+XN mit einer Gesamtflugzeit von 3,25 Stunden. Am 7. Juni 1943 startet Rößmann mit der RF+XN zum ersten von 20 Flügen als 1. Flugzeugführer. Mit einer Gesamtflugdauer von 5,75 Stunden ist die Umschulung abgeschlossen.*
*Am 23. Juni überführt Egon Rößmann den Giganten RF+XS von Leipheim nach München-Riem zum Weiterflug nach Italien. Es kam aber ganz anders, da sich während des Fluges*

***Die Besatzung „Unteroffizier Rößmann" macht Pause vor der in Obertraubling gebauten Me 323 VM+IS. Diese Me 323 verlor bei zwei Starts in München kurz nach dem Abheben das Kabinendach und musste danach ohne Dach nach Obertraubling zur Reparatur überflogen werden. (Foto: Sammlung Hans-Peter Dabrowski)***

*massive Bespannungsschäden an der Me 323 einstellten. In München wurde daraufhin von der Besatzung Rößmann die in Regensburg-Obertraubling gebaute Me 323 VM+IS Werknummer 1271 übernommen. Der Besatzung von Egon Rößmann gehörte als 2. Flugzeugführer der Unteroffizier Möckel, als Funker der Unteroffizier Zeisler, die Mechaniker Storm und Mallte und die Bordschützen Fleskes, Wendlandt, Fritz und Fischgrabe an.*
*Gleich nach dem Start mit der VM+IS am 25. Juni in München flog das Kabinendach weg und beschädigte das Seitenleitwerk, sodass eine umgehende Rückkehr nach Riem erforderlich wurde. Nachdem ein neues Kabinendach montiert und die Schäden am Leitwerk repariert worden waren, startete die Besatzung am 27. Juni, um 13:00 Uhr, zum erneuten Flug nach Italien. Aber kurz nach dem Start löste sich wiederum das Kabinendach und beschädigte das Leitwerk, worauf fünf Minuten später schon wieder in Riem gelandet wurde. Daraufhin erhielt die Besatzung Rößmann den Befehl die VM+IS noch am selben Tag nach Regensburg-Obertraubling zu überführen. Um 14:30 Uhr erfolgte der Start in Riem. Es war eine ziemlich zugige Angelegenheit völlig frei im offenen Führerraum zu sitzen. Dadurch bedingt konnte nicht mehr mit der üblichen Geschwindigkeit geflogen werden, sodass die Maschine bei einer Marschgeschwindigkeit von ca. 95 km/h erst um 15:37 Uhr, nach einem Flug von über einer Stunde in Obertraubling eintraf.*
*Nach einer eingehenden viertägigen Reparatur in Obertraubling ging es am 2. Juli 1943, mit Start um 15:10 Uhr nach München-Riem zurück, wo die Landung um 15:44 Uhr erfolgte. Am 3. Juli wurde die VM+IS mit 8 t Motoren und Ersatzteilen beladen und flog am nächsten Tag um 10:14 Uhr nach Piacenza. Am 6. Juli ging es von Piacenza über Grosseto mit 5 t an Ersatzteilen nach Neapel-Pomigliano. Der nächste Tag sah die Besatzung Rößmann mit einem LKW und Ersatzteilen mit einem Gesamtgewicht von 6 t auf dem Flug von Pomigliano nach Grosseto. Anschließend erfolgte der Rückflug nach Leipheim. Die VM+IS gehörte jetzt zur 8. Staffel TG 5 und trug am Leitwerk die Verbandskennung X1B. In Leipheim wurde ein Teil der Besatzung ausgewechselt und so kam als 2. Flugzeugführer Unteroffizier Bösmüller, der Bordmechaniker Iser für Mallte und der Bordschütze Frischemeier für Fischgrabe an Bord. Am 10. Juli erfolgte ein Transportflug von Leipheim über Freiburg nach Dijon mit 2 t Staffelgerät. Von Dijon ging es am 11. Juli mit einem Werkstattzug (Anhänger) im Gesamtgewicht von 8 t nach Istres. Der Transport einer Selbstfahrlafette mit Munition und Mannschaft im Gewicht von 12 t, erfolgte am 14./15. Juli von Istres über Grosseto nach Neapel-Pomigliano. Dies war die bisher schwerste Beladung der VM+IS. Als 2. Flugzeugführer war Unteroffizier Höfler bei diesem Flug eingeteilt. Am nächsten Tag ging es leer über Grosseto nach Istres zurück. Bereits am darauf folgenden Tag, dem 17. Juli ging es mit einer weiteren Selbstfahrlafette, Munition, Mannschaft und einem Krad im Gewicht von 12 t nach Grosseto und anschließend leer nach Dijon zurück. Am 18. Juli erreichte die VM+IS aus Dijon kommend Leipheim um 17:35 Uhr. In Leipheim erfolgte eine kurze Kontrolle der Me 323 und am 20. Juli ging es über Erfurt nach Gardelegen. Hier erfolgte die Beladung des Giganten mit 6 t Absprunggerät für He 111. Der nächste Tag sah die Me 323 auf den Flug von Gardelegen nach Kassel. Am 22. Juli ging es über Mannheim nach Dijon und am darauf folgenden Tag weiter nach Istres, wo um 15:25 Uhr gelandet wurde. Hier erhielt die VM+IS die Verbandskennung C8+FP und wurde der 6. Staffel zugeteilt. Anschließend war für fast eine Woche kein Einsatz verzeichnet. Am Morgen des 28. Juli erfolgte in Istres die Beladung der C8+FP mit einem Zugkraftwagen und angehängter 7,5 cm Pak, Munition sowie einer Feldküche mit einem Gewicht von 9,7 t. Um 12:22 Uhr hob der Gigant in Istres zu seinem Flug nach Viterbo ab, mit Landung um 15:33 Uhr. Der Rückflug ohne Ladung nach Istres mit Eintreffen um 20:48 Uhr. Am 29. Juli Beladung mit einem Zugkraftwagen, einem Flakgeschütz, Munition und Mannschaft mit einem Gesamtgewicht von 6,6 t, welches am 30. Juli morgens um 6:25 Uhr nach Pratica di Mare überflogen wurde. Dabei geriet die C8+FP in Pratica in einen Luftangriff und wurde leicht beschädigt. Noch am selben Tag erfolgte der Rückflug ohne Beladung nach Viterbo und weiter nach Istres mit Landung um 19:00 Uhr. Aufgrund der Beschädigungen ging die Maschine zur Werftinstandsetzung und die Besatzung Rößmann mit dem neuen 2. Flugzeugführer Pohl übernahm die Me 323 mit der*

*Kennung C8+ER. Am 9. August 1943, mit Start um 9:25 Uhr, überflog diese Me 323 mit Egon Rößmann am Steuer, 8,9 t Gerät, Mannschaften, Bekleidung usw. von Istres über Viterbo nach Pratica di Mare. Dort wurden am selben Tag insgesamt 85 vollausgerüstete Fallschirmjäger an Bord genommen und nach Neapel-Pomigliano transportiert mit Landung um 18:45 Uhr. Am nächsten Tag traf die C8+ER um 10:30 Uhr leer in Grosseto ein. Erst am 14. August lag ein neuer Einsatzbefehl für die Besatzung Rößmann vor. Es sollte ein langer Tag werden, mit Start um 8:05 Uhr ohne Beladung in Grosseto und Landung um 10:30 Uhr in Foggia-Schifara. Das Kampfgeschwader 6 verlegte von Foggia nach Istres und die Giganten unterstützen die Verlegung des Verbandes. Mit 9,4 t Gerät beladen startete die Me 323 C8+ER um 14:00 Uhr in Foggia und landete um 19:00 Uhr in Istres. Am 18. August wurden mit der Me 323 insgesamt 10 t Staffelgerät von Istres nach Avignon überflogen, dem am nächsten Tag weitere 11 t mit der Me 323 Kennung C8+AR folgten. Vom 21. – 29. August erfolgten insgesamt fünf Flüge zur Schulung von Piloten ohne Beladung zwischen Avignon-Istres-Lyon-Avignon mit einer Gesamtflugzeit von über drei Stunden auf der Me 323 C8+BR. Am 29. August erfolgte der Start um 15:50 Uhr von Avignon aus ohne Beladung über Metaro mit Landung in Pisa um 18:35 Uhr. Am 30. August erfolgte in Pisa die Beladung mit einem Löschfahrzeug, einer Feldküche, einem Werkstatt-Kran und 15 Mann, was am 31. nach Grosseto transportiert wurde. Dort verblieb die C8+BR bis zum 2. September 1943, dann wurde ein Leerflug von Grosseto nach Pisa befohlen. In Pisa angekommen wurde eine hochbrisante Ladung von 360 Granaten für die 8,8 cm Flak an Bord genommen und nach Neapel-Pomigliano transportiert, mit glücklicher Landung um 18:40 Uhr. Die Munitionsladung hatte dabei ein Gewicht von 8 t. Am nächsten Tag ging es mit 8 t Luftparkgerät zurück nach Ferrara. Der 6. September sah die C8+BR auf einen Leerflug von Ferrara nach Piacenza und weiter nach*

***Betankung einer Me 323 D-2. Diese Version der Me 323 hatte starre Holzpropeller. Die Ausführung, mit den von der Firma Heine hergestellten Luftschrauben, verursachte große Probleme. Wegen auftretender Schwingungen und dadurch verursachten starken Vibrationen wurde für diese Version der Me 323 ein Fertigungsstopp erlassen. Erst als Messerschmitt eine weichere Motoraufhängung konstruierte, waren die Probleme behoben. (Foto: Sammlung Peter Schmoll)***

***Auf dem Rückflug nach Italien mussten die Giganten zu einem Tankstopp auf Sizilien landen. Im Hintergrund ist der zu dieser Zeit aktive Ätna an seiner Rauchfahne zu erkennen. (Foto: Sammlung Peter Schmoll)***

*Jirasca. Dort wird 8 t Staffelgerät geladen und am 10. September nach Lagnasco geflogen und noch am selben Tag geht es leer nach Piacenza weiter. Dort wird der Gigant nach der Landung um 15:05 Uhr, sofort mit 10.000 Litern Flugbenzin C-3 in 200 Liter-Fässern mit einem Gewicht von 10,5 t beladen und am nächsten Tag nach Foggia-Torterella geflogen. Auf dem Rückflug wurde ein Kübelwagen Kfz. 15 und Luftwaffengerät mit einem Gewicht von 8,5 t geladen und nach Piacenza überflogen. Am 12. September verlegte die C8+BR leer über Isola San Antonio nach Lagnasco. Der Rückflug von Lagnasco nach Siena erfolgt erst am 21. September im Rahmen der Verlegung der 6./TG 5 mit 5 t Material nach Siena und anschließendem Weiterflug nach Pisa. Noch am gleichen Tag erfolgt im Rahmen der Räumung von Korsika durch die deutschen Truppen ein Einsatz mit Start um 17:00 Uhr in Pisa und Landung auf dem Flugplatz Chisomacia um 18:05 Uhr. Am 22. September startet die Besatzung Rößmann um 8:43 Uhr nach Pisa, kehrt aber sieben Minuten später wegen gemeldeter feindlicher Jäger nach Chisomacia zurück.*

Dazu aus den schriftlichen Erinnerungen von Unteroffizier Rößmann: *„Die Alliierten Jäger waren bereits dermaßen frech geworden, dass sie den Platz von Chisomacia mit Jagdflugzeugen fast ständig überwachten. Die flogen immer links im Kreis herum und warteten darauf eine der abfliegenden Transportmaschinen ins Kreuz zu fallen und abzuschießen. So konnten wir nicht auf das Festland zurück. Ich wagte deshalb mit meiner Besatzung einen -Lockstart- und als sich die ganze Jägermeute nach unten schwang um uns gebührend in Empfang zu nehmen, drehte ich in einer Steilkurve sofort um und flog den Platz von Chisomacia wieder an. An den stark durch eigene Flak geschützten Platz trauten sich die Amerikaner und Engländer aber nicht heran. Anschließend mussten die schließlich wegen Spritmangel nach Hause und für uns war der Weg frei.*

*Mit 9,7 t Gerät und Mannschaften an Bord erfolgt am Nachmittag der zweite Start der C8+BR um 15:47 Uhr von Chisomacia in Richtung Festland. Es sollte der letzte Flug dieser Me 323 sein. Nachdem die C8+BR um 16:50 Uhr in Pisa gelandet war, gerät sie in einen nächtlichen Luftangriff und wird durch Bombentreffer total zerstört."*

Dazu der Kommentar von Unteroffizier Rößmann: *„Nachts kamen die Bomber angeflogen und leuchteten mit Fallschirmbomben den gesamten Platz aus. Ungestört warfen die Bomber in aller Seelenruhe ihre Brandbomben auf den Flugplatz ab. Bisher war es uns immer noch gelungen unsere riesigen Flugzeuge auf irgendeinen Flugplatz zu verstecken, damit war es jetzt wohl vorbei. Am nächsten Morgen standen wir alle mit hängenden Köpfen vor den ausgebrannten Resten unseres Giganten.*

*Am 28. September übernimmt die Besatzung Rößmann in Lagnasco die Me 323 C8+AP mit 2 t Staffelgepäck für den Flug nach Villafranca. Um 12.10 Uhr hebt die Me 323 in Lagnasco ab, um ca. 50 Minuten später, wegen Motorenausfall eine Notlandung auf dem Flugplatz Vaga durchzuführen. Nach Behebung der Motorstörungen erfolgt der Weiterflug um 15:45 Uhr. Aber nach etwas über einer Stunde Flugdauer ist eine erneute Notlandung in Mantua erforderlich. Jetzt ist eine gründliche Überholung der Triebwerke und des Treibstoffsystems erforderlich, ehe am 7. Oktober der Weiterflug von Mantua nach Villafranca möglich ist. Am 8. Oktober trifft die C8+AP in Treviso ein.*

*Da die Verluste des TG 5 im Mittelmeerraum ständig anstiegen und an der Ostfront dringend Lufttransportraum benötigt wurde, verlegte das TG 5 zur Auffrischung ins Reich. Die Besatzung Rößmann flog am 10. Oktober 1943 von Treviso mit 6,3 t Staffelgepäck über Wiener Neustadt nach Dresden-Klotsche und am nächsten Tag weiter nach Goslar. Bis zum 1. November 1943 finden sich keine Einträge im Flugbuch von Egon Rößmann, sodass anzunehmen ist, dass die Besatzung auf Urlaub war."*

Im September – Oktober 1943 verlegte das TG 5 nach Leipheim zur Auffrischung und Übernahme von neuen Me 323. Ein Teil der

***Betankung einer Me 323 E. Hinter dem Tankwart ist deutlich der in der Tragfläche befindliche Drehturm für das MG 151/20 zu erkennen. Zwischen Triebwerk 2 und 3 befindet sich die Ausstiegsluke für den Bordmechaniker. (Foto: Sammlung Peter Schmoll)***

***Eine weitere Aufnahme einer Betankung. Die Me 323 verfügt über eine Glashaube für den Funkraum, wie sie auch in der Heinkel He 111 verbaut war. Dadurch verfügte der Funkraum über einen wesentlich besseren Witterungsschutz für die Funkgeräte. Erste Umbauten in dieser Form wurden von der Truppe selbst ausgeführt. (Foto: Sammlung Peter Schmoll)***

neuen Flugzeuge wurde von den Besatzungen in Regensburg-Obertraubling abgeholt. Anschließend wurde das TG 5 an die Ostfront verlegt. Von Warschau und Biala-Podlaska aus wurden Transportflüge an die hart ringende Ostfront geflogen. Hier der weitere Bericht von Egon Rößmann:

*„Am 2. November 1943 übernimmt die Besatzung Rößmann eine neue Me 323 mit ihrer alten Kennung C8+BR in Leipheim und überführt sie ohne Beladung nach Goslar. Das TG 5 verlegt in diesen Tagen an die Ostfront und die C8+BR wird am 6. November mit 7,9 t Staffelgepäck beladen. Der Flug geht nach Berlin-Rangsdorf. Wegen Durchzug einer Schlechtwetterfront erfolgt der Weiterflug nach Biala-Podlaska erst am 13. November. Dies ist eine nicht ganz unwillkommene Pause und Gelegenheit, Berlin einen ausgiebigen Besuch abzustatten. Der Flugplatz von Biala-Podlaska, westlich von Brest-Litowsk gelegen, ist für die nächsten Wochen und Monate die Heimatbasis für die Gigantenstaffeln der II./TG 5. Die nächsten gefahrvollen und entbehrungsreichen Einsätze lassen aber nicht lange auf sich warten, denn an der Ostfront brennt es an zahlreichen Stellen und es wird Nachschub aller Art benötigt.“*

Die Besatzung Rößmann kommt zu einem Zeitpunkt an die Ostfront, als dort die Rote Armee in einer nie zuvor gesehenen Stärke angreift. Die russischen Armeen berennen seit Wochen vor allem den Südabschnitt mit massierten Panzerverbänden und stoßen zum Dnjepr in Richtung Kiew, Dnjepropetrowsk, Saporoschje und nach Perekop zum Ausgang der Krim sowie an den Unterlauf des Dnjepr vor. Die deutschen Armeen sind von den zahllosen und verlustreichen Schlachten geschwächt. Generalfeldmarschall von Manstein als Oberbefehlshaber der Heeresgruppe Süd forderte von Hitler operative Freiheit. Stattdessen kamen Befehle aus dem Führerhauptquartier, die bedeuteten, ein Festhalten an unhaltbaren Positionen und die Strategie, keinen Schritt zurück. Die Krim wurde abgeschnitten, und Hitler weigerte sich, die dort auf verlorenen Posten stehenden Divisionen der 17. Armee, die im Nachhinein der Heeresgruppe Süd bitter fehlten, zu evakuieren. Im Gegenteil, es wurden noch Reserveverbände auf die Halbinsel transportiert, und die gingen in den sicheren Untergang. Diese Entscheidung Hitlers kostete Tausenden deutschen Soldaten das Leben. Bei der Heeresgruppe Süd gab es zur Jahreswende 1943/44 viele Abschnitte, in denen es zu kritischen Situationen für die deutschen Armeen kam. Im Zentrum der großen Winterschlacht stehen die deutsche 1. und 4. Panzerarmee sowie die 6. und 8. Armee den Verbänden der 1. – 4. Ukrainischen Front gegenüber. Den Brennpunkt bildeten die Städte Kirowograd und Shitomir. Nördlich von Shitomir gelang am 1. April 1944 den russischen Panzerverbänden ein operativer Durchbruch, der erst ca. 100 km vor Lemberg zum Stehen kam. Die russischen Angriffsspitzen standen damit im Rücken der Heeresgruppe Süd. Mit der Einnahme von Shitomir verloren die deutschen Truppen eine ihrer Hauptversorgungsbasen. Die riesigen Versorgungsdepots mit unermesslichen Nachschubgütern, einschließlich der Munitionsdepots und Tanklager, fielen den russischen Truppen zum großen Teil unversehrt in die Hände. Damit war eines der großen Nachschubzentren für die deutschen Armeen ausgefallen. Im Bereich Kirowograd konnte nur mit letztem Einsatz aller greifbarer deutscher Truppen ein Zusammenbruch der Front verhindert werden (s. Lagekarte Ostfront). Vor diesem Hintergrund sind die folgenden Einsätze der Besatzung des Unteroffizier Egon Rößmann zu sehen:

*„Am 16. November erhält die Besatzung Rößmann den Auftrag mit der C8+BR leer nach Warschau-Okecie zu fliegen. In Warschau werden acht Maybach-Panzermotore für den Kampfpanzer Tiger I geladen. Am 18.11. wird mit der Motorenladung von 10 t nach Biala-Podlaska verlegt. Wegen des nun einsetzenden schlechten Wetters ist es erst am 21. November möglich die Panzermotore nach Kalinowka zu transportieren. In Kalinowka werden 10 t Fliegergerät (Rückführgut) geladen und am 23. November nach Lemberg ausgeflogen. Nachdem in Lemberg das Fliegergerät entladen worden war, wartet da schon eine Ladung 7,5 cm- und 8,8 cm-Panzermunition mit einem Gewicht von 11,2 t. Am 25. November wird die dringend an der Front benötigte Munition nach Nikolajew-Ost geflogen. Auf dem Rückflug am 28. wird ein Maschinensatz mit einem Gewicht von 1,8 t nach Winniza transportiert. Der Weiterflug von Winniza nach Biala-Podlaska erfolgt am 4. Dezember 1943 ohne Beladung. Wieder ist aufgrund von Schneestürmen und aufliegenden Wolken kein Flugbetrieb möglich. Am 11. Dezember erfolgt ein Flugauftrag nach Warschau-Okecie zur Aufnahme von 10 t Panzerersatzteilen, die am darauffolgenden Tag nach Bobruisk transportiert werden. Nach der Landung um 11:35 Uhr und sofortigem Entladen, erfolgt um 13:30 Uhr der Weiterflug ohne Beladung nach Baranowitschi. Der nächste Tag sieht die C8+BR leer auf dem Flug nach Shitomir-Süd. Unmittelbar nach der Landung um 14:20 Uhr, wird die Me 323 mit einem 6-Tonner-LKW mit Ladung und einer Feldküche im Gesamtgewicht von 10 t beladen. Am 14. Dezember geht es um 6:50 Uhr mit Zwischenlandung in Uman weiter nach Kirowograd, hier schwebt die Me 323 um 9:55 Uhr zur Landung an. Der LKW und die Feldküche sind schnell entladen und es werden vier Notschnelltanker, ein Stromerzeuger, eine Heizvorrichtung und Urlauber mit einem Gewicht von 10 t an Bord genommen und bereits um 11:00 Uhr erfolgt der Rückflug nach Shitomir. Dort eingetroffen wird die Maschine wiederum mit einem LKW einschließlich Beladung und einer Feldküche mit einem Gewicht von 10 t beladen und am 16. Dezember nach Kirowograd überflogen. In Kirowograd werden 35 Urlauber und 200 Flüssigkeitsabwurfbehälter mit einem Gewicht von 10 t eingeladen und auf dem Rückflug nach Shitomir transportiert. Der 17. Dezember sollte wieder ein langer Tag werden. In Shitomir wurden an diesem Tag ein Zugkraftwagen, ein Kfz. 12, eine 7,5 cm-Pak mit Munition und ein Anhänger geladen und um 9:10 Uhr nach Kirowograd geflogen. In Kirowograd wurde die Besatzung Rößmann mit dem ganzen Elend des Krieges konfrontiert, als ein Sanitätskraftwagen nach dem anderen insgesamt 82 Verwundete zur C8+BR brachten. Zusätzlich stiegen noch 18 Urlauber ein, sodass 100 Mann an Bord waren und nach Uman ausgeflogen wurden. Von Uman ging es leer nach Shitomir zurück. Am 19. Dezember wurden in Shitomir 45 Mann und Staffelgerät mit einem Gewicht von insgesamt 10 t geladen und nach Biala-Podlaska*

***Me 323 mit einer Ölleckage am Motor 3. Deutlich ist die mit Öl verschmutzte Rumpfseite und Fahrwerkverkleidung zu erkennen. (Foto: Sammlung Peter Schmoll)***

*geflogen. Eine hochbrisante Ladung, 500 Kisten mit Panzerfaustpatronen im Gewicht von 11,2 t, wurden am 23. Dezember eingeladen und mit der C8+BR nach Kalinowka transportiert. An den Weihnachtsfeiertagen 1943 wurde nicht geflogen und die Besatzung Rößmann verbrachte die Feiertage in Kalinowka. Am 27. Dezember wurden 22 Verwundete und sechs Gäste mit einer Zwischenlandung in Luzk nach Biala-Podlaska ausgeflogen.*

*Am Neujahrstag 1944 startete die C8+BR mit 10 t Munition an Bord um 09:35 Uhr in Biala, als zuerst Motor 4 ausfiel, kurz danach quittierte Motor 3 den Dienst, was Rößmann veranlasste umzukehren. Im Landeanflug auf Biala-Podlaska versagte auch noch Motor 5 und die C8+BR befand sich nun in argen Schwierigkeiten. Mit großem fliegerischem Können gelang Unteroffizier Rößmann dennoch eine glatte Landung. Aufgrund der drei Triebwerksausfälle war der Gigant reif für einen längeren Werftaufenthalt.*

*Am 3. Januar 1944 übernahm die Besatzung Rößmann den Giganten mit der Kennung C8+GR und transportierte ein 8,8 cm-Flakgeschütz mit Munition und Zubehör im Gewicht von 9 t nach Winniza. Auf dem Rückflug wurden 9 t Nachrichtengerät nach Lemberg transportiert und am 4. Januar 1944 ging es leer nach Biala-Podlaska zurück. General Winter bestimmte den Flugbetrieb an der Ostfront, der nächste Flugauftrag kam erst am 9. Januar für die Besatzung Rößmann und lautete: 10 t an 7,5 cm-Pakmunition mit der Me 323 C8+BK nach Uman zu transportieren. Für den Rückflug am nächsten Tag wurden 20 Urlauber und Werkzeuge mit einem Gesamtgewicht von 10 t geladen. Auf dem Flug nach Lemberg musste wegen Triebwerksproblemen eine Notlandung bei der Ortschaft Pikulovice durchgeführt werden. Nach der mühseligen Entladung der Maschine und einer Reparatur der Triebwerke mit Bordmitteln startete am 17. Januar die C8+BK ohne Beladung vom Notlandeplatz um 14:05 Uhr und erreichte den Flugplatz von Lemberg 15 Minuten später. In Lemberg erfolgte dann nochmals eine eingehende Überprüfung der Triebwerke sowie des Treibstoffsystems und erst als alles einwandfrei funktionierte ging es am 21. Januar um 11:55 Uhr nach Biala-Podlaska zurück. Wegen einer aufziehenden Schlechtwetterfront und aufliegenden Wolken musste der Flug jedoch abgebrochen werden und der Gigant landete um 13:20 Uhr wieder in Lemberg. Am nächsten Tag gelang es dann der Besatzung, sich trotz widriger*

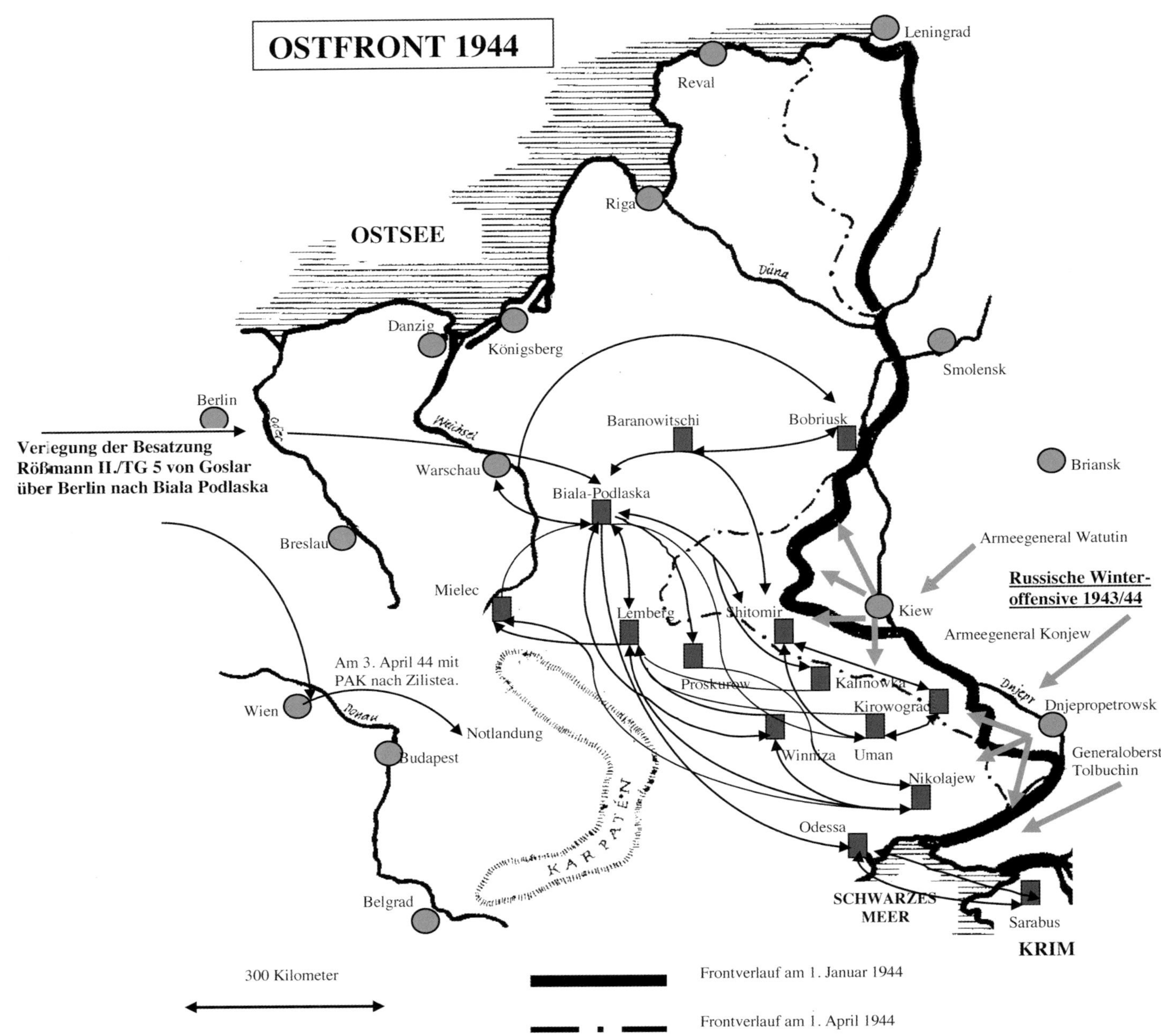


*Die russische Winteroffensive 1943/44 richtete sich vor allem gegen die deutsche Heeresgruppe Süd. In vielen Abschnitten gelang den russischen Armeen der Durchbruch durch die deutschen Fronten. Eine Krise an der Front löste die nächste Notlage ab. Mit den Messerschmitt 323 des TG 5 wurden deshalb verstärkt in diesem Frontabschnitt Transporteinsätze geflogen. An die Brennpunkte der Schlacht wurden Munition, Treibstoff, Ersatzteile usw. transportiert und auf den Rückflügen Verwundete ausgeflogen. (Foto: Sammlung Peter Schmoll)*

*Wetterverhältnisse nach Biala-Podlaska durchzuschlagen. In den nächsten Tagen war aufgrund der Wetterlage kaum an Fliegen zu denken, und so konnte sich die Besatzung Rößmann von den Strapazen erholen. Am 29. Januar nahm die C8+BK insgesamt 10 t MG-Munition an Bord und transportierte diese Ladung nach Proskurow mit Landung um 11:10 Uhr. In Proskurow übernahm die Besatzung Rößmann wieder den Giganten mit der Kennung C8+BR. Für den Rückflug nach Biala-Podlaska bettete man 86 Verwundete in den Laderaum, um diese so schnell wie möglich in ein rückwärtiges Lazarett zu bringen. Der Start erfolgte um 13:15 Uhr mit Landung um 15:45 in Biala-Podlaska. Auf dem Rückflug erhielt die Maschine Erdbeschuss, und dabei wurde der Bordmechaniker Gerd Storm verwundet. Die C8+BR war dabei derart beschädigt worden, dass sie zur Werft überstellt wurde, um sie einer eingehenden Kontrolle zu unterziehen. Die Besatzung Rößmann übernahm daraufhin die C8+AR und überführte sie leer am 31. Januar nach Hranowka. Dort wurden am 1. Februar 1944 insgesamt 10,5 t C-3 Flugzeugbenzin geladen und am nächsten Tag mit einer Zwischenlandung in Lemberg noch am 3. Februar 1944 nach Odessa-Dalnik transportiert. Wieder zwang eine Schlechtwetterfront zur Einstellung des Flugbetriebes, so dass die C8+AR erst am 13. Februar nach Odessa-Tatarlea verlegen konnte und der nächste Flug erst am 21. Februar vermerkt ist. Mit 4 t Gerät und 55 Mann an Bord geht es nach Sarabus auf der Krim. Auf dem Rückflug werden am 23. Februar 4 t Feldpost und 35 Soldaten nach Odessa-Dalnik ausgeflogen. Am nächsten Tag erfolgte der Weiterflug mit einer Beladung von 4,5 t Staffelgerät und 30 Soldaten über Lemberg nach Biala-Podlaska. Mit 8 t Munition an Bord ist die Besatzung Rößmann mit der Me 323 C8+GR am 27. Februar 1944 unterwegs nach Bobriusk. Auf dem Rückflug werden 30 Urlauber nach Biala-Podlaska tranportiert. Der 7. März 1944 sieht die C8+GR mit 8 t Sanitätsmaterial auf dem Flug nach Proskurow und am nächsten Tag weiter nach Nikolajew. Auf dem Rückflug am 9. März wurden 70 Urlauber nach Mielec mitgenommen. Die Flugdauer betrug 4 Stunden und 20 Minuten. Am nächsten Tag erfolgte unbeladen der Rückflug nach Biala-Podlaska. Mit Start um 13:40 Uhr flog die*

**Eine Me 323 der I./TG 5 bringt verwundete Soldaten von der Ostfront zurück. Seitlich am Giganten warten bereits zwei Sankas vom Typ Phänomen „Granit“ zur Aufnahme der Verwundeten und deren Abtransport ins nächste Lazarett. (Foto: Deutsches Museum)**

**1944 operierten die Giganten des Transportgeschwaders 5 vorwiegend an der Ostfront. Die Me 323 war alles andere als eine elegante Erscheinung, aber der effizienteste Großraumtransporter des Zweiten Weltkrieges. (Foto: Hübsch)**

**Die Me 323 von Feldwebel Rößmann wird mit voller Triebwerksleistung nach einer Notlandung in Ungarn von zwei ungarischen Panzern auf festen Boden geschleppt. (Foto: Sammlung Hans-Peter Dabrowski)**

**Einer der Kampfpanzer der ungarischen Armee in Großaufnahme. Im Hintergrund die Me 323 mit laufenden Triebwerken. (Foto: Sammlung Hans-Peter Dabrowski)**

*Einsatz der Me 323 im Winter 1943/44 an der Ostfront. An dieser Front brannte es an allen Ecken und Enden, denn die Rote Armee befand sich an fast allen Abschnitten in der Offensive. Die Wehrmacht konnte den Zusammenbruch der Front nur noch durch blutigen Widerstand und Rückzug verhindern. Die Giganten flogen Nachschub an die Brennpunkte. Hier wird ein LKW mit einem 15 cm Geschütz aus der Me 323 C8+CP entladen. (Foto: Sammlung Peter Schmoll)*

*Der russische Winter setzte den mit stoffbespannten Giganten stark zu. Im Bild erfolgt die Enteisung der Querruder. (Foto: Sammlung Peter Schmoll)*

*Enteisung des Geschützstandes einer Me 323 E. (Foto: Sammlung Peter Schmoll)*

*Eine weitere Me 323 bringt Nachschub an Munition. (Foto: Sammlung Peter Schmoll)*

*Überprüfung eines Motors. Beachtenswert ist die Verschmutzung der Tragflächenunterseite durch Öl und Motorabgase. (Foto: Sammlung Peter Schmoll)*

*Eine Me 323 im Winter 1943/44 in Uman. Im Hintergrund sind mehrere Focke-Wulf 200 „Condor" zu erkennen, die ebenfalls Nachschub an die Ostfront fliegen mussten. (Foto: Sammlung Peter Schmoll)*

*Besatzung Rößmann mit der C8+FS 10 t Munition nach Jasionka, und am 14. März erfolgte mit der C8+AR ein weiterer Transport von 10,5 t Munition und Propagandamaterial. In Jasionka übernahm die Besatzung Rößmann die C8+ER und flog ohne Beladung nach Biala zurück. Am darauf folgenden Tag ging es mit der C8+ER und 10 t Panzermunition über Jasionka nach Lemberg, das am 17. März erreicht wurde. Noch am selben Tag erfolgte der Rückflug nach Jasionka. Hier wurden 10 t MG-Munition geladen und nach Lemberg geflogen und von hier ging es weiter nach Mielec, das um 17:05 Uhr erreicht wurde. In Mielec wurde die Me 323 sofort mit 10 t an Aggregaten und Kfz-Motoren beladen. Am 18. März ging es von Mielec nach Odessa III. Am 20. März lautete der Flugauftrag auf 10 t Luftschrauben, die mit einer Zwischenlandung am 21. März in Sitiatyeze, am 22. März 1944 weiter nach Biala-Podlaska geflogen wurden. Am 1. April ist im Flugbuch ein Flug von Schroda über Ohlau nach Wien-Aspern verzeichnet. Im Rahmen einer Gewaltaktion flog die Luftwaffe Panzerabwehrgeschütze an den Südabschnitt der Ostfront. Am 3. April 1944 startet Unteroffizier Rößmann um 8:25 Uhr in Wien-Aspern zum Flug an die Ostfront und ist um 10:55 Uhr zu einer Notlandung bei Peterreve in Ungarn gezwungen, da nacheinander die Motoren 2, 4 und 6 ausgefallen waren.“*

Zu diesem Flug berichtet Unteroffizier Rößmann: *„Am 1. April 1944 hatten wir den Auftrag von Schroda aus sieben Pakgeschütze 7,5 cm nach Rumänien (Ploesti) zu bringen. Die Geschütze wurden in Ohlau eingeladen und wir flogen weiter nach Wien-Aspern. Nach Übernachtung dort und wegen schlechtem Wetter konnten wir erst am 3. April wieder starten. Nach einer Stunde Flugzeit wies der Bordmechaniker links daraufhin, dass am Motor 2 die Öltemperatur einen kritischen Punkt erreicht habe. Ich ließ die Drehzahl zurücknehmen und den Propeller entsprechend verstellen. Die Temperatur ging daraufhin zurück. Jetzt begann aber dasselbe Theater bei den Motoren 4 und 6. Wir wechselten, mal der, mal jener Motor wurde zurückgefahren, aber es wurde langsam kritisch. Ich nahm Kurs auf das heutige Novisad, erreichte aber den Platz nicht mehr. Die geschädigten Triebwerke mussten soweit in der Leistung zurückgenommen werden, dass die Me 323 im Steuer ganz weich wurde. Die Geschwindigkeit des Giganten hatte sich soweit reduziert, dass die Ruder nur noch geringe Wirkung hatten. Ich suchte nun einen geeigneten Platz und landete auf einem Acker bei der Ortschaft Peterreve. Die Geschütze wurden von den Ungarn ausgeladen und abtransportiert. Der Versuch, die Maschine mit ungarischen Panzern auf eine härtere Fläche zu ziehen, misslang, weil kein geeigneter Anschlagpunkt für die Abschleppseile an der Me 323 gefunden werden konnte. Schließlich kam ein Kommando von der Staffel mit 3 neuen Triebwerken und Ausrüstung. Nachdem die Motore eingebaut waren, versuchten wir, die Maschine zweimal herauszustarten. Kamen bei den Bodenverhältnissen aber nicht auf die notwendige Geschwindigkeit, um die Maschine frei zu bekommen. Bin dann mit der Mannschaft zurückgefahren und wurde unmittelbar danach zur Blindflugschule nach Zeltweg versetzt um meinen Flugzeugführerschein auf die Junkers Ju 88 zu erweitern. Der Gigant wurde dann später von einem anderen Piloten bei günstigeren Bedingungen aus dem Acker herausgestartet.“*

Die Bilanz der Besatzung des Unteroffiziers Egon Rößmann und Auswertung des Flugbuches sieht folgendermaßen aus: In ihrer Einsatzzeit vom Juli 1943 – März 1944 transportierte die Besatzung auf 93 Flügen insgesamt 641 t an Mannschaften und Material. Dies ergibt eine durchschnittliche Beladung von ca. 7 t je Flug. Das höchste Ladegewicht betrug 12 t. Von den 641 Tonnen transportierter Ladung entfielen 250 t im Mittelmeerraum und 391 t an der Ostfront. Wurden für die 250 t im Mittelmeerraum 51 Flüge verzeichnet, was einer durchschnittlichen Beladung von ca. 5 t entsprach, stieg die Transportleistung an der Ostfront auf 391 t bei 42 Einsätzen, was einer Beladung von 9,3 t im Schnitt entsprach. Dies zeigt, dass die Effizienz der Transporte, aber auch damit die Belastung von Mensch und Maschine deutlich gesteigert wurden. Die Flüge ohne Beladung beliefen sich auf insgesamt 40, davon 24 im Einsatzgebiet Mittelmeerraum. Dies ergibt in Summe 132 Einsatzflüge auf der Messerschmitt Me 323 Gigant.

Transportiert wurden auf diesen Flügen:
190 Verwundete
455 Soldaten, davon 85 Fallschirmjäger
39,5 t Treibstoff
101,4 t Munition
2 Panzer
4 Geschütze, darunter eine Flak 8,8 cm
9 Kraftfahrzeuge
7 Anhänger

Die sehr gut dokumentierten Einsätze des Unteroffiziers Egon Rößmann erlauben für die Ostfront eine sehr interessante Hochrechnung über die Leistung des Transportgeschwaders 5 (TG 5) im Jahre 1944 an der Ostfront. Die Besatzung Rößmann flog einschließlich der Leerflüge insgesamt 58 Einsätze von Januar – März 1944, für die eine Gesamtflugzeit von 103 Flugstunden laut der Eintragungen im Flugbuch erforderlich waren und sich auf ein Transportgewicht von mindestens 391 t belief. Dies bedeutet eine Transportleistung von rund 3,8 t je Flugstunde. Das TG 5 hatte laut Aufzeichnungen des Generalquartiermeisters von Januar – September 1944 (Bundesarchiv Freiburg Bestand RL2 III 974) insgesamt 7120 Flugstunden zu verzeichnen, wobei allein im April/Mai 1944 fast 3000 Stunden registriert worden sind. In diesen beiden Monaten erreichte jeder eingesetzte Gigant im Durchschnitt 83,2 Flugstunden.
Vergleicht man die gemeldeten 7120 Flugstunden des TG 5 mit den 103 Stunden der Besatzung Rößmann an der Ostfront, bei denen eine Transportleistung von 3,8 t je Flugstunde dokumentiert ist, so ergibt dies eine Hochrechnung von mindestens 27.000 t an Beladung.

Über die Einsätze der Giganten Ende 1943 von Warschau aus berichtete der Kriegsberichterstatter Kurt Dürpisch:
*„Es ist noch früher Nachmittag, aber es beginnt schon schummerig zu werden. Auf dem großen Flugplatz in Warschau flammt schon die rote Hindernisbefeuerung von Flugzeughallen und Schornsteinen auf und auch die Landebahnbefeuerung ist eingeschaltet. Fernes Dröhnen von vielen Flugzeugmotoren kündet die Landung von Maschinen an. Es sind dies die Me 323 des TG 5, die heute Morgen mit Nachschub an die Ostfront gestartet sind und jetzt zurückkehren. Im Tiefflug donnern die Giganten über den*

***Die Me 323 D, Werknummer 1220 mit der Kennung DT+IT der I./TG 5, im Januar 1944 an der Ostfront, vermutlich in Lemberg aufgenommen. Beachtenswert ist der Größenvergleich zu den beiden Ju 52. (Foto: Emmerle)***

***Betriebsappell am 19. Juni 1943 in der Werfthalle vor einer Me 323 anlässlich der Verleihung des Ritterkreuzes zum Kriegsverdienstkreuz an Betriebsleiter Karl Schmid. (Foto: Schmid)***

***Nach dem Festakt (im damaligen Sprachgebrauch „Betriebsappell" genannt) wurden fertiggestellte „Giganten" besichtigt. Von rechts: Generalingenieur Lucht, Gauleiter Wächtler und Direktor Seiler. Im Hintergrund mit Hut Prof. Messerschmitt im Gespräch mit den Direktoren Kokothaki und Merkl. Bemerkenswert an der Me 323 ist, dass die Lafetten für die MG 131 in den Rumpftoren noch nicht eingebaut sind. (Foto: Schmid)***

*Flugplatz. Fünf sind gestartet, und fünf kehren auch zurück. Einige feuern rote Leuchtkugeln ab, als Zeichen für die am Boden: „Wir haben Verwundete an Bord, wir landen als Erste!" Nacheinander reihen sie sich zum Landeanflug ein. Der erste Gigant kommt zur Landung herein, setzt auf und wird sofort von der Landebahn zu seinem Abstellplatz eingewunken. Es herrscht ein unbeschreiblicher Lärm auf dem Flugplatz, als die Giganten mit aufröhrenden Motoren zum Liegeplatz rollen. An der Flugleitung wartet bereits eine lange Kolonne von Sankas, die sich jetzt in Bewegung setzen und zu den abgestellten Flugzeugen fahren. Die von der Front zurückkehrenden Maschinen haben zahlreiche Schwerverwundete an Bord. Kurz nachdem die Motoren abgestellt sind, werden die großen Bugtore geöffnet und zur Seite geklappt. Der Blick fällt in den riesigen Laderaum des Flugzeuges, und hier liegt das ganze Elend des Krieges. Am Boden, auf Strohsäcken gelagert und mit Wolldecken zugedeckt, liegen die verwundeten Soldaten, die noch vor wenigen Stunden und Tagen an den Kämpfen am Dnjepr eingesetzt waren. Vorsichtig werden sie von der Besatzung und den Sanitätern ausgeladen und auf Tragen gelegt. Ein Arzt nimmt sich noch vor Ort der dringlichsten Fälle an. Nach und nach fahren die Sankas ab und kehren wieder zurück und holen die Nächsten zum Transport in die Lazarette ab.*

*Die Besatzungen sind gekennzeichnet von den ständigen harten tagtäglichen Einsätzen. Kaum sind die Verwundeten entladen, beginnt das Bodenpersonal mit dem Auftanken der Giganten.*

*Kurze Überprüfung der Motoren und Behebung von Schäden, und schon werden die Maschinen für den Einsatz am nächsten Tag beladen. In diesen Tagen werden vor allem Munition und Treibstoff an der Front benötigt, und die Giganten schleppen bei jedem Flug rund zehn bis zwölf Tonnen zu den Brennpunkten der großen Schlachten an der Ostfront. Auf dem Rückflug werden, wie bereits geschildert, Verwundete transportiert. So mancher schwer verwundete Soldat hat den Rücktransport nicht überlebt und stirbt an Bord. Aber Hunderte gelangen mithilfe dieser Luftbrücke schnell in ärztliche Obhut und verdanken ihr Leben der Me 323, dem Giganten."*

Die I./TG 5 flog ihre Versorgungseinsätze in den Südabschnitt nach Odessa und Focsani, während die II./TG 5 in den Nordabschnitt nach Kirowograd und Riga flog. Die letzten weit über ihre technische Leistungsfähigkeit beanspruchten Giganten erlitten noch einmal herbe Verluste, die zum einen Teil durch Feindeinwirkung und zum anderen durch technische Defekte verursacht wurden. So stürzte eine Me 323 am 16.03.44 bei Odessa mit 70 Mann an Bord ab, 63 Soldaten fanden den Tod. Bei Riga wurde eine Me 323 durch vier russische Jäger abgeschossen. Aber auch Erfolge waren zu verzeichnen, gelang es doch, mit einer Me 323 in einem Nachteinsatz 100 Soldaten von der eingeschlossenen Krim auszufliegen und 140 Nachrichtenhelferinnen aus Rumänien zu evakuieren. Vor den vordringenden russischen Armeen mussten zahlreiche Me 323 auf ihren Flugplätzen gesprengt werden, weil die Platzverhältnisse einen Start unmöglich machten oder die Maschinen wegen technischer Ausfälle nicht einsatzbereit waren. Immer weiter nach Westen wurde verlegt. Ein letzter Sammelplatz des TG 5 war im Juni 1944 der Flugplatz von Keczkemet in Ungarn.

*Betriebsleiter Karl Schmid erläutert seinen Mitarbeitern anhand des großen Hallenmodells die neu geplanten Produktionsabläufe, die eine Großserienproduktion der Me 323 ermöglichen sollte. Statt der 12 Me 323 war eine Großserie von monatlich 60 – 70 Me 323 auf dem Fliegerhorst in Obertraubling geplant. Es war allgemeiner Standard, dass die Messerschmitt-Ingenieure die Fertigungsabläufe an Modellen überprüften und festlegten. So konnte zum Beispiel sehr zuverlässig ermittelt werden, inwieweit der Platzbedarf in den Hallen ausreichte. (Foto: Schmid)*

*Modell der geplanten neuen Montagehalle auf dem Fliegerhorst Obertraubling. Die Dimensionen der neuen Halle waren, wie auch das Flugzeug, für die damalige Zeit gigantisch. Die Länge betrug 470 und die Breite 60 Meter. In dieser Halle sollte für die Me 323 eine Großserie von bis zu 70 Flugzeugen im Monat umgesetzt werden. (Foto: Archiv Airbus Group)*

*Das Modell der Halle von der anderen Seite. Durch das abgenommene Dach ist die dort geplante Tragflächenmontage zu erkennen. (Foto: Archiv Airbus Group)*

*Wie Im Modell ersichtlich, wird hier das Tragflächenmittelteil auf den Rumpf gehoben. (Foto: Archiv Airbus Group)*

*Blick in den Bereich der Endmontage. Hier war geplant, immer drei Me 323 fertigzustellen. Im Bild ist die abgesenkte Fahrbahn für den Rumpf deutlich zu erkennen. Dies erleichterte die Montage der Außenflügel und Arbeiten an den Triebwerken. (Foto: Archiv Airbus Group)*

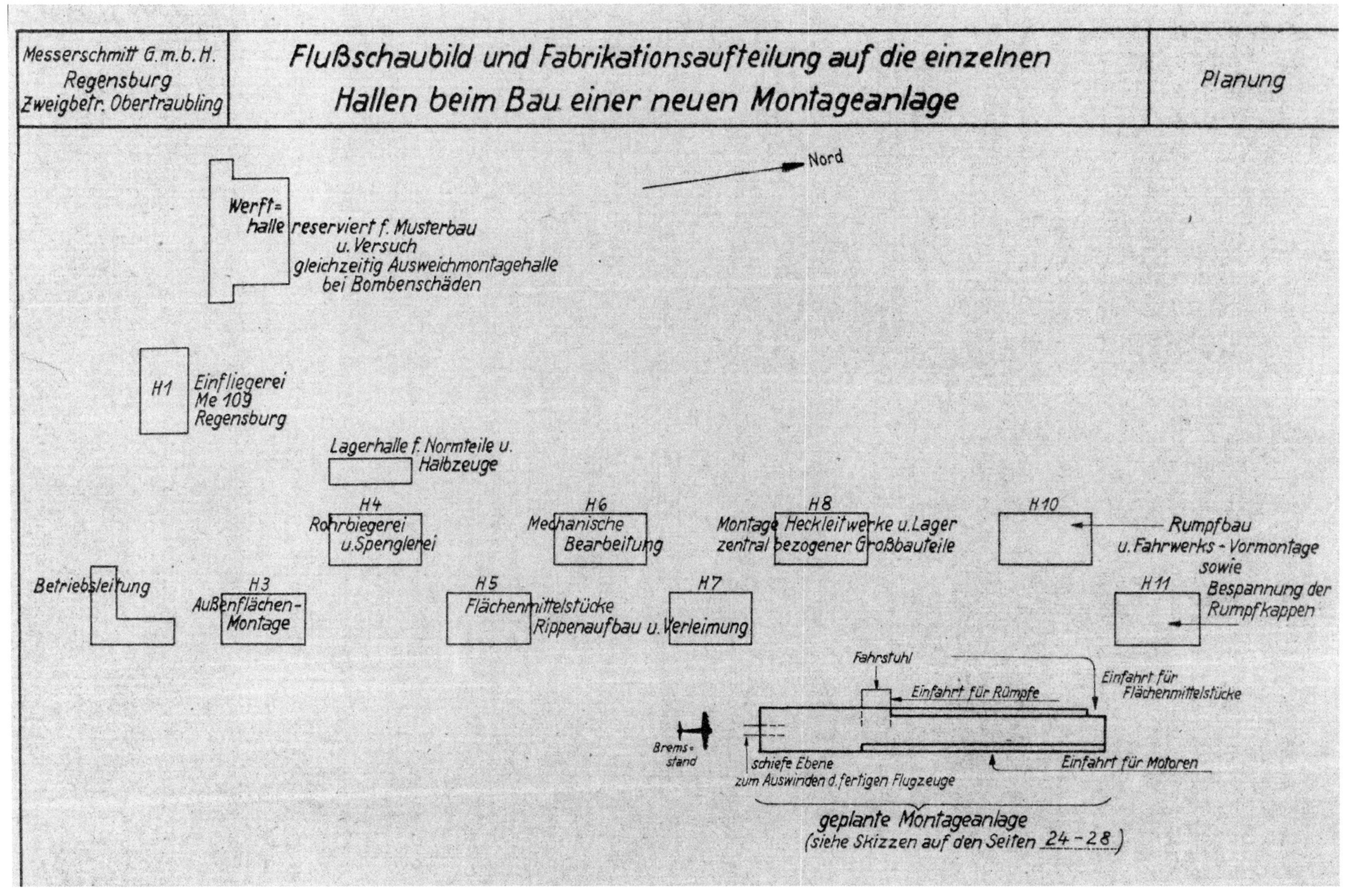


*Ein Lageplan des Fliegerhorstes Obertraubling mit eingezeichneter Hallennutzung bei der geplanten Umsetzung für die Großserie der Me 323. Es blieb bei der Planung, da sich die Kriegssituation für das Deutsche Reich innerhalb kurzer Zeit dramatisch verschlechtert hatte und andere Rüstungsvorhaben absolute Priorität erhielten. (Foto: Archiv Airbus Group)*

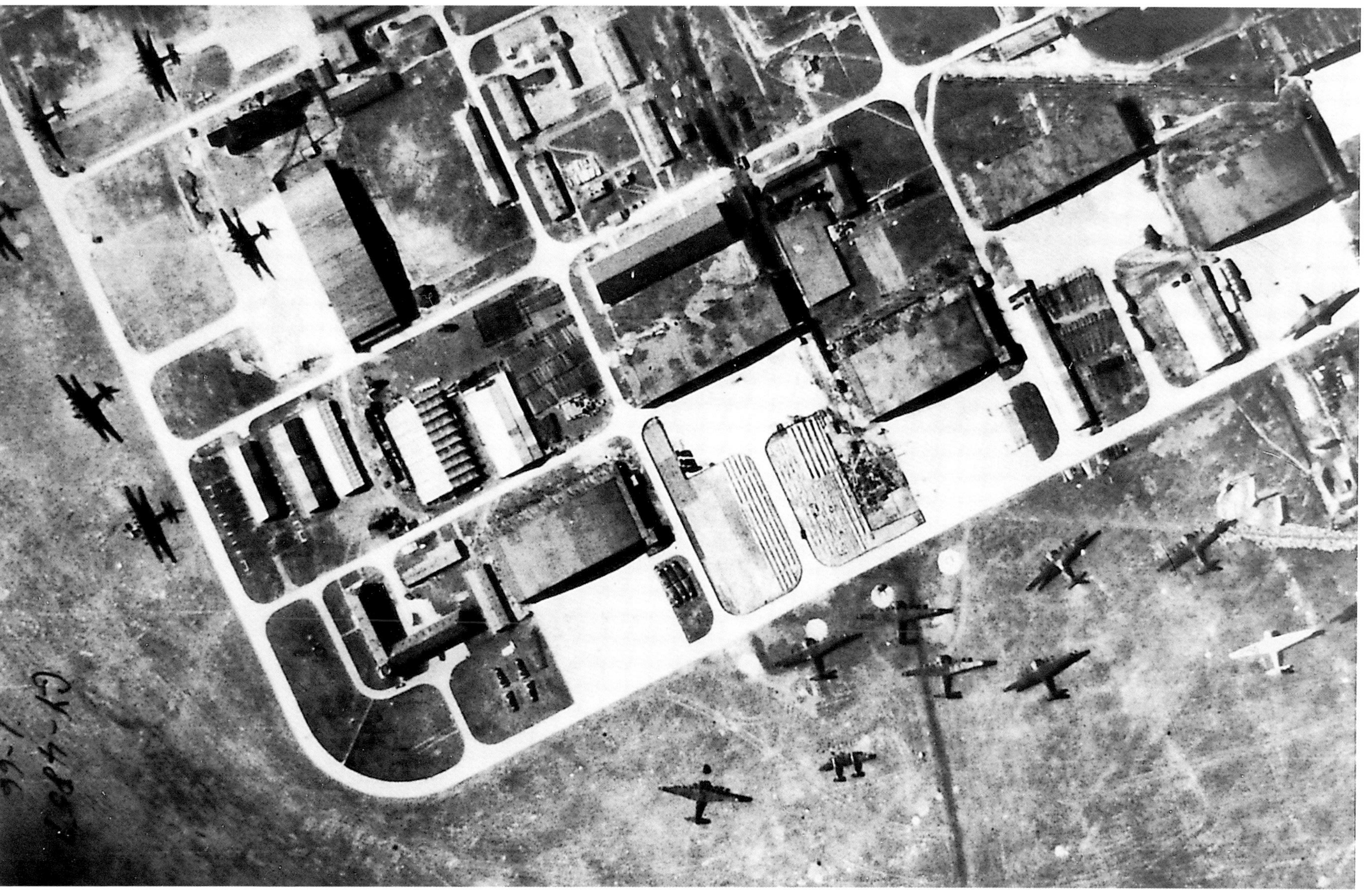


*Vergrößerung eines Aufklärungsfotos des Fliegerhorstes Obertraubling vom Frühjahr 1943. Im linken Bildbereich sind sechs Me 323 vor der Werft und Halle 1 zu erkennen. Vor Halle 3 steht ebenfalls eine Me 323. Im Bereich der Tankstellen vor Halle 4 sind insgesamt drei Me 323 und eine He 111 Z abgestellt. Vor der Halle 5 sind weitere zwei Giganten geparkt. Eine Me 323 ist vor der Halle 6 abgestellt, und rechts daneben steht eine ganz in weiß getarnte Me 321. Auf dem Vorfeld von Halle 7 ist eine Me 321 ohne Leitwerk abgestellt. (Foto: US Air Force)*

*Der Fliegerhorst Obertraubling im Sommer 1943, von Südwesten aufgenommen. Im Vordergrund die Straße von Obertraubling zum Fliegerhorst. Vor der Werft und der Halle 1 sind insgesamt acht Me 323 abgestellt. Am rechten Bildrand ist das Gebäude der Flugleitung zu erkennen. Im Hintergrund die Höhenzüge des Bayerischen Waldes. Dieses Foto wurde heimlich an einem Wachposten vorbei aufgenommen. (Foto: Illenberger)*

*Karl Schmid (Mitte) im Gespräch mit zwei Messerschmitt-Monteuren auf der Tragfläche einer Me 323. Wenige Wochen nach dieser Aufnahme stürzte Karl Schmid von einer Tragfläche ab und zog sich dabei lebensgefährliche Verletzungen zu. (Foto: Schmid)*

*Ein Teil der Regensburger Werksleitung, von links: Flugkapitän Trenkle, Technischer Direktor Linder, Betriebsleiter Schmid und Verwaltungsdirektor Wendland. (Foto: Schmid)*

*Auch Geschütze, wie hier diese Flak 8,8 cm Typ 37, wurden in die Giganten verfrachtet. Die „8,8“ war aufgrund ihrer schnellen zielsicheren Schussfolge – sowohl bei Luft- als auch bei Bodenzielen, vor allem aber zur Panzerabwehr – bei den feindlichen Truppen eine äußerst gefürchtete Waffe. Hinter dem Flakgeschütz ist eine Halbkettenzugmaschine Sonderkraftfahrzeug 7 zu erkennen. (Foto: Willbold EADS)*

*Dieselbe Übung mit einem Opel-Blitz-LKW 3 t Allradausführung. (Foto: Willbold EADS)*

*Verladeübung in Obertraubling mit einem Mercedes-Benz-LKW Typ 3000 A. Diese Aufnahme verdeutlicht das große Volumen des Laderaumes eines Giganten. Übungen dieser Art waren erforderlich, damit der Schwerpunkt des Flugzeuges ermittelt und die Zurrpunkte für den LKW festgelegt werden konnten. (Foto: Willbold EADS)*

*Me 323 mit der Kennung SL+HD im Sommer 1943 auf dem Fliegerhorst Obertraubling. (Foto: Schmid)*

*Immer wieder ein beeindruckender Anblick ist der Laderaum einer Me 323. Bei dieser Aufnahme sind die zwischen den Motoren 2 und 3 sowie 4 und 5 in den Tragflächen liegenden Fenster gut zu erkennen, hinter denen die Bordmechaniker saßen. (Foto: Schmid)*

## Spezialversionen der Me 323

Von der Me 323 gab es auch Spezialversionen. Eine war zumindest 1943 als fliegende Werkstatt auf dem Fliegerhorst Obertraubling ausgerüstet worden. An Bord befanden sich fest eingebaute Schränke, Werkbänke, Dreh- und Fräsmaschine, Luftkompressoren und Stromerzeuger sowie Werkstattzelte und ein LKW (siehe Fotos). Zur Besatzung von 18 bis 20 Mann gehörten Motorenschlosser, Elektriker, Schweißer, Flugzeugmechaniker, ein Schreiner und ein Segelmacher. Letzterer zur Reparatur der Stoffbespannung. An Bord befanden sich jede Menge Ersatzteile sowie ein Ersatzmotor. Unter Einsatz dieses „Giganten" konnten beschädigte Me 323 in Frontnähe repariert oder soweit wieder flugfähig gemacht werden, dass sie zu größeren Flugplätzen im Hinterland zur Werftüberholung geflogen werden konnten.

Eine weitere Spezialversion war der Waffenträger, von dem vermutlich nur zwei Stück gebaut worden sind. Über die Waffenträger berichtet Erwin Walther:

*„Die Me 323 WT war mit Bordwaffen gespickt wie ein stachliger Igel. Die Aufgabe dieser als Waffenträger (WT) bezeichneten Me 323 war der Begleitschutz von normalen Me 323-Transportern. Aufgrund der Einsatzerfahrungen und vor allem der Verluste im Mittelmeerraum glaubte man, dass sich die ‚Gigantenverbände' damit selbst vor Jägerangriffen schützen könnten. Von dieser Version gab es meines Wissens nur zwei Maschinen, ich flog in der RL+UE als Bordwart mit. An Bord der Me 323 gab es zwei Bordwarte. Einer saß in der linken Tragfläche zwischen Motor zwei und drei, der zweite Wart saß zwischen Motor vier und fünf in der rechten Tragfläche. Die Bordwarte waren für das Anlassen der Motoren und die Überwachung im Fluge zuständig. Hatten wir die Motoren am Laufen und die Piloten rollten zum Start, dann meldeten die sich über die Bordsprechanlage mit: wir übernehmen, und von da an hatten wir nur noch eine reine Überwachungsfunktion für die jeweils drei Motoren zu erfüllen. Auf Drehzahl, Öltemperatur und Öldruck hatten wir besonders zu achten. Bei Motorausfall mussten wir die Luftschraube auf Segelstellung fahren. In der Maschine unmittelbar hinter den Motoren war es natürlich sehr laut und eine Verständigung nur durch die Bordsprechanlage möglich. Wir besaßen dazu die üblichen Netzkopfhauben mit einem eingebauten Kehlkopfmikrofon und Kopfhörern, die den Lärm etwas dämpften. Auf der Vorderseite der Tragfläche war ein kleines Fenster für die Sicht nach vorne unten eingebaut. Ein weiteres Fenster war in der Notausstiegsluke eingebaut, die sich auf der Oberseite der Tragfläche befand. Die Luke für den Notausstieg war aber so klein bemessen, dass man mit dem Fallschirm kaum durchpasste. Die Bordwarte hatten deshalb einen Brustfallschirm, der immer in ihrer Reichweite lag. Bei einem Fallschirmabsprung war folgende Prozedur einzuhalten: Zuerst die Kopfhaube ausstöpseln, Fallschirm einhängen, um anschließend die Ausstiegsklappe abzuwerfen, dann halb aus dem Notausstieg klettern. Man befand sich da schon mit dem Oberkörper im Freien oberhalb der Tragfläche, um über die Fläche auszusteigen. Anschließend musste man nur noch am Leitwerk verbeikommen. Zum Glück kam ich nie in Verlegenheit, diese Prozedur im Ernstfall durchführen zu müssen.*

*Die Me 323 WT verfügte neben der regulären Besatzung über einen Kampfkommandanten und elf Bordschützen sowie zwei Waffenmechaniker. In der Regel betrug die Anzahl der Besatzung ca. 18 bis 20 Mann. Kampfkommandant meiner Maschine war Oberleutnant Römer. Während des Fluges befand er sich in der Pilotenkanzel neben dem Funker und lenkte von hier aus den Einsatz der Bordschützen über die Sprechanlage. Die Bewaffnung bestand aus je zwei Waffentürmen HDL 151 mit MG 151/20 auf jeder Tragfläche, und im Bug war ein fünfter Drehturm eingebaut. Seitlich im Bereich der Rumpfspitze waren zwei MG 131 montiert. Noch im vorderen Rumpfdrittel war an jeder Seite ein MG 151 in Kugellafette angeordnet. Jeweils ein Seitenstand mit MG 151 befand sich in der Rumpfmitte. Ein weiteres MG 131 befand sich im C-Stand, das*

*Ein Bordmechaniker hat die Ausstiegsluke geöffnet und steht in seinem Kommandostand zwischen Motor 4 und 5. (Foto: Sammlung Peter Schmoll)*

*Blick auf eine Tragfläche einer Me 323 E mit den beiden Kuppeln der Drehtürme MG 151/20. In der Bildmitte ist der geöffnete Notausstieg für den Bordmechaniker zu sehen. (Foto: Hans Peter Dabrowski)*

*im Rumpf eingebaut nach unten feuerte. In Summe waren das neun 20 mm-Geschütze und drei schwere Maschinengewehre vom Kaliber 13,1 mm. Mit der RL+UE waren wir einige Wochen in Tarnewitz, der Erprobungsstelle für Bordwaffen, und testeten unsere Bewaffnung. Eröffneten die Bordschützen in den Tragflächen auf Kommando das Feuer, bebte die gesamte Maschine. Die Abschussgeräusche der vier MG 151 übertönten sogar das Dröhnen der Motoren. Die Me 323 WT konnten keine Fracht transportieren, da sich im Laderaum ein großes Stromaggregat befand. Dieser Stromerzeuger war für die Steuerung der Waffenstände und die elektrische Abfeuerung der MG 151 erforderlich. Mit der Me 323 RL+UE war ich auch mehrmals auf dem Fliegerhorst Obertraubling, da hier erforderliche Nachrüstungen am Flugzeug durchgeführt wurden.*
*Mit einer normalen Me 323 war ich im Mittelmeerraum im Einsatz und flog ca. sechsmal nach Tunesien mit rund fünfzig 200 Liter Benzinfässern an Bord. Das Afrika Korps brauchte Sprit und Munition. Wir flogen bis zur Erschöpfung und wurden reihenweise von den alliierten Jägern abgeschossen. Es ist schon ein kleines Wunder, dass ich diese Zeit überlebt habe. Die Waffenträger waren im Mittelmeerraum nicht im Einsatz, aber ich kann mich noch sehr gut an einen unserer letzten Flüge mit dem Waffenträger erinnern. Als die Rumänen die Seiten wechselten und zu den Russen überliefen, erhielten wir im August 1944 den Befehl, eingeschlossene Nachrichtenhelferinnen und anderes Wehrmachtspersonal aus der Nähe von Bukarest abzuholen. Wir starteten mit den letzten einsatzbereiten Giganten aus Kecskemet nach Bukarest. Vier Transporter und unser Waffenträger dröhnten gen Osten. Es war geplant, dass die vier Giganten dort landen sollten, während wir über dem Platz kreisten, um die Verladung zu sichern. Als wir dort ankamen, standen die Russen schon am Platz, und wir mussten ohnmächtig mit ansehen, wie sie unsere Leute zu den Fahrzeugen prügelten und nach Osten abtransportierten. Am liebsten hätten wir mit unseren Bordkanonen da reingehalten, aber dabei wären auch die Unseren gefährdet gewesen. Da wir die Führungsmaschine des Verbandes bildeten, musste eine Entscheidung getroffen werden. Die eine Möglichkeit war, zu landen und mit den Bordwaffen aller Giganten die Operation abzusichern und einigen wenigen den Rücktransport zu ermöglichen, wobei andererseits die Giganten extrem gefährdet waren, denn am Boden gaben sie ja eine tolle Zielscheibe ab. Einfach zurückzufliegen brachten wir auch nicht fertig. Unser Bordfunker setzte einen Funkspruch ab, und als Antwort erhielten wir den Befehl, die Aktion abzubrechen und umzukehren. Schweren Herzens und mit bangen Ahnungen traten wir den Rückflug an. Wie sollte dieser Krieg für uns noch enden? So wie sich die Lage darstellte wohl in einer Katastrophe."*

***Ein Bordmechaniker in seinem Bedienstand in der linken Tragfläche. Im Bild die insgesamt vier Sichtfenster und die Notausstiegsluke in geöffnetem Zustand. In der rechten Hand des Bordmechanikers der Verriegelungshebel für die Luke. (Foto: Archiv Airbus Group)***

Im August 1944 wurden die Staffeln des Transportgeschwaders 5 aufgelöst. Der Gigant hatte ausgedient, da die Fronten immer näher an die Reichsgrenzen heranrückten, war ein strategischer Lufttransport nicht mehr erforderlich und außerdem fehlte es massiv an Flugbenzin. Am 23.08.1944 wurde das TG 5 aufgelöst, und die Giganten verschwanden für immer vom Himmel.
Was noch an flugfähigen Maschinen vorhanden war, verlegte man auf die Flugplätze von Chrudim und Skutec (im heutigen Tschechien). In Skutec wurden die Bordwaffen ausgebaut und in die ringförmige Verteidigung des Flugplatzes integriert.

*Die Me 323 mit dem Stammkennzeichen VM+IZ. Dieser „ Gigant“ war als fliegende Werkstatt ausgerüstet und konnte beschädigte oder durch technische Defekte ausgefallene Me 323 wieder einsatzfähig machen. Die Zelte und der rechts im Bild befindliche Opel-Blitz 3 t-Allrad-LKW gehörten zur Werkstatt-Ausrüstung. Im Hintergrund ist eine Me 321 B auf dem Vorfeld abgestellt. (Foto: Willbold Airbus Group)*

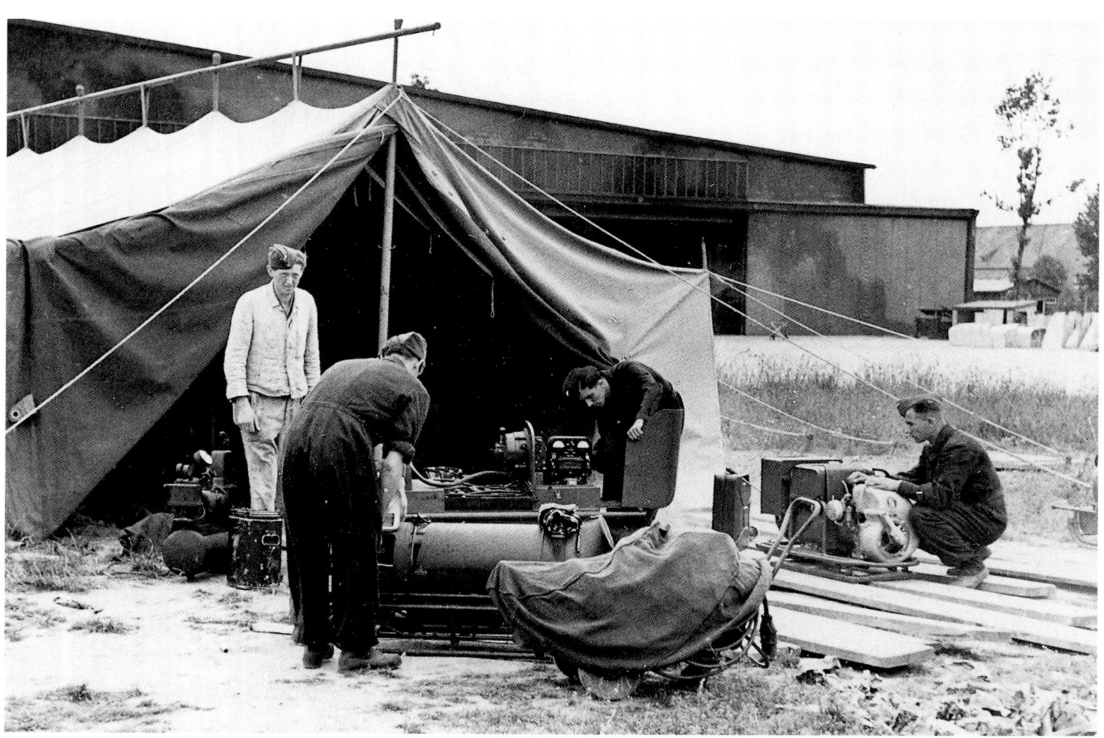

*Kompressoren, Stromerzeuger und das hier abgebildete Werkstattzelt waren Bestandteil der Beladung der Werkstatt Me 323. Im Hintergrund die Halle 6 des Fliegerhorstes Obertraubling. (Foto: Willbold Airbus Group)*

*Blick in den hinteren Bereich der Werkstatt Me 323. Kompressor und Stromerzeuger sind links bzw. rechts im Vordergrund des Bildes zu sehen. Links ist auf einer Werkbank eine Drehbank zu sehen. Zahlreiche Werkbänke und Schränke für Ersatzteile vervollständigen die Ausrüstung. Links und rechts an einem Längsgurt des Rumpfgerüstes sind Ösen zum Verzurren der Ladung zu erkennen. (Foto: Willbold Airbus Group)*

*Die Werkstatt Me 323 VM+IZ ist mit dem hydraulisch ausgefahrenen Rumpfsporn vor der Halle 6 auf dem Fliegerhorst in Obertraubling abgestellt. Der Opel-Blitz 3 t ist im Laderaum geparkt. Rechts im Hintergrund die Flugzeughallen 7 und 8. Hinter den Hallen sind die Dächer des Staffelbaues zu erkennen. (Foto: Willbold Airbus Group)*

*Einer von mindestens zwei Me 323 WT Laut Aussage von Zeitzeugen war die RL+UE mehrmals zur Durchführung von technischen Änderungen in Obertraubling. Die Me 323 WT wurde aufgrund der Erfahrungen im Mittelmeerraum entworfen und war mit neun MG 151/20 und drei MG 131 bewaffnet. Sie sollte als Begleitschutz eventuelle Jägerangriffe auf die Transporter verhindern, kam aber nach den bisherigen Erkenntnissen kaum zum Einsatz. (Foto: Hans-Peter Dabrowski)*

*Aber auch Verluste bei der Me 323 blieben nicht aus. Dieser Me 323 hat es das Leitwerk abgerissen. (Foto: Obermeier)*

*Diese Me 323 hat Totalschaden. Nicht selten waren es Brüche, die durch Überbeanspruchung und damit verbundener Materialermüdung verursacht wurden. (Foto: Obermeier)*

*Auch das gab es: Lufttransport des Wagens von Generalfeldmarschall Kesselring mit einer Me 323. In den beiden Klapptoren sind deutlich die eingebauten MG 131 zu erkennen. (Foto: Breyer)*

*Ein Ochsengespann zieht einen Tankanhänger zu einer Me 323. Treibstoffmangel begrenzte zunehmend die Einsatztätigkeiten. Das Deutsche Reich führte einen Krieg des armen Mannes. (Foto: Sammlung Peter Schmoll)*

*Luftbild eines USAAF-Aufklärungsflugzeugs vom Flugplatz Chrudim (Tschechien) vom Herbst 1944. Hier sind vier außerdienstgestellte Me 323 zu erkennen. (Foto: Luftbilddatenbank Dr. Carls)*

Bericht von Professor Doktor Karl Heinz Göller aus Regensburg über seine Erlebnisse als Bordfunker auf der Me 323 „Gigant“:

*Nach der Blindflugausbildung wurde ich zur Ersatzstaffel des Transportgeschwaders (TG) 5 versetzt. In der Ersatzeinheit wurden die neuen Besatzungen für die Me 323 zusammengestellt und geschult. Die Einweisungsflüge mit der Me 323 waren weniger problematisch. Aus mir unbekannten Gründen hatte man sich dafür den Flugplatz Eger ausgesucht. Hier hatte das TG 5 ein neues Heim gefunden. 14 Tage ließ man mich völlig allein in Eger bzw. Marktredwitz, dann trudelten die neuen Herren der Lüfte ein. Einige von ihnen waren hoch dekoriert und hatten jahrelange Flugerfahrung. Ich wurde meinem späteren Freund Oberleutnant Kruchen zugeordnet. Wie alle anderen kletterte auch er befangen und nicht gerade begeistert in das Cockpit des über 6 Meter hohen Ungetüms und machte sich mit den Armaturen und Instrumenten vertraut. Dann begann der Schnupperflug nach Marktredwitz. Nach kurzer Zwischenlandung ging es zurück nach Eger. Da standen die nächsten Kandidaten schon Schlange.*

*So richtig begeistert war nach den Einweisungsflügen keiner. Die gute Tante Me war halt gewöhnungsbedürftig. Bordfunker und Flugzeugführer entwickelten aber im Laufe der Zeit ein ausgesprochen emotionales Verhältnis zu ihrem ‚Jumbo‘. Die Me war ihnen nicht nur ein Transportmittel, das man gegen andere austauschen konnte, sondern gehörte zur Familie, sie war „Tante Me“. Die Familienbindung hielt oftmals bis zum Tode.*

*Einmal starteten wir von Odessa aus um 20:30 h nach Focsani in Nordrumänien Ich meldete mich bei der Leitstelle in Bukarest – und wurde abgewiesen. In ein paar Q-Gruppen ausgedrückt teilte sie mir mit, dass der Gigant nicht blindflugfähig sei und daher auch nicht ‚air – born‘. Ich musste eine PAN – Meldung absetzen, um von den Damen der Leitstelle erhört zu werden. PAN bedeutete: „Ich bin in Gefahr für Leib und Leben“. Diese Meldung durfte nur in einem akuten Notfall verwendet werden. Das taktische Rufzeichen unseres (meines!) Giganten war DU+PF. Diese vier Zeichen waren das Erkennungszeichen, das ausreichte, um unsere Maschine in Bukarest zu identifizieren. Natürlich wäre diese Kennung auch ausreichend gewesen, um ein feindliches Flugzeug als solches zu erkennen und zu orten.*

*Die darüberliegende noch höhere Gefahrenstufe wurde durch SOS ausgedrückt. Dabei handelte es sich ursprünglich um ein international gebräuchliches Notsignal der Schifffahrt, das entsprechend den strengen Bestimmungen der christlichen Seefahrt erst vor einem unmittelbar bevorstehenden Absturz oder Untergang verwendet werden durfte. Es wurde später auch von der Luftfahrt übernommen und erhielt eine feste Welle zugewiesen: 333 K.Hertz. Die drei Buchstaben SOS wurden als Notsignal gewählt, weil sie im Morse-Alphabet die einfachsten waren:*
*... – – – ...*
*(Dreimal kurz, dreimal lang, dreimal kurz)*

*Im Seerecht gab es detaillierte Bestimmungen hinsichtlich der Benutzung von SOS. Die wichtigste Vorschrift war, dass jeder Funkverkehr sofort eingestellt werden musste, wenn über Funk oder sonstwie SOS gemeldet worden war. Die volksetymologisch umgedeutete Erklärung der drei Buchstaben besagte: Save our souls!*

*Ich habe in meiner Laufbahn nur ein einziges Mal SOS geben müssen. Es war bei der Krim – Räumung. Simferopol wurde bereits belagert. Der Verlust der Halbinsel war abzusehen. Die gute DU+PF hatte im Pendelverkehr zwischen Cherson und Mamaia mehrere Ladungen von Verwundeten und Kranken nach Rumänien gebracht. Nach dem Start auf der Krim ging es sofort im Tiefflug raus aufs Meer, denn wir hatten schon große Sorge vor den russischen Jägern, die sich aber in der Regel nur als kleine Punkte am Horizont zeigten. Aber man konnte nie wissen, was die vorhatten, und deshalb ging es erst mal mit voller Leistung in Richtung Mamaia. Bei den ständigen Einsätzen waren dabei offenbar die Motore überlastet worden. Etwa auf halbem Wege fiel bei diesem Flug der Motor R 1 aus, kurz danach Motor R 2. Der Flugzeugführer stellte die Luftschrauben von beiden Motoren auf Segelstellung und versuchte, Höhe zu halten. Das Wasser kräuselte sich unter dem Fahrtwind der gewaltigen Maschine, und*

**Der Arbeitsplatz eines Bordfunkers in der Me 323 mit den Funkgeräten im Hintergrund. (Foto: Archiv Airbus Group)**

*immer wieder sah es so aus, als ob die brave Me es nicht schaffen würde. „Gib SOS", rief der Flugzeugführer. Ich hatte die Taste bereits in der Hand, und auch die Wellenlänge war schon eingestellt.*

*Da geschah etwas nie zuvor Erlebtes. Unmittelbar nach meinem SOS verstummten die lauten und eindringlichen Morsezeichen einer offenbar recht nahen Funkstelle (Constanza?) sofort, ein paar weitere folgten, und bald war nur noch ein entferntes Zirpen zu hören – offenbar von weit entfernten Funkstellen. Alle anderen Funkstellen hatten sofort den Funkverkehr eingestellt und ich konnte ungehindert unsere Position und Notlage durchgeben. Die Piloten saßen derweil mit verzerrten Gesichtern und schweißgebadet am Steuer und versuchten, Kurs und Höhe zum rettenden Ufer zu halten. Einfach zum Festland abzudrehen, ging in diesem Falle auch nicht, da der Russe überall auf dem Vormarsch war. Es galt einfach nur durchzuhalten und auf unser Glück zu hoffen.*

***Wenige Monate nach Kriegsende wurden die Giganten demontiert. Alles an brauchbaren Teilen wurde von der neuen tschechischen Luftwaffe beschlagnahmt. Ein Teil der Gittermaste fand später Verwendung in einem nahe gelegenern Steinbruch als Kranausleger oder als Brücke bzw. Stützen für eine Feldbahn. (Foto: Sammlung Peter Schmoll)***

*Ein merkwürdiges dröhnendes Geräusch kam vom Heck her und überdeckte zeitweilig das Laufgeräusch unserer Gnome-Rhone-Motoren, die immer größere Schwierigkeiten hatten, durchzuhalten. Ein Blick durch meine Glaskuppel nach hinten zeigte mir die Quelle des Geräusches: Ein Flugboot vom Typ Blohm und Voss BV 138 hatte sich zu uns gesellt. Im*

*Ernstfall, wenn wir eine Notwasserung hätten durchführen müssen, hätte uns die Besatzung viel helfen können, und es wirkte auf jeden Fall beruhigend, von einem Seeflugzeug eskortiert zu werden. Nach etwa 15 Minuten verließ uns die BV 138. Der Pilot hatte offenbar erkannt, dass wir es schaffen würden, winkte uns zu und drehte ab. Vor uns tauchte jetzt auch die Küste bei Mamaia auf. Übrigens die Navigation zwischen der Krim und Mamaia war recht einfach, da man nur Kurs 90 bzw. 180 Grad fliegen musste, um ans Ziel zu kommen. Wir schossen rote Leuchtkugeln ab und kamen im direkten Anflug auf der Landebahn runter. Mit weichen Knien verließen wir unsere Tante Me.*

**Eine Me 323 D-6 auf dem Flugplatzgelände von Skutec. (Foto: Sammlung Peter Schmoll)**

*Eine richtige Notlandung erwies sich im Süden Rumäniens auf einem Kartoffelacker als erforderlich, wieder hatten wir Triebwerksstörungen zu verzeichnen. Es war aber kein Wunder, denn fast bei jedem Flug wurden die Motore über ihre Leistungsgrenze hinaus belastet, und es gab nur ganz selten Flüge, bei dem kein Triebwerk ausgefallen war. Bei der Landung auf dem Acker rumpelte es ganz gehörig in der Maschine, und nach der Notlandung mussten wir feststellen, dass zwei Räder keinen Druck mehr hatten und ein Reifenwechsel erforderlich war. Zunächst einmal mussten passende Räder angefordert und herbeigeschafft werden. Die Me 323 einfach aufzubocken und die Räder zu wechseln, war auch nicht möglich, denn dazu hätten wir entsprechende Hydraulikheber benötigt, die aber hier nicht zur Verfügung standen. Eine findige Besatzung, die vor dem gleichen Problem wie wir stand, kam auf die Idee, unter den defekten Reifen eine Grube auszuheben und so das Rad zu wechseln. So wurde auch in diesem Fall unter den Rädern eine tiefe Grube gegraben, damit die neuen Räder in Position gebracht und befestigt werden konnten. Das war bei 35° C im Schatten eine schweißtreibende und kräfterau-*

**Eine Me 323 auf dem Flugplatz Skutec (Tschechien) bei Kriegsende 1945. Auf dem Flugplatz von Skutec standen bei Kriegsende mindesten drei Me 323 des ehemaligen TG 5. (Foto: Sammlung Peter Schmoll)**

*bende Prozedur. Ich hatte mit der ganzen Reparatur nichts zu tun - obwohl ich meine Mithilfe angeboten hatte. Wie oft hatte ich schon dieses herabwürdigende Misstrauen dem Abiturienten gegenüber verspürt! Ich war es mittlerweile gewöhnt! Mit einem ganzen Schwarm von Kindern ging ich ins Dorf und ließ mir einige Lehmhütten zeigen. Sie bestanden aus einem Raum, hatten eine gewaltige Ofenbank und statt Kleiderschränken Stangen und Haken. Die Konversation war schwierig, aber nicht unmöglich. Viele Wörter waren vom Lateinischen her zu erschließen, was in jedem Einzelfall Jubel und Bewunderung bei Groß und Klein auslöste. Ich kaufte mir für einige Lei ein Hühnchen, das auf offenem Maisfeuer gebraten wurde. Die Hausfrau gab mir ein Jutesäckchen, auf das sie mit einem Holzhammer einschlug Es dauerte ein wenig, bis ich verstanden hatte: Aha! Der Salzstreuer! Hier stießen wirklich Welten aufeinander. Diese Menschen lebten noch im Naturzustand. Manche von uns hätten gern mit ihnen getauscht. Nach zwei Tagen liefen die Motore wieder rund und die Reifen waren gewechselt, wir waren wieder startbereit und flogen nach Mamaia.*

*Die Notlandung unseres Giganten in Rumänien war eigentlich keine Bruchlandung – so weit war es noch nicht – wohl aber ein unterschwelliges Indiz für eine Entwicklung, die Weitsichtige spürten und unter der sie litten. Der Abfall Rumäniens und die Kündigung des Bündnisses im August 1944 war ein kaum zu verwindender Schlag. Das Benzin wurde knapp und knapper. Zunächst ging alles weiter wie zuvor, allerdings in kleinerem Rahmen, auf Benzinschein sozusagen. Die noch vorhandenen Giganten flogen meist nur noch auf Kurzstrecken. Die Ju 52 wurden eingesetzt, wo immer es möglich war. Ich wurde des Öfteren an andere Transportstaffeln „ausgeliehen", so z.B. für einen brandeiligen Flug mit der Ju 52 nach Saloniki. Peilungen waren nicht erforderlich, wir hatten herrliches Flugwetter und genossen bei 200 km reichender Fernsicht ein Panorama, wie man es selten zu sehen bekommt. Ein guter Teil der Flugstrecke lag wie in einem dreidimensionalen Panorama ständig vor uns. So hatte ich mir die Fliegerei immer vorgestellt!*

*Unter anderem hatte ich Zeit, einige Dinge auszuprobieren, die ich mir schon lange Zeit vorgenommen hatte. So forderte ich z.B. fast*

***Bei dieser Me 323 E glänzen die Kuppeln der Drehtürme im Sonnenlicht. Die Bewaffnung aller in Skutec befindlichen Me 323 wurde ausgebaut und in die Flugplatzverteidigung integriert. Bis zu 60 MG-Stellungen waren ringförmig um den Flugplatz vorhanden. Diese starke Verteidigung verhinderte Angriffe von tschechischen Einheiten bei Kriegsende. Die deutsche Besatzung konnte ohne Kampfhandlungen den Flugplatz verlassen. (Foto: Sammlung Peter Schmoll)***

*senkrecht über Saloniki von Staken bei Berlin eine Standortpeilung an: Q T F ? (Was ist mein gegenwärtiger Standort?). Die Antwort kam nahezu postwendend, und zwar in einer sechsstelligen Zahlengruppe. Ich schlug die Flugkarte auf, und siehe da: Wir waren genau über Saloniki! Ich konnte mir nicht verkneifen, dieses Ergebnis an das Cockpit weiterzugeben. „Unter uns Saloniki!".*
*Der Pilot schüttelte nur noch ungläubig den Kopf.*
*Vor allem im innereuropäischen Einsatz wurden die Giganten noch gebraucht, allerdings immer seltener. Ich erinnere mich an einen Flug nach Leipzig, bei dem wir doppeltes Pech hatten. Zunächst stellte sich schon bei der Flugplanung heraus, dass wir die Ausgeh-Garnitur nicht gebrauchen würden. Der Flug ging nicht in die Heimat, sondern nach Leipzig in Bessarabien. Das kam der Flugleitung spanisch vor. Sie ging der Sache nach, und siehe da: Es ging doch nach Sachsen! Auf dem Zielflugplatz wurden wir von einem massierten Einflug amerikanischer Bomber überrascht – es mögen wohl einige hundert gewesen sein. Wir hatten nicht einmal Zeit, den Luftschutzkeller aufzusuchen. Glücklicherweise blieb Leipzig verschont. Ähnliches geschah uns bei einem Flug nach Rostock, bei dem wir in der Luft noch rechtzeitig abdrehen konnten, da wir sonst unter den feindlichen Verband geraten wären*
*Nicht ein einziges Mal durfte ich nach Leipheim mitfliegen, wo unsere Giganten in genau festgelegten Zyklen gewartet und überholt wurden. Die Überholung dauerte 2 – 3 Tage und wurde zuerst bei 200 und später nach jeweils 350 Flugstunden durchgeführt. Die Besatzung hatte während dieser Zeit Urlaub. Leipheim soll sehr schön sein.*
*Ein paar Wochen vor der Etablierung von Kecskemet entwickelte sich im Südosten ein neues Zentrum, das besonders nach dem Fall von Chersones strategisch bedeutsam wurde: Focsani.*
*Nach dem Krieg war ich zu Besuch bei meinen rumänischen Freunden und sagte, ich möchte gern mit ihnen nach Focsani fahren, stieß ich auf ungläubiges Staunen. „Was willst Du in Focsani?" Ich wollte den Ort wiedersehen, der damals ein Platz zum Tanken und Rasten für die Giganten gewesen war. Freunde rieten mir ab: „Du erkennst den Ort nicht mehr! Ceaucescu hat ihn platt gewalzt! Dein Focsani gibt es nicht mehr."*
*Nun, einiges gibt es dennoch, so z.B. die Baracke, die wir seinerzeit gebaut haben und in der unsere Besatzung gelegentlich wohnte. Sie sah noch ziemlich so aus, wie damals, allerdings etwas schief und wackelig, aber immerhin: noch in Benutzung.*
*Es gibt auch noch die Landebahn, die wir damals gebaut haben, allerdings benutzen die Rumänen sie kaum noch, da sie ein bisschen bröselig geworden ist. Im Übrigen aber: viel verändert hat sich nicht. Vor allem die Umgebung hat sich nicht verändert – kilometerweit nur Tundra. Selbst DU+PF hätte überall und in jeder Richtung starten und landen können.*

*Einen der letzten Flüge von Odessa nach Focsani werde ich nie vergessen. Der ganze Flugplatz befand sich in einer chaotischen Aufruhr-Aufbruchstimmung. Überall hieß es, die Russen seien schon in Reichweite des Flugplatzes und wären dabei, uns den Weg nach Südosten abzuschneiden. An unserem Giganten wurde noch gearbeitet. Ein Mechaniker sagte mir, sie brauchten noch drei bis vier Stunden. Das hätte allerdings bedeutet, dass wir mit dem Start in die Dunkelheit gekommen wären, aber in der Beziehung hatten wir bereits Erfahrung. Alle hatten Hunger und Durst. Ich wurde ausgeschickt, Verpflegung zu requirieren. Die Küche war aber schon leer. Eine der Küchenhilfen schob einen Leiterwagen vorbei, der offenbar Verpflegung enthielt. Ich füllte einige Päckchen in meinen Rucksack – Mundraub ist erlaubt in einer solchen Situation – und inspizierte meine Beute. Sie bestand aus Tubenkäse und Kunsthonig. Immerhin: In der Not frisst der Teufel Fliegen!*

*An dem Giganten hatte sich jemand zu schaffen gemacht. Ich ging hin, um nachzuschauen – und erschrak zu Tode. Unter der rechten Tragfläche lag eine mächtige Bombe, aus der einige Drähte in Richtung Rollfeld gingen. Offensichtlich war von den Pionieren alles für eine Sprengung vorbereitet worden. Der Bordmechaniker erschien – und verschwand sofort wieder. Damit wollte er nichts zu tun haben. Nach kurzer Zeit kam er mit dem Flugzeugführer zurück, und bald war die ganze Besatzung versammelt. Nach kurzer Beratung wurde beschlossen, sofort einen*

*Startversuch zu machen. Ich wurde beauftragt, einen der Pioniere aufzuspüren – es war mittlerweile dunkel geworden – und in der Nacht sind alle Katzen grau. Als ich ohne Erfolg zu unserem DU+PF zurückkam, lief bereits einer der Motore.*

*Am nächsten Morgen wäre es vielleicht schon zu spät gewesen …*

*Wir entschlossen uns sofort abzufliegen und der Start klappte auf Anhieb. Aber, wo landen? Der Flugplatz in Focsani kam eigentlich nicht in Frage, er war viel zu holperig und die Landebahn hatte keine Befeuerung. Ich setzte mich an mein Funkgerät FuG 10, meldete der Flugleitstelle unsere Notlage, und wurde von da an bis zum Aufsetzen betreut. Als wir ankamen, war alles für uns vorbereitet. Die Focsanen hatten mit Blecheimern und darin brennendem Öl eine Landebahnbefeuerung hergestellt. Sie bestand aus der Platzanfluggrundlinie, dem Aufsetzpunkt und den beiden Begrenzungslinien. Aus der Luft sah alles recht ordentlich und proper aus, und in der Tat hatten unsere beiden Flugzeugführer kein Problem, ihren Vogel unversehrt heimzubringen.*

*Die Szene: Keczkemet Flughafen:*
*„Ich wurde durch eine ungeheure Explosion geweckt.“Zum Teufel“, knurrte ich, „wieder so ein Alptraum – oder nur ein Gewitter?“ Ich richtete mich im Bett auf und knipste mein privates Leselämpchen an.*
*Mein Blick fiel auf die gegenüberliegende Wand, wo sich etwas bewegte. Zunächst erschien es mir als krankhafte Einbildung – ich hatte 14 Stunden nächtliche Flugzeugwache hinter mir, war todmüde und hätte mir am liebsten die Decke über den Kopf gezogen. Dann aber sah ich etwas wie in der Zeitlupe: Die Decke des Flachdaches riss und kam auf mich zu. Ein großes Stück Verputz klatschte auf das gegenüberliegende (leere) Bett. Wie im Film über das Erdbeben von San Francisco knickten die Innenwände ein, und wie in synchroner Steuerung barsten alle Fenster und fielen in den Schlafraum.*
*Gleichzeitig brach draußen die Hölle los: Kanonen belferten, Maschinengewehre ratterten im hektischen Stakkato, Leuchtspurgeschosse malten glitzernde Lichterketten an den Himmel. Dumpfe Bombenexplosionen grollten über den Flugplatz und Druckwellen fegten alles zur Seite. Nahezu an jedem Stellplatz unserer Flugzeuge wallten schwarze Rauchwolken, aus den bereits verstümmelten Giganten in den Himmel. Ich kroch auf allen Vieren zum Haupteingang des Flughafengebäudes und sah eben noch eine P-38 „Lightning“, die im Tiefstflug abdrehte, als wolle sie einen neuen Anlauf nehmen. Ich spurtete in Richtung Luftschutzkeller und wurde am Eingang von Oberleutnant Kruchen begrüßt: „Mein Gott Göller, wo kommen Sie denn her?“*

*Ich meldete mich vorschriftsmäßig, wenn auch nur halb angezogen:*
*„Gefreiter Göller – Flugzeugwache richtig übergeben. Keine besonderen Vorkommnisse.“*

*Dem Oblt. war nicht nach Scherzen zu Mute – verständlicherweise. Er war ein sehr tüchtiger und einfühlsamer Offizier – mit viel Verständnis für die 20–jährigen Vaterlandsverteidiger, die von der Schulbank in einen der grausamsten Kriege der deutschen Geschichte geworfen worden waren. Oblt. Kruchen hatte nicht gemerkt, dass ich unter schwerem Schock stand und praktisch nur noch in Formeln sprechen und denken konnte.*

*Was ich erlebt, aber noch nicht verarbeitet hatte, war, wie wir heute wissen, das Ende eines guten Teiles der noch funktionstüchtigen Giganten, einer Species, die erst während des Krieges entwickelt worden war – ein Transporter von geradezu mythischen Ausmaßen. Etwa 200 dieser Jumbos, wie wir sie scherzhaft nannten, sind von Messerschmitt während des Krieges gebaut worden. Bei Kriegsende, 1945, war fast kein einziger mehr erhalten. Das ohrenbetäubende Donnern der sechs starken Gnome – Rhone – Doppelstern – Motoren von je 1100 PS war für immer verklungen.*
*Ich höre es noch manchmal in schlaflosen Nächten, wenn der Schlachtenlärm von den phlegräischen Gefilden bis in meine Alpträume herüberdringt, und ich nicht mehr schlafen kann.*

*Was wollen uns die Götter sagen, die immer noch mit den Giganten im Streit liegen?*
*Si vis pacem, para bellum? (Wenn Du den Frieden willst, bereite dich auf den Krieg vor!)*

**Monatliche Stärkemeldungen des Transportgeschwaders 5 vom Januar 1944 – September 1944**

| **Januar 44** | **Bestand** | **In Reserve bzw. Werft** |
|---|---|---|
| Me 323 D | 33 | 4 |
| Me 323 E | 22 | 1 |
| **Gesamt** | **55** | **5** |

| **Februar 44** | **Bestand** | **In Reserve bzw. Werft** |
|---|---|---|
| Me 323 D | 35 | 3 |
| Me 323 E | 35 | |
| **Gesamt** | **70** | **3** |

| **März 44** | **Bestand** | **In Reserve bzw. Werft** |
|---|---|---|
| Me 323 D | 29 | 3 |
| Me 323 E | 39 | 1 |
| **Gesamt** | **68** | **4** |

| **April/Mai 44** | **Bestand** | **In Reserve bzw. Werft** |
|---|---|---|
| Me 323 D | 27 | 10 |
| Me 323 E | 36 | |
| **Gesamt** | **63** | **10** |

| **Juni/Juli 44** | **Bestand** | **In Reserve bzw. Werft** |
|---|---|---|
| Me 323 D | 29 | 5 |
| Me 323 E | 31 | 1 |
| **Gesamt** | **60** | **6** |

| **August/September 44** | **Bestand** | **In Reserve bzw. Werft** |
|---|---|---|
| Me 323 D | 16 | 2 |
| Me 323 E | 14 | 2 |
| **Gesamt** | **30** | **4** |

Im Durchschnitt hatte das TG 5 im ersten Halbjahr 1944 einen monatlichen Bestand von 63 Me 323 der Versionen D und E zur Verfügung.

*Einige Me 323 stehen auf dem Flugplatz von Keczkemet, dem Einsatzflugplatz des Transport-Geschwaders 5, im Juli 1944, für die letzten Einsatzflüge bereit. Die Me 323 starteten von hier zu Evakuierungsflügen nach Rumänien. Wenige Wochen später wurde das TG 5 aufgelöst und die noch einsatzbereiten Flugzeuge auf die Flugplätze von Chrudim und Skutec im heutigen Tschechien überführt. Dort erfolgte die Außerdienststellung der letzten einsatzbereiten „Giganten". (Foto: Sammlung Peter Schmoll)*

# Produktion der Messerschmitt Me 323

**Oberkommando der Luftwaffe**
**GL/C Lieferplan 226**
**mit Stand vom 15.5.1944**

**Betr.: Me 323**

| | D-1 | D-2 | D-6 | E-1 | Gesamt |
|---|---|---|---|---|---|
| Leipheim | 21 | 1 | 25 | 46 | 93 |
| Obertraubling | 32 | 33 | 30 | 10 | 105 |
| Gesamt | 53 | 34 | 55 | 56 | 198 |

**Anzahl der V-Muster Me 323**

| | | |
|---|---|---|
| Leipheim | V 1, 2, 3, 4, 11, 12, 13, 14 und 16 | 9 |
| Obertraubling | V 5, 6, 7, 8, 9, 10 und 15 | 7 |
| Gesamt | | 16 |

Somit ergibt sich eine Gesamtfertigung der Me 323 von 214. Davon wurden auf dem Fliegerhorst Obertraubling von 1942-44 insgesamt 112 Flugzeuge montiert.

**GL/C 2 C-Amts-Monatsmeldungen**
**Betr.: Me 323 E-1**

| **Januar 44** | **Firma** | **geliefert** |
|---|---|---|
| Me 323 E-1 | Mtt-Leipheim | 10 |
| | Mtt-Obertraubling | 0 |
| **Februar 44** | | |
| Me 323 E-1 | Mtt-Leipheim | 8 |
| | Mtt-Obertraubling | 1 |
| **März 44** | | |
| Me 323 E-1 | Mtt-Leipheim | 6 |
| | Mtt-Obertraubling | 1 |
| **April 44** | | |
| Me 323 E | Mtt-Leipheim | 2 |
| | Mtt-Obertraubling | 1 |

# Die Grossserienfertigung der Bf (Me) 109

Ende 1942 wurde die Großserienproduktion der Bf 109 mit einer monatlichen Ausstoßrate von 1000 Flugzeugen beschlossen. Diese 1000 Maschinen sollten in drei Flugzeugwerken, den ERLA-Maschinenwerken in Leipzig, den Wiener-Neustädter Flugzeugwerken und der Messerschmitt GmbH Regensburg, produziert werden. Eine derartige Steigerung der Produktion ließ sich jedoch nicht von heute auf morgen bewerkstelligen. Es musste die Fertigung für die Flugmotoren bei Daimler-Benz auf die entsprechenden Stückzahlen hochgefahren werden, und dies betraf auch die Produktion an Bordwaffen, Funkgeräten und Bordinstrumenten. All das bedeutete eine nicht unerhebliche Ausweitung der gesamten Produktionsabläufe, für das erst entsprechendes Material und Personal zur Verfügung gestellt werden mussten. Die Folge war, dass immer mehr Frauen, Zwangsarbeiter, Kriegsgefangene und KZ-Häftlinge zur Aufrechterhaltung der Rüstungsproduktion eingesetzt wurden.

In Regensburg lief daraufhin die Produktion der 109 mit einer stetig ansteigenden monatlichen Stückzahl hoch. Dabei fehlte es im Werk Prüfening an genügend großen Werkhallen, die für die geplante Großserie der 109 unbedingt erforderlich waren. Berechnungen ergaben, dass eine maximale monatliche Ausstoßrate von 250 Bf 109 an die Grenzen der flächenmäßigen Kapazitäten stieß. Daraufhin wurde Anfang 1943 mit dem Bau einer großen Halle für die Tragflächenproduktion begonnen.

Wurden im Januar 1943 nur 49 Flugzeuge produziert, verließen im Juli bereits 268 Bf 109 G-6/trop. die Endmontagehalle im Messerschmitt-Werk I in Regensburg/Prüfening. Dann kam jener Luftangriff vom 17. August 1943, bei dem die Produktion der 109 in Regensburg einen schweren Rückschlag hinnehmen musste. Die gerade fertiggestellte Halle für die Tragflächenproduktion war durch einen Bombenvolltreffer schwer beschädigt worden. Das gesamte Werkgelände und der Industrieflugplatz glichen einer Kraterlandschaft. Fast 400 tote Mitarbeiter waren zu beklagen. Jetzt blieb den Verantwortlichen kein anderer Ausweg, als einen Teil der Produktion auf den Fliegerhorst Obertraubling zu verlagern. Jede der weitläufigen Flugzeughallen des Fliegerhorstes war größer als die Hallen in Prüfening. Durch Einbindung des Fliegerhorstes in die Herstellung der Bf 109 gelang es, die monatlichen Produktionszahlen entscheidend zu steigern. Zumindest ein Fließband für die Endmontage wurde auf den Fliegerhorst verlagert. Damit alle Hallen für die Produktion der 109 zur Verfügung gestellt werden konnten, wurde die Produktion der Me 323 im April 1944 eingestellt. Im Dezember 1943 begann die Messerschmitt GmbH Regensburg auf dem Fliegerhorst mit der Serienproduktion für den Rumpf der Me 262.

Der RLM-Lieferplan 223 Änderungsstand B sah für den Januar 1944 eine Auslieferung von 400 Bf 109 G-6 und 20 G-6/trop vor, und für Februar waren 500 G-6 eingeplant. Die tatsächliche Ausbringung im Januar 44 lag bei 434 G-6. Kaum hatte sich die Produktion der 109 auf dem Fliegerhorst häuslich eingerichtet, da wurden bei zwei schweren Luftangriffen, am 22. und 25. Februar 1944, acht der zehn Hallen zerstört. Mühsam gelang im März eine Wiederaufnahme der Produktion mit fünf Flugzeugen pro Tag in den verbliebenen Hallen zehn und elf.

Vertretern des RLM und der Messerschmitt GmbH war klar, dass weitere Luftangriffe bevorstanden und die Produktion der – jetzt lebenswichtigen – Jagdflugzeuge oberste Priorität hatte. Der Jägerstab beschloss, die Produktion nun schnellstens zu dezentralisieren und in Tunnels, Stollen und Waldwerke sowie verstärkt in die Konzentrationslager Flossenbürg und Mauthausen mit Gusen I und II auszuweichen. Die Endmontage der Bf 109 in Regensburg erfolgte im Waldwerk „Gauting“ bei Hagelstadt. Mit abgenommenen Tragflächen wurden die 109 über die Reichsstraße 15 auf den Fliegerhorst Obertraubling transportiert. Dort erfolgten der Anbau der Tragflächen und die Endabnahme. Anschließend wurde zum Einflug gestartet. Es durften jedoch nicht mehr als max. 30 Flugzeuge auf dem Flugplatz abgestellt werden. Deshalb wurde ein Großteil der Jagdflugzeuge nach ihrer Fertigstellung auf den Flugplatz Puchhof bei Straubing überflogen. Eine zweite Endmontagelinie existierte auf dem Flugplatz Vilseck. Von dort wurden fast alle Maschinen nach Schafhof bei Amberg überflogen. Fast jede Fertigung von Flugzeugbauteilen, mit Ausnahme des Presswerkes und der mechanischen Bearbeitung, existierte doppelt. Als im Herbst 1944 in Regensburg-Obertraubling die Endmontage der Me 262 begann, wurde die der 109 auf den Flugplatz von Micheldorf bei Cham verlegt. Mit diesen Maßnahmen gelang es, die Produktion der 109 von 2166 im Jahre 1943 auf 6316 Flugzeugen in 1944 zu erhöhen. Von der Messerschmitt GmbH Regensburg wurden von 1939 bis 45 insgesamt 10.888 Bf 109 hergestellt, das war die Höchstzahl an Jagdflugzeugen, die von einem deutschen Flugzeugwerk während des Zweiten Weltkrieges hergestellt worden war.

*Am 2. November 1943 besuchte der Oberbefehlshaber der Luftwaffe Reichsmarschall Herrmann Göring die Regensburger Messerschmitt-Werke in Prüfening und Obertraubling. Das Bild zeigt Göring und rechts neben ihm den Leiter der Regensburger Messerschmitt-Werke Generalingenieur Lucht beim Verlassen des Verwaltungsgebäudes in Prüfening. Bei den stattgefundenen Besprechungen war mit sofortiger Wirkung beschlossen worden, den Düsenjäger Me 262 in Großserie zu bauen. Noch im Januar 1944 wurden auf dem Fliegerhorst in Obertraubling die ersten Rümpfe für die Me 262 fertiggestellt. (Foto: Schmid)*

*Heute noch legendär, die Me 109 G-4 der Messerschmitt-Stiftung in Manching. Eine der wenigen noch fliegenden Me 109 mit dem originalen Motor von Daimler-Benz vom Typ DB 605 A. (Foto: Sammlung Peter Schmoll)*

## Fluchtversuch von zwei russischen Offizieren mit einer Bf (Me) 109 G-6 auf dem Obertraublinger Fliegerhorst

**Ein Bild wie es viele tausendmal über Regensburg und dem Fliegerhorst zu sehen war. Eine Bf 109 im Anflug. (Foto: Sammlung Peter Schmoll)**

Es dürfte nach Zeugenaussagen etwa Mitte Februar 1944 gewesen sein, als in Obertraubling zwei kriegsgefangene russische Offiziere, die im Einflugbetrieb beschäftigt waren, mit einer Bf 109 G-6 versuchten zu fliehen.
Dazu ein Bericht von Ludwig Groß, damals Meister im Einflug bei Messerschmitt in Obertraubling:
*„Meiner Erinnerung nach war es etwa Mitte Februar 44, als wir im Einflug gerade unsere Frühstückspause machten, als plötzlich eine Bf 109 angelassen wurde, zum Start rollte und über das Rollfeld donnerte. Uns war sofort klar, dass da etwas nicht stimmen konnte, denn es waren zwar abholbereite Maschinen geparkt, aber uns kein Abflug gemeldet worden. Die 109 kam auch nicht richtig hoch und blieb mit dem Fahrwerk am Flugplatzzaun hängen und ging zu Bruch. Mit dem Leiter des Einflugbetriebes Zieghaus fuhr ich sofort zur Unfallstelle. Auf der Fahrt zogen wir unsere Pistolen, die jeder Meister dabei hatte, und nahmen an der Unfallstelle einen der Russen gefangen. Der Zweite geriet in die Nähe einer Flakstellung und wurde von den Flaksoldaten gestellt. Beide Russen wurden zur Flugleitung gebracht und von den Soldaten schwer misshandelt. Zwei oder drei Tage später habe ich einen von den beiden nochmals gesehen, und er hatte ein von Schlägen total entstelltes Gesicht. Beides waren, wie gesagt, russische Offiziere, ein Leutnant der Artillerie und ein Leutnant der sowjetischen Luftwaffe, die im Einflugbetrieb tätig waren. Angeblich wollten sie in die Schweiz fliehen. Die beiden Russen wurden zum Tode verurteilt und im Bordwaffenschießstand erschossen. Für den Leiter des Einflugbetriebes Zieghaus hatte das Ganze noch ein unangenehmes Nachspiel, denn er wurde eingehend von der Gestapo zu dem Vorfall vernommen.“*

Bericht von Oberleutnant Riedmeir:
*„An einem Februartag 1944 saßen alle Piloten der Einflugabteilung in der Flugleitung des Fliegerhorstes Obertraubling, da das Wetter an diesem Morgen keinen Flugbetrieb ermöglichte. Plötzlich wurde ein Motor angelassen, und man konnte deutlich hören, wie eine Maschine startete. Wir sahen uns alle fragend an, wer da wohl mit einer 109 startet, als das Motorengeräusch auch schon wieder abrupt endete. Sehr schnell sprach es sich herum, dass zwei Russen mit einer 109 fliehen wollten und einen Bruch hingelegt hatten. Beide wurden gefangen genommen, und zwei oder drei Tage später trat bereits ein Kriegsgericht zusammen und führte entsprechende Vernehmungen durch. Soweit ich mich erinnere, war es am nächsten Tag, als Oberleutnant Freiherr von Falkenhorst zum Dienst erschien und mich fragte, was hier los sei. Ich klärte ihn über die Lage auf und sagte ihm, dass ich es für eine große Leistung halte, einfach mit einer 109 loszufliegen. Er amüsierte sich köstlich darüber und scherzte mit mir: ‚Was auf einem Fliegerhorst der Luftwaffe so alles möglich ist, sogar eine 109 kann man klauen,*

*ist ja toll, Riedmeir!' Unser Gespräch hatte aber anscheinend einen ungebetenen Zuhörer gefunden, der unsere an sich belanglose Unterhaltung mit gehört hatte. Auf jeden Fall wurden wir beide vor das anwesende Kriegsgericht zitiert und verhört. Man fragte mich dort sofort, warum ich die Leistung der beiden Russen bewundere. Ich erwiderte, dass es vom fliegerischen Standpunkt aus eine große Leistung ist, ohne Einweisung in die Flugeigenschaften mit einem Jagdflugzeug zu starten. Außerdem entspräche es dem Ehrenkodex eines Offiziers, jede Gelegenheit zur Flucht zu nutzen. Zu meinem Glück saß dem Kriegsgericht ein alter Kriegsgerichtsrat vor, der im Ersten Weltkrieg als Offizier in russische Kriegsgefangenschaft geraten war und fliehen konnte. Er zeigte Verständnis für meine Äußerungen, und ich war in Gnaden entlassen. Mir fiel nicht nur ein Stein vom Herzen, denn das hätte auch schief gehen können. Die beiden russischen Offiziere wurden vom Kriegsgericht wegen Zerstörung deutschen Wehrmachtsgerätes zum Tode durch Erschießen verurteilt. Wenige Tage später wurden die beiden im Schießstand, dort wo sonst die Bordwaffen der 109 getestet wurden, erschossen. Widerlich fand ich den großen Andrang der Neugierigen bei der Exekution, der halbe Fliegerhorst war vertreten. Der Start war übrigens nur deswegen misslungen, weil sich beide Russen in die enge Kabine der 109 zwängten und die Kabinenhaube nicht richtig verriegelt hatten; sie sprang während des Starts bei hoher Geschwindigkeit auf, was zum Bruch der Maschine führte."*

***Eine Bf 109 im Landeanflug. (Foto: Sammlung Peter Schmoll)***

***Eine Bf 109 G-6 wird betankt. Der Kraftstofftank der Bf 109 hatte ein Fassungsvermögen von 400 Litern. Der unter dem Rumpf angebrachte Zusatztank fasste 300 Liter. (Foto: Sammlung Peter Schmoll)***

*Auf dem Fliegerhorst für den Einflug abgestellte Bf (Me) 109 G-6/R-6 trop. Die 109er weisen das für Regensburg typische Tarnschema an den Rumpfseiten auf und verfügen über den Rüstsatz R-6 mit je einem MG 151/20 unter den Tragflächen. (Foto: Bundesarchiv 650/5438/7)*

Bei den beiden russischen Offizieren handelte es sich um die Leutnants Wassilij Jaresch und Dimitrij Utewikow. Sie wurden am 14. Februar 1944 erschossen und am 16. Februar auf dem Sonderfriedhof Irlerhöhe beerdigt. Nach bisher nicht gesicherten Angaben soll sich Ende 1944 ein weiterer Vorfall dieser Art, versuchte Flucht mit einer Bf 109, ereignet haben (Angaben aus Archiv Rainer Ehm).
In der Flugzeugproduktion in Regensburg arbeiteten mittlerweile Tausende von Kriegsgefangenen. Auf dem Fliegerhorst waren zwei Barackenlager für die russischen Kriegsgefangenen und Zwangsarbeiter entstanden. Ein Lager befand sich im Norden des Fliegerhorstgeländes, und ein weiteres Lager war gegenüber der Hauptwache errichtet worden. Das größte Problem für die Kriegsgefangenen und Zwangsarbeiter war die ausreichende Ernährung, denn Hunger war ihr ständiger Begleiter. Mit Bastelarbeiten aller Art versuchten sie, von der Bevölkerung Lebensmittel einzutauschen.

Dazu berichtet Otto Liebl aus Regensburg: *„Mit zunehmender Kriegsdauer wurde die Belastung für uns Rüstungsarbeiter immer größer. Im Werk war der 12-Stunden-Tag angesagt, zum Teil sogar im Schichtbetrieb. Das bedeutete für mich die 72-Stunden-Woche, und oftmals waren es auch noch mehr. Wir arbeiteten sehr oft an der Grenze der menschlichen Belastbarkeit. Besonders zu schaffen machte die schlechte Verpflegungslage, je länger der Krieg dauerte. Mitarbeiter, die sich offen über die Zustände beklagten, landeten zur Bewährung an der Front, fanden sich im Gefängnis oder KZ wieder. Seitdem jede Menge Ausländer im Werk arbeiteten, war die Geheime Staatspolizei (Gestapo) und auch deren Spitzel ständig im Werk anwesend. Nach dem Luftangriff vom 17. August 43 wurde der Einflugbetrieb nach Obertraubling verlegt. Hier wurden uns russische Kriegsgefangene zugeteilt, es waren alles Offiziere, die auf mich einen hervorragenden Eindruck machten. Wir teilten mit ihnen oft das wenige zum Essen, das wir von zu Hause* *mitbekommen hatten, denn was diesen Gefangenen zum Essen vorgesetzt wurde, war ein saft- und kraftloser Fraß. Das Essen für die Russen wurde in großen Wannen und Behältern zubereitet und umfasste meistens eine undefinierbare Suppe, und dazu bekamen sie Ersatzbrot, eine feuchte dunkelbraune Masse. Die Gefangenen waren auf dem Fliegerhorst in einem Barackenlager gegenüber der Hauptwache oder in einem Lager im nördlichen Bereich des Fliegerhorstes untergebracht. Unbeschreibliche hygienische Zustände herrschten hier. Noch heute erinnere ich mich an den permanenten Gestank, vor allem im Sommer, der in der Nähe der Lager herrschte, da die sanitären Einrichtungen für die dort untergebrachten 1500 – 4000 Gefangenen völlig unzureichend waren."*

Die Beschaffung von Arbeitskräften war inzwischen, nicht nur in der Luftfahrtindustrie, zum Problem Nummer Eins geworden. Die Belegschaft der Messerschmitt GmbH war mittlerweile international und symbolisierte auch das von den Deutschen kontrollierte Europa. Folgende Nationalitäten waren vertreten:

Deutsche (Frauen und Männer)
Fremdarbeiter:
Ungarn (Frauen und Männer)
Russen (Frauen und Männer)
Ukrainer (Frauen und Männer)
Franzosen (Männer)
Belgier (Männer)
Italiener (Männer)

Kriegsgefangene:
Franzosen
Russen (im Flugzeugbau wurden nur russische Offiziere eingesetzt)
Hinzu kamen in der Me 262-Produktion noch Soldaten der Luftwaffe, die in der Endmontage arbeiteten.

Durch den Zuzug von immer neuen Mitarbeitern nach Regensburg verschärfte sich die Wohnungslage dermaßen, dass die Stadtverwaltung nur dann noch den Zuzug von weiteren Arbeitskräften genehmigte, wenn die Werkleitung der Messerschmitt GmbH entsprechende Unterkunftsmöglichkeiten zur Verfügung stellte. Daraufhin entstanden im Stadtgebiet zahlreiche Barackenlager.

***Diese Aufnahme stammt vom Juni 1943 und zeigt zahlreiche Bf 109 G-6/R-6 trop. aus dem Werknummernblock 18.800 auf dem Fliegerhorst Obertraubling. Deutlich sind die Sandfilter vor der Laderansaugöffnungen zu erkennen. (Foto: Bundesarchiv 650/5438/14)***

*Wartungsarbeiten an einer Bf 109. Im Hintergrund ist die Tragfläche einer Me 323 E zu erkennen. (Foto: Sammlung Peter Schmoll)*

*Am 17. März 1944 verunglückte Einflieger Peter Heller mit der Bf 109 G-6, Werknummer 162.601 mit dem Stammkennzeichen RU+GS, aufgrund eines Motorschadens auf dem Fliegerhorst Obertraubling tödlich. Der tote Flugzeugführer ist mit einer Plane abgedeckt. (Foto: Obermeier)*

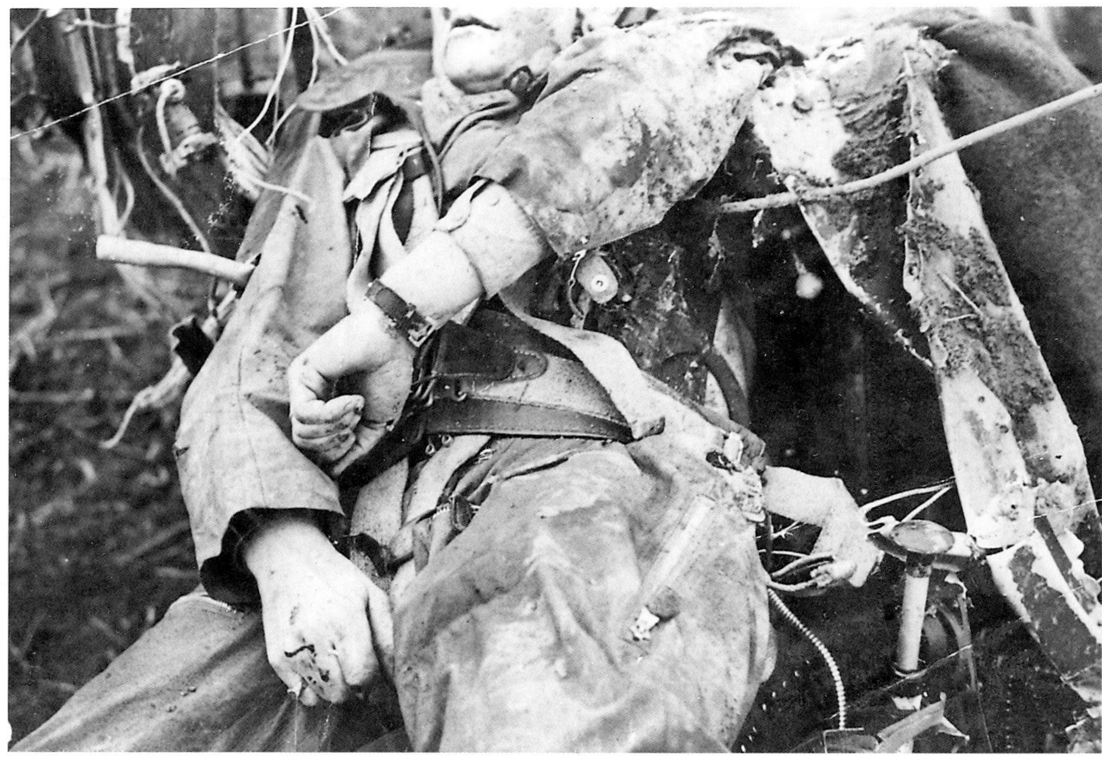

*Peter Heller hängt tot in den Trümmern der RU+GS. Ursache dieses Unfalles war ein Motorschaden. (Foto: Obermeier)*

*September 1944: Eine Bf 109 G14/AS wird auf dem Fliegerhorst Obertraubling mit einem Hanomag-Schlepper aus dem Schießstand gegenüber Halle 7 gezogen. (Foto: E. Steinbügl)*

*Da die Walhalla für feindliche Bomber leicht zu erkennen war und somit einen Navigationspunkt zum Ziel, dem Fliegerhorst Obertraubling, darstellte, wurde sie mit einem Tarnnetz abgedeckt. Die Tarnungsbemühungen zeigten jedoch keinen Erfolg, da die Bomber keine Probleme hatten, den Fliegerhorst zu finden. (Foto: Illenberger)*

# Massnahmen zur Verteidigung der Regensburger Flugzeugwerke gegen Luftangriffe

*Zur Verteidigung des Fliegerhorstes wurden zahlreiche Flakstellungen angelegt. Die Aufnahme zeigt ein ehemals russisches Flakgeschütz, das an der Ostfront erbeutet und auf das deutsche Kaliber 8,8 cm aufgebohrt wurde. Das Geschütz steht westlich von Piesenkofen auf freiem Feld und gehört zur 1. Batterie der Flakabteilung 906. In der Bildmitte die Straße von Piesenkofen nach Oberhinkofen. Dahinter sind die Geschützstellungen der 1./484 zu erkennen. (Foto: Sammlung P. Schmoll)*

Wie bereits erwähnt, waren die Bf (Me) 109 und die Me 323 1943 im Messerschmitt-Werk II auf dem Fliegerhorst Obertraubling in ständig steigender Stückzahl endmontiert worden. Regensburg war zu einer Rüstungsschmiede erster Rangordnung aufgestiegen und stellte für einen strategischen Luftangriff ein sehr lohnendes Ziel dar. Dass in Regensburg die Flugzeugproduktion nach dem ersten Luftangriff vom 17. August 1943 wieder auf vollen Touren lief, blieb der alliierten Aufklärung auch nicht verborgen, und so waren weitere Luftangriffe auf den Fliegerhorst Obertraubling und das Werk in Prüfening vorhersehbar.

Zur Verteidigung der Regensburger Flugzeugproduktion wurden zwei Maßnahmen getroffen. Als Erstes wurde die „Industriestaffel Messerschmitt Regensburg“ aufgestellt. Diese Einheit rekrutierte sich aus Luftwaffenpiloten und den zivilen Piloten, die im Messerschmitt-Werk I in Prüfening als Einflieger eingesetzt waren. Diese Staffel flog mehrere Einsätze gegen Aufklärer über Regensburg, aber auch auf einfliegende Bomberverbände.

Zusätzlich wurde die Flak in und um Regensburg massiv verstärkt. Schüler von Gymnasien und Oberrealschulen der Jahrgänge 1926/27 aus Regensburg und Straubing wurden als Flakhelfer eingezogen. Zur Abwehr des ersten Luftangriffes am 17.08.1943 standen sechs Heimat-Flakbatterien mit ca. 30 Geschützen zur Verfügung. Im Februar 1944 wurde der Flakschutz auf insgesamt 13 Batterien erhöht und damit mehr als verdoppelt. Rund 66 Geschütze waren zur Verteidigung von Regensburg und dem Fliegerhorst aufgeboten worden. Vom russischen Beutegeschütz, das auf das Kaliber 8,8 cm aufgebohrt wurde, über die reguläre 8,8 cm Flakkanone bis zum schweren Eisenbahn-Flakgeschütz 10,5 cm stand alles zur Abwehr bereit. Für die Ermittlung von Schussdaten war das damals modernste Funkmessgerät (Radar) verfügbar. Zur Feuerleitung gab es Kommandogeräte, die

mit jedem Geschütz einer Batterie verbunden waren. Somit war Sperrfeuer im Salventakt oder gezieltes Abwehrfeuer auf einen Bomberverband möglich. Zum direkten Schutz des Fliegerhorstes waren im Februar 1944 folgende Flakstellungen angelegt worden:
Bei Piesenkofen wurden zwei Flakbatterien mit insgesamt 12 Geschützen, die 1./484 und 1./906, stationiert. Die Flakstellungen befanden sich auf einem Höhenrücken nördlich des Dorfes, und der Unterkunftsbereich lag links und rechts an der Straße nach Oberhinkofen. Die Flaksoldaten und Flakhelfer lebten in Baracken und Finnenzelten unter primitivsten Umständen. Es war tiefster Winter, und die Geschütze standen in schnell ausgehobenen Stellungen mitten in Schnee, Matsch und Schlamm.
Nicht viel besser sah es in der östlich des Fliegerhorstes gelegenen Flakstellung bei Rosenhof aus. Die 2./484 war hier mit fünf Geschützen in Stellung gegangen. Baracken und Finnenzelte dienten auch hier als Unterkünfte. Nördlich der Donau bei Tegernheim lag die 3./484 zum Schutze des Fliegerhorstes in Stellung. Die drei Batterien der Flakabteilung 484 waren durchgängig mit Flakgeschützen 8,8 cm (r), russischen Beutegeschützen, ausgerüstet. Die Flakbatterie 1./906 hatte sechs Geschütze 8,8 cm Flak 37. Direkt im Zentrum des Verteidigungsringes um den Fliegerhorst war die Eisenbahnbatterie 1./227 (E) mit ihren vier 10,5 cm Flakgeschützen auf dem Zufahrtsgleis in Stellung gegangen.
Im Rahmen der „Big Week“, einer Angriffsserie gegen die deutsche Luftfahrtindustrie, erfolgte am Dienstag, dem 22.02.1944, ein erster Angriff von 117 B-24 der 15. US-Luftflotte auf den Fliegerhorst.

*Unterkunftsbereich der 1./484 direkt an der Straße nach Oberhinkofen. (Foto: Sammlung Peter Schmoll)*

*Blick in die Feuerstellung der 1./484. Im Hintergrund ist der Kirchturm von Obertraubling zu sehen. (Foto: Sammlung Peter Schmoll)*

*Blick auf die Feuerstellung der Flakbatterie 2./484 bei Rosenhof östlich des Fliegerhorstes Obertraubling. (Foto: K. Strippel)*

*Flakhelfer der Batterie 2./484 vor der Fernsprechvermittlung in der Stellung bei Rosenhof. (Foto: K. Strippel)*

*Flakzielfernrohr und Kommandohilfsgerät der 1./484. Im Hintergrund ist ein Beutegeschütz 8,8 cm Flak (r) an der typischen Mündungsbremse erkennbar. (Foto: Sammlung Peter Schmoll)*

*Kommandogerät 40 in der Flakstellung Rosenhof im Februar 1944. (Foto: K. Strippel)*

# Der Luftangriff auf den Fliegerhorst Regensburg-Obertraubling am 22. Februar 1944

Bis Anfang 1944 blieb der Fliegerhorst von Luftangriffen verschont. Die zahlreichen Flakstellungen vermittelten ein trügerisches Gefühl von Sicherheit. Bereits am 20. Februar 1944 befand sich ein Bomberverband von 89 B-17 „Flying Fortress" der 15. USAAF im Anflug auf Regensburg. Wegen geschlossener Wolkendecke wurde der Angriff abgebrochen, und die Bomber kehrten zu ihren Stützpunkten zurück. Am 22. Februar 1944 befanden sich die Amerikaner erneut im Anflug auf den Fliegerhorst und holten zu einem tödlichen Schlag aus. Um 11.26 Uhr erfolgte der Einflug der Bomber in das Reichsgebiet, und um 12.16 Uhr wurde in Regensburg Fliegeralarm ausgelöst. An Salzburg vorbei überflogen die Verbände der 15. USAAF Altötting in Richtung Straubing und drehten dann nach Regensburg ein. Die Angriffshöhe lag bei 6400 – 7000 Metern; eine fast geschlossene Wolkendecke behinderte den Zielanflug nicht unerheblich.

Der Begleitschutz der Bomber, 122 Jäger vom Typ P-38 „Lightning", hatte nur eine Reichweite bis zu den Alpen, und ab hier waren die Bomber auf sich allein gestellt. Laufende Angriffe deutscher Jäger der Jagdgeschwader II./JG 53 „PIK-AS", I./JG 301, II./ZG 1 auf dem Anflug und der 2./JG 104 sowie der I./JG 5 „EISMEER" direkt über dem Ziel bzw. auf dem Abflug forderten 17 Bomber- und zwei Jägerverluste. Zwei Bomber wurden von der Flak abgeschossen, zahlreiche weitere wurden zum Teil schwer beschädigt. Die beschädigten Bomber versuchten in der Regel, die Schweiz zu erreichen, wurden jedoch meistens von den Jägern, die außerhalb der Flakzonen lauerten, abgeschossen.

Ein Bomberverband, bestehend aus 61 B-17, sollte das Messerschmitt-Werk I in Prüfening angreifen. Durch einen Navigationsfehler – es wurde die Eisenbahnbrücke von Poikam mit der von Mariaort verwechselt – luden die Bomber ihre Fracht bei Bad Abbach ab. Um 12.30 Uhr fielen insgesamt 1096 Bomben mit einem Gewicht von 150 Tonnen nördlich von Bad Abbach zum größten Teil in freies Gelände. Der Verband, der Obertraubling zum Ziel hatte, erreichte seine Angriffsposition um 12.45 Uhr. Bis um 13.12 Uhr fielen insgesamt 741 Sprengbomben zu 225 kg und 306 Brandbomben zu 45 kg auf den Fliegerhorst. In Summe waren dies 180 Tonnen Bomben, die eine Spur der Verwüstung auf dem Fliegerhorst hinterließen. Es muss ein unvorstellbares Inferno gewesen sein. Hunderte von Bombermotoren dröhnten heran. Die Flak mit ihren über 60 Flakgeschützen rund um Regensburg und den Fliegerhorst feuerte im Salventakt ihre Granaten in den Himmel, die explodierend schwarze Wolken zurückließen. Schwarz ist auch die Farbe des Todes, und der Tod schlug zu, am Boden und in der Luft.

Mit einem schlurfenden Geheul stürzten die Bomben zur Erde, und mit dröhnenden Schlägen stiegen schwarze, turmhohe Explosionswolken in den Himmel. Die Erde bebte unter den Detonationen der einschlagenden Bomben.

Es war 12.55 Uhr, als über Obertraubling eine B-24 „Liberator" der 376. BG durch das zusammengefasste Flakfeuer voll getroffen in der Luft explodierte und eine zweite B-24 dieser Bombergruppe mit in die Tiefe riss. Nach deutschen und amerikanischen Aussagen zerlegten sich beide Bomber in der Luft. Tragflächen, Motoren, Leitwerksteile und Rumpftrümmer regneten vom Himmel und schlugen in unmittelbarer Nähe des Fliegerhorstes und auf den Gemeindefluren von Barbing, Harting und Lerchenfeld auf. Vermutlich hatte die äußerst präzise schießende Eisenbahnflakbatterie mit ihren 10,5 cm-Flakgeschützen den entscheidenden Treffer erzielt.

Auf dem Platz in Obertraubling lag seit Mitte Februar die I./JG 5 zur Aufrüstung. Die I./JG 5 „Eismeer" war ursprünglich in Kirkenes (Nordnorwegen) stationiert und flog Begleit-

*Luftaufnahme des Fliegerhorstes Obertraubling vom Februar 1944 vor dem ersten Luftangriff. (Foto: US Air Force)*

*In den Mittagsstunden des 22. Februars 1944 explodieren im Bereich des Fliegerhorstes Obertraubling die ersten Sprengbomben. Deutlich sind in der Bildmitte der Kontrollturm und das Flugleitungsgebäude sowie rechts davon die Halle 3 zu erkennen. Die Aufnahme entstand in der Feuerstellung der Eisenbahnflakbatterie 1./227 (E). (Foto: Dr. Wedemeyer)*

schutz für die Luftangriffe auf Murmansk. Diese Jagdgruppe verlegte anschließend nach Bulgarien zum Schutz der rumänischen Ölfelder. In Sofia übergaben sie ihre Bf 109 G an die bulgarische Luftwaffe und wurden anschließend in Obertraubling mit neuen Flugzeugen für die Reichsverteidigung ausgerüstet. Auf dem Fliegerhorst Obertraubling war die I./JG 5 noch nicht an das Flugmeldesystem der Reichsverteidigung angeschlossen, als sich die Bomber im Anflug befanden. In buchstäblich letzter Minute, um 12.30 Uhr, erfolgte ein Alarmstart von einigen wenigen Bf 109 G-6/R-6 gegen die anfliegenden Bomber. Bis die gestarteten Jäger auf Angriffshöhe waren, hatten die Bomber bereits ihre Fracht abgeladen und befanden sich auf dem Rückflug. Die Piloten der I./JG 5 nahmen die Verfolgung der abfliegenden US-Bomber auf. Es gelang Leutnant Heinrich Freiherr von Podewils nach drei Angriffen um 12.45 Uhr der Abschuss einer B-17 südwestlich von Straubing. Eine weitere B-17 schoss Oberleutnant Senoner um 12.50 Uhr bei Zangberg fünf Kilometer nordwestlich von Mühldorf am Inn ab. Auch Major Gerlitz gelang der Start, und er verfolgte eine B-17, die um 12.58 Uhr bei Oberneukirchen südlich von Mühldorf am Boden zerschellte. Als die deutschen Jäger nach Obertraubling zurückkehrten, hatten sie Mühe, einen Landestreifen auf dem zerbombten Fliegerhorst zu finden.

*Als Fanal der Vernichtung steht eine gewaltige Rauchsäule über dem Fliegerhorst. Im Vordergrund sind die 10,5 cm Flakgeschütze der Eisenbahnflakbatterie 1./227 (E) zu erkennen. (Foto: Dr. Wedemeyer)*

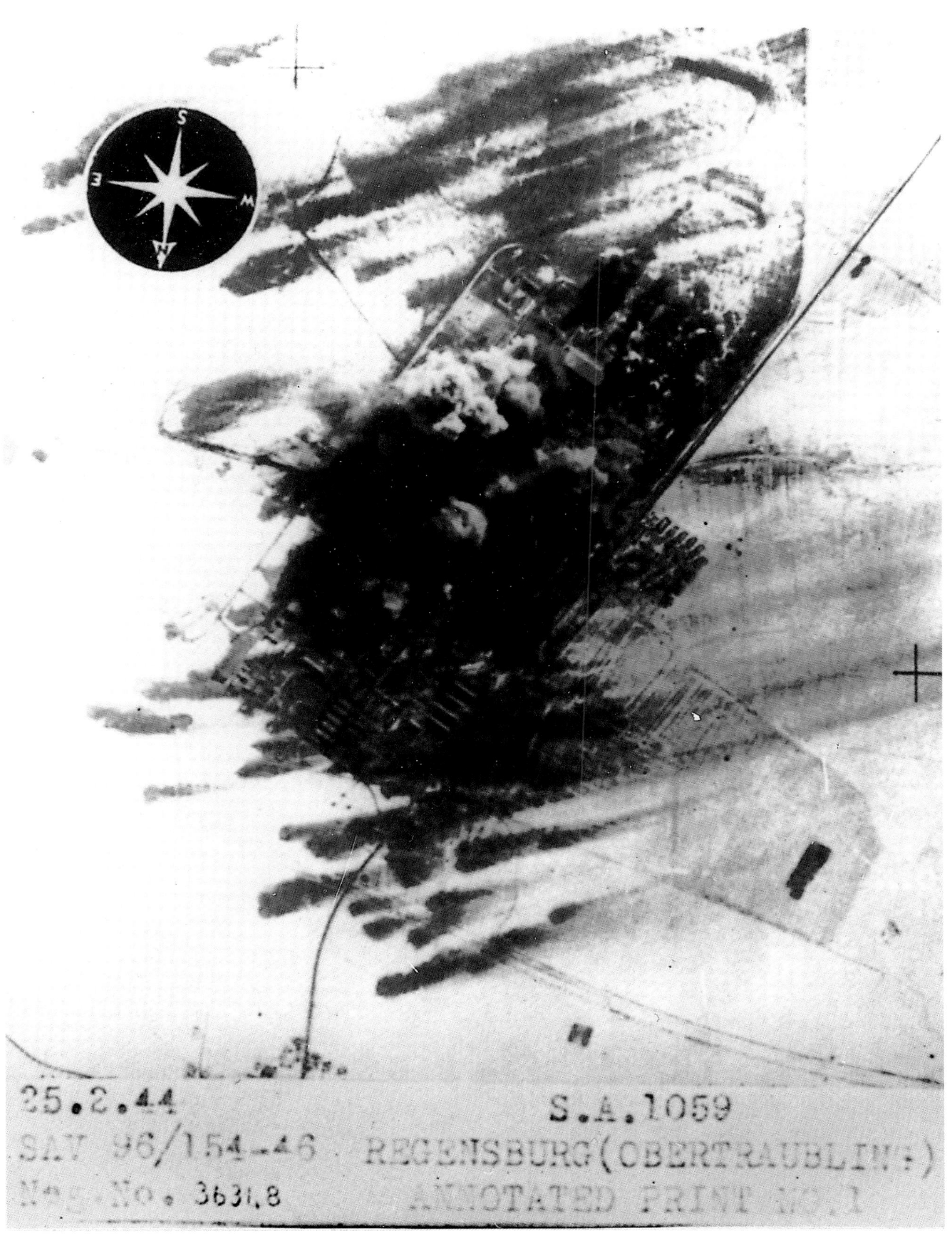


*Und so sah das Ganze von oben aus. Die Bombenteppiche hinterließen deutlich sichtbar eine Spur der Verwüstung. Brände wüteten auf dem Fliegerhorst. 28 Personen wurden bei diesem Luftangriff getötet und 48 verletzt. (Foto: US Air Force)*

*Das Rumpfvorderteil einer abgeschossenen B-24 der 15. US-Luftflotte. Im zusammengefassten Feuer der Regensburger Flakbatterien wird eine B-24 der 376. Bombergruppe direkt über dem Fliegerhorst voll getroffen, explodiert in der Luft und reißt eine weitere B-24 mit in die Tiefe. Beide Bomber zerlegen sich in der Luft, und die Einzelteile fallen verstreut in die nähere Umgebung des Fliegerhorstes. Von den insgesamt 20 Besatzungsmitgliedern überleben nur fünf den Absturz. (Foto: Dr. Wedemeyer)*

Über diesen Einsatz berichtete Leutnant Heinrich Freiherr von Podewils von der I./JG 5: *„Noch im Januar waren wir in Sofia/Wraschdebna stationiert. Dort übergaben wir unsere Maschinen nach einer kurzen Unterweisung an Piloten der bulgarischen Luftwaffe und verlegten im Eisenbahntransport nach Regensburg-Obertraubling. Am 19. Februar 1944 feierten wir im Casino des Fliegerhorstes unsere Rückkehr von der Front. Was für eine entbehrungsreiche Zeit hatten wir hinter uns! Vom harten, aber erfolgreichen Einsatz am Eismeer kommend, zur Verteidigung der rumänischen Ölfelder eingesetzt, sollten wir jetzt die Reichsverteidigung verstärken. Dass uns ein großer Opfergang zur Verteidigung unserer Heimat noch bevorstand, ahnten wir zu diesem Zeitpunkt mehr, als es uns bewusst war. Für uns völlig unerwartet, gab es am 22. Februar 1944 um 12.16 Uhr Fliegeralarm. Wir befanden uns noch in der Aufrüstung auf die Bf 109 G-6/R-6, und nur wenige Flugzeuge waren einsatzbereit. Alles lief zu den Maschinen, und wie tausendmal an der Front exerziert, erfolgten alle notwendigen Handgriffe zum Anlassen*

*Die Tragfläche einer B-24. Die Doppelsternmotoren vom Typ Pratt & Whitney haben sich tief in den Boden gegraben. (Foto: Dr. Wedemeyer)*

***Der aufgerissene Rumpf einer der am 22. Februar abgeschossenen B-24. Die im Vordergrund erkennbaren hellen (gelben) Behälter sind Sauerstoffbehälter. Im Hintergrund die Geschütze der 1./227 (E). (Foto: Dr. Wedemeyer)***

*der Motoren. Wir kamen um 12.30 Uhr gerade noch aus dem Platz heraus, bevor die ersten Bomben wenige Minuten später fielen. Wir hatten keine Bodenführung und mussten die Bomber erst mal suchen, denn diese flogen über einer 8/10-Bewölkung. Der erfahrene Unteroffizier Scharf flog an meiner Seite, und wir zogen durch ein Wolkenloch nach oben auf Angriffshöhe zu einem Bomberpulk, der sich bereits auf dem Rückflug befand. Wir flogen auf diesen Verband drei Angriffe, von hinten, oben links und rechts. Man kann sich heute kaum mehr vorstellen, was es heißt, einen derart waffenstarrenden Bomberverband anzugreifen. Es schlug uns ein unwahrscheinlich konzentriertes Abwehrfeuer entgegen, dass uns erst mal das Herz in die Hose rutschte. Es gehörte schon eine gehörige Portion Überwindung dazu, in das Abwehrfeuer einzutauchen und auf Abschussdistanz an die Bomber heranzugehen. Nach dem dritten Angriff auf einen der Bomber verlor dieser zunehmend Einzelteile und die beiden rechten Motoren standen. Der Bomber ging in den Sturzflug über, und drei Fallschirme waren*

***Tief in den Schnee gedrückt der zerschmetterte Körper eines amerikanischen Fliegers, der nicht mehr in der Lage war, die Reißleine seines Fallschirmes zu öffnen. (Foto: Dr. Wedemeyer)***

*zu sehen. Ca. 15 Kilometer südwestlich von Straubing zerschellte die B-17 um 12.50 Uhr auf der Erde. Um 13.30 Uhr kamen wir nach Obertraubling zurück. Schon von weitem sahen wir die schwarzen Rauchwolken über dem Fliegerhorst und ahnten nichts Gutes. Wir mussten mehrmals um den Platz kurven, bevor wir einen geeigneten Landestreifen fanden. Vor einer Stunde hatten wir hier einen intakten Fliegerhorst verlassen, und jetzt fanden wir einen Trümmerhaufen vor. Zahlreiche Hallen und Gebäude hatten schwere Treffer erhalten, und das Casino, an dem wir am 19. Februar noch gefeiert hatten, war durch einen Volltreffer zerstört worden. Brandgeruch lag in der Luft, und auch unser Unterkunftsbereich hatte Treffer abbekommen. Die meisten Fensterscheiben waren zu Bruch gegangen.“*

Heinz Birkholz von der I./JG 5 berichtet über den Luftangriff:
*„Im Februar 1944 kehrte die I./JG 5 nach Einsätzen in Rumänien und Bulgarien zum Schutz der Erdölfelder von Ploesti zurück nach Deutschland zur Reichsverteidigung. Erste Station war Obertraubling bei Regensburg. Beim Abladen unseres technischen Gerätes, das mit der Bahn nachgekommen war, verletzte ich mich schwer an beiden Füßen, nachdem mir die Klappe eines Rungenwagens darauf gefallen war. Ich kam ins Lazarett des Fliegerhorstes, das voll belegt war und nur noch ein winziges Dachkammerzimmer einen Platz für mich hatte.*
*Wir hatten fast täglich Fliegeralarm, doch suchte ich nie den Luftschutzkeller auf, da mir das Treppensteigen zu mühsam war. Am 22. Februar – meine Verletzung war am Ausheilen – humpelte ich endlich mal wieder nach unten an die frische Luft und unterhielt mich mit einigen Kameraden. Plötzlich heulten die Sirenen. Da bisher noch nie etwas passiert war, blieb ich gelassen. Doch bald hörten wir leises Motorengeräusch, das immer mehr anschwoll und zu einem gefährlichen Brüllen wurde. Dann hatten wir die anfliegenden Viermots entdeckt, die in*

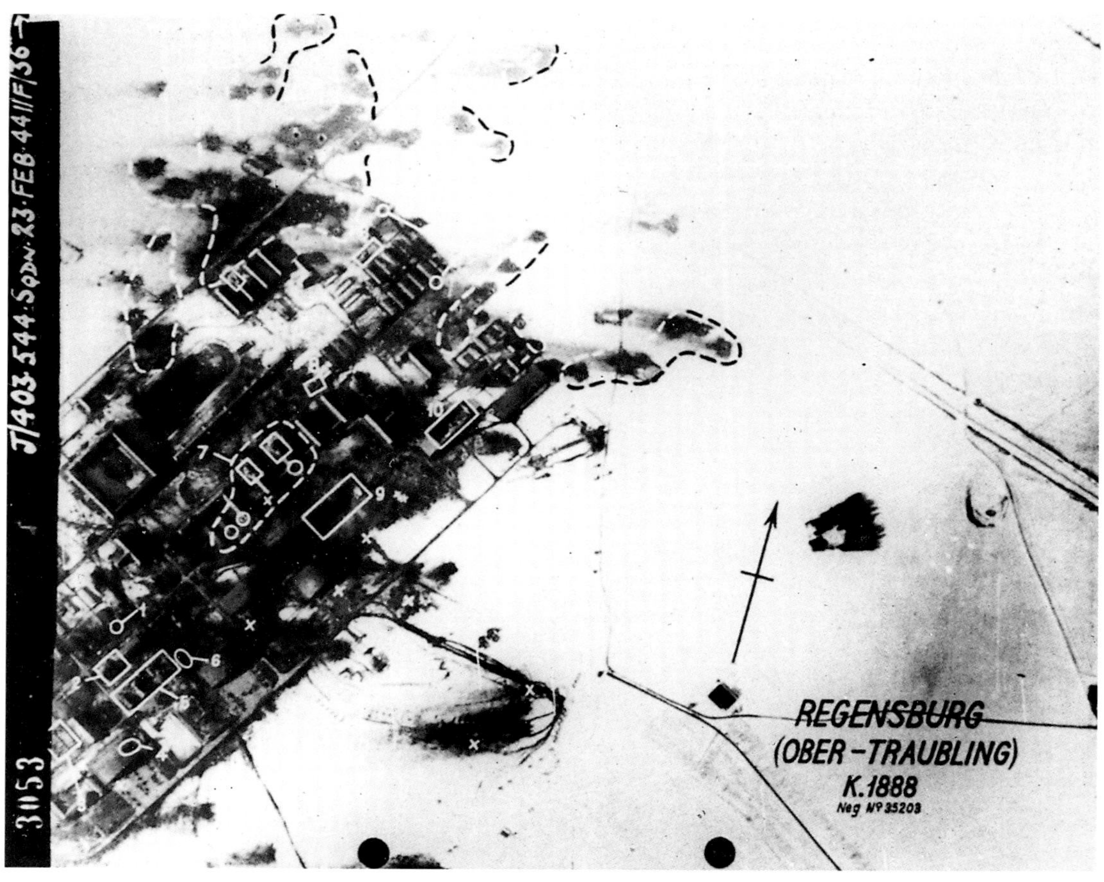


**Eine Luftaufnahme eines US-Aufklärers vom 23. Februar 1944 zeigt deutlich die Zerstörungen auf dem Fliegerhorst. (Foto: US Air Force)**

*dicken Pulks seitlich am Platz vorbeiflogen, dann weit über der Donau kehrt machten und zurückkamen, direkt auf unseren Fliegerhorst zu. Jetzt war uns allen klar: Wir waren gemeint, Obertraubling war dran und damit auch die Messerschmitt-Werke, bei denen wir uns neue Flugzeuge abholen sollten. Als ich sah, wie der ganze Verein die Bombenklappen öffnete, rief ich nur noch: „Los, alles in den Keller!"*
*Einem jungen Flieger, er war höchstens 18, der zur Wache eingeteilt war, sagte ich noch, dass er schnell in einem der Einmannlöcher Deckung suchen sollte.*
*Ich hatte nie gedacht, dass ich mit meiner Fußverletzung so schnell laufen könnte wie an diesem Tag. Kaum im Keller fielen schon die ersten Bomben, das Gebäude zitterte in allen Wänden, Staub rieselte überall herunter, Wasserrohre platzen. Ich machte sofort mein Taschentuch nass und hielt es mir vor Mund und Nase, um überhaupt atmen zu können.*
*Der Spuk dauerte etwa eine halbe Stunde. Wir warteten noch eine Weile und trauten uns dann aus dem Keller. Ich sah sofort nach dem jungen Flieger, doch dessen Einmannloch war vollkommen zugeschüttet. Wir gruben ihn aus, er lebte noch, doch seine einst dunklen Haare waren schlohweiß! Kameraden brachten ihn sofort ins Lazarett. Als ich wieder in meine Dachkammer gehumpelt war, traute ich meinen Augen nicht. Die Tür war rausgeflogen und ich blickte in den rauchgeschwärzten Himmel. Ein zentnerschwerer Betonbrocken vom Vorfeld war durch das Dach geflogen, direkt auf mein Bett, das in der Mitte durchgeknickt war. Wäre ich – wie sonst immer – bei Fliegeralarm dort liegen geblieben …"*

Die Auswirkungen des Luftangriffes auf den Fliegerhorst waren katastrophal. Der B-24-Verband erreichte Obertraubling um 12.45 Uhr und belegte den Fliegerhorst mit einer Bombenlast von 180,5 Tonnen, die aus einer Höhe von 6000 bis 7000 Metern von 12.45 bis 13.12 Uhr abgeworfen wurden. 14 schwere Bomber vom Typ B-24 wurden als Verlust gemeldet.

Rund 300 Sprengbomben fielen direkt auf die Einrichtungen des Fliegerhorstes, dabei wurden zwei Hallen total zerstört, zwei schwer und sechs leicht beschädigt. 27 Personen wurden getötet und 48 verletzt sowie zwei vermisst. Mindestens 120 vor den Hallen abgestellte Bf 109 G-6 waren zerstört, Dutzende andere schwer beschädigt. Große Schäden entstanden in der Endmontage, im Materiallager, im Bereich der Schlosserei, Spenglerei und in der Ausbildungswerkstatt. Zahlreiche Zerstörungen waren im Kasernenbereich entstanden. Mehrere Großbrände waren ausgebrochen. Auch in der näheren Umgebung fielen Bomben, und zahlreiche kleinere Ortschaften wurden getroffen. Einige wichtige Straßenverbindungen und Eisenbahnlinien erhielten schwere Treffer. Die Bahnlinie Regensburg-Straubing wurde gesperrt. Hier musste der Zugverkehr umgeleitet werden.

Dem anderen Bomberverband, bestehend aus B-17, unterlief beim Zielanflug ein Navigationsfehler, und er warf ca. 150 Tonnen Bomben um 12.30 Uhr bei Bad Abbach und Matting (südwestlich von Prüfening) auf freies Feld und in die Donau. Fünf B-17 gingen durch Jägerangriffe verloren.
Dass der Luftangriff vom 22.02.44 zum Teil fehlgeschlagen war, wurde durch einen Aufklärer sehr schnell festgestellt, da das Werk in Prüfening überhaupt keine Bombentreffer aufwies. Ein zweiter Angriff auf Regensburg wurde notwendig, und dieses Mal kam es zu einem koordinierten Einsatz der 8. und 15. USAAF auf die Messerschmitt-Werke. Ein vernichtender einmaliger Doppelschlag, der in der Luftkriegsgeschichte seinesgleichen sucht, wurde gegen Regensburg vorbereitet.
Dass auch in Regensburg von der Werkleitung der Messerschmitt GmbH mit weiteren Luftangriffen gerechnet wurde, zeigte ein Erkundungsflug, der am Vormittag des 25. Februars 1944 von Generalingenieur Lucht und Dr. Wedemeyer mit einem Fieseler Storch durchgeführt wurde. Zweck dieses Fluges war es, geeignete Waldstücke mit einer Straßenanbindung zur Verlagerung der Produktion in der Umgebung von Regensburg zu finden. Bis zum Luftangriff am 22. Februar waren erst ca. 40 Prozent der Produktion verlagert oder im Begriff verlagert zu werden, und die Endmontage fand noch immer in den beiden Werken in Regensburg statt.

# Doppelschlag gegen die Messerschmitt Flugzeugproduktion: Die Luftangriffe vom 25. Februar 1944

An diesem herrlichen Wintertag wölbte sich ein strahlend blauer Himmel über Süddeutschland. Eine der schwersten und verlustreichsten Luftschlachten des Zweiten Weltkrieges zog sich von der Adria bis zur Atlantikküste hin und kostete die US-Luftflotten den Verlust von über 70 viermotorigen Bombern und 7 Jagdflugzeugen, davon entfielen 41 Bomber auf die 15. USAAF und 31 auf die 8. USAAF. Fünf Bomber waren derartig beschädigt worden, dass sie nach geglückten Notlandungen verschrottet werden mussten. Das Angriffsziel der 15. US-Luftflotte waren die Messerschmitt-Werke in Regensburg-Prüfening. Ausweichziele waren der Hafen von Pola und Zara, der Flugplatz von Graz und der Bahnhof von Zell am See. Aufgrund der starken deutschen Jagdabwehr brachen einige Bomber den Einsatz ab und bombardierten die Ausweichziele. Die 8. US-Luftflotte sollte ca. 40 Minuten nach der 15. US-Luftflotte Prüfening und Obertraubling angreifen.

Die 15. US-Luftflotte drang um 10.10 Uhr aus dem Adriaraum kommend in das damalige Reichsgebiet ein. 176 Bomber waren von ihren Basen in Süditalien gestartet. 35 Flugzeuge brachen wegen technischer Probleme den Einsatz ab. Der Jagdschutz bestand aus 85 P-38 „Lightning", deren Flugdauer jedoch nur bis zu den Alpen reichte. Von hier ab mussten sich die Bomber ihren Weg nach Regensburg selbst freikämpfen und verloren 33 B-17 und B-24 zwischen Laibach und dem Ziel. Vier Jagdflugzeuge, drei P-38 und eine P-47 wurden ebenfalls abgeschossen. 116 Bomber warfen von 12.40 – 13.15 Uhr 1237 Sprengbomben mit einem Gewicht von ca. 280 Tonnen auf die Anlagen in Prüfening ab. Zielpunkt war die große Montagehalle im Norden des Werkbereiches mit dem Metallbau, der Vor- und Endmontage. Nach dem Abflug der Bomber waren vier Großbrände erkennbar, eine riesige Rauchsäule erhob sich in den tiefblauen Himmel, die Hunderte von Kilometern weit zu sehen war. Sämtliche im Süden des Reichsgebietes, in der Ostmark (Österreich) und in Norditalien stationierten deutschen Jagd- und Zerstörergeschwader griffen die Bomber auf ihrem Hin- und Rückflug an. Folgende deutsche Verbände waren erfolgreich an der Bekämpfung der 15. US-Luftflotte beteiligt: III./JG 3, I./JG 5, I. und II./JG 27, I. und II./JG 53, I./JG 77, I./JG 104 und I./JG 301 sowie die II./ZG 1, I. und II./ZG 76 und I./ZG 101. Die deutschen Jäger waren kaum gelandet oder befanden sich noch auf der Verfolgung der mit Generalkurs Süd abfliegenden Bomber, als ein weiterer starker Kampfverband aus dem Westen kommend nach Regensburg vorstieß. Ein Teil der deutschen Jäger und Zerstörer war jedoch bereits wieder aufgetankt und munitioniert und startete nun zum Abwehreinsatz gegen die 8. US-Luftflotte. Die 8. USAAF war an diesem Tag mit allen drei Air Divisions zum Angriff auf das Deutsche Reich in England gestartet. Die erste Air Division erreichte mit 196 B-17 Augsburg und bombardierte die Anlagen der Messerschmitt AG, ein Teilverband von 50 B-17 warf Bomben auf Industrieanlagen bei Stuttgart. Die zweite Air Division griff mit 172 B-24 ein Flugzeug-Reparaturwerk in Fürth an. Der Hauptschlag richtete sich jedoch gegen die Messerschmitt-Werke in Regensburg. Die dritte Air Division erreichte mit 267 B-17 Regensburg und vollendete das Vernichtungswerk. Navigationsprobleme gab es keine, denn eine riesige Rauchsäule vom Angriff der 15. US-Luftflotte stand über den Werkanlagen in Prüfening und zeigte den anfliegenden Bomberformationen den Weg zum Ziel. Die dritte Air Division wurde von den ersten 40 verfügbaren Langstreckenjägern P-51 B „Mustang" der 357. Fighter Group bis zum Ziel eskortiert, und so hielten sich die Bomberverluste mit zwölf abgeschossenen und 86 beschädigten B-17 und einem Verlust von zwei P-51 und einer P-47 in einem für die USAAF noch vertretbaren Rahmen.

In Regensburg herrschte nach dem Angriff der 15. USAAF noch immer Fliegeralarm, als sich die anfliegenden Bomber in zwei Formationen aufteilten. Die Bombergruppen 95, 100 und 390 griffen mit 108 B-17 das Werk in Prüfening an. Obwohl die Qualmwolken, die vom Angriff der 15. USAAF herrührten, den Zielanflug erschwerten, lag der Bombenteppich deckend auf dem Werkgelände. Von 13.56 bis 14.06 Uhr fielen 695 schwere Sprengbomben und 1636 Brandbomben auf die Anlagen sowie die nähere Umgebung, was einer Bombenlast von ca. 230 Tonnen entsprach.

Die zweite Bomberformation flog in Richtung Landshut und drehte über Rottenburg zum Angriff aus südwestlicher Richtung auf den Fliegerhorst in Obertraubling ein. Die Bombergruppen 94, 96, 385, 388, 447 und 452 warfen, beginnend um 14.06 Uhr, 1295 Sprengbomben zu 227 kg und 1028 Splitterbomben ab, was einer Gesamtlast von 348 Tonnen entsprach. Gut liegendes Flakfeuer und erbittert geführte Luftkämpfe konnten die weitgehende Zerstörung des Fliegerhorstes nicht verhindern. Nach heutigen Erkenntnissen schoss die Eisenbahnflakbatterie 227 (E) zwei B-17 der 385. BG ab. Wenige Sekunden später geriet diese Eisenbahnbatterie in einen Bombenteppich der 385. und 447. BG, dadurch wurden 53 Flaksoldaten getötet und über 40 verletzt. Die Geschütze waren zerstört oder schwer beschädigt, die Flakbatterie kampfunfähig. Die B-17 F 42-30822 von Oberleutnant Delmar A. Gray von der 385. BG erhielt einen Volltreffer der Batterie 227 (E) in die rechte Seite der Bugkanzel. Auch die Motoren in der rechten Tragfläche wurden getroffen. Nachdem die B-17 eine Rolle geflogen hatte, stürzte sie qualmend senkrecht über Obertraubling ab. Dabei brach die Maschine in der Luft auseinander, und die Einzelteile schlugen im Fliegerhorst und der näheren Umgebung auf. Vier Besatzungsmitglieder kamen dabei ums Leben. Dem direkt daneben fliegenden Bomber B-17 F 42-3422 „WINNIE THE POOH“ unter Oberleutnant Nelson H. Davis wurde ein Motor herausgeschossen. Nach dem Notabwurf aller Bomben versuchte die Besatzung in Richtung Schweiz zu fliegen. Da aber nach und nach zwei weitere Motoren ausfielen, konnte der Bomber nicht mehr auf Höhe gehalten werden. Nelson H. Davis gab den Befehl zum Fallschirmabsprung. Als nur noch die beiden Piloten an Bord waren, flog ein Zerstörer vom Typ Bf 110 den waidwund geschossenen Bomber an, ohne das Feuer zu eröffnen. Der

*Nach dem Luftangriff vom 22. Februar 1944 sind auf dem Fliegerhorst rund 200 Bf (Me) 109 zerstört oder schwer beschädigt. (Foto: Gattinger)*

Copilot, Leutnant Robert C. Clark, sprang daraufhin ab und landete am Fallschirm bei Offenstetten. Oberleutnant Davis gelang bei Kirchdorf der Absprung aus der B-17, aber sein Fallschirm öffnete sich wegen der geringen Höhe nicht mehr. Östlich von Kirchdorf fand man ihn mit zerschmetterten Körper tot in einem Feld auf. Der führerlose Bomber hielt weiter Kurs auf Wildenberg, und alle Beobachter am Boden glaubten schon, er stürze ins Dorf, als er plötzlich eine Linkskurve einleitete und in einem Waldstück nur ca. 500 Meter von Wildenberg entfernt herunterkam und explodierte. Die Absturzstelle befindet sich ca. 30 Kilometer südwestlich von Regensburg.

Die Bf 109 G-6 der I./JG 5 waren ebenfalls zur Abwehr des Angriffes in letzter Minute aus Obertraubling heraus gestartet und lieferten sich heftige Luftkämpfe mit den P-51 „Mustang". Dabei wurde Oberleutnant Senoner, der zuvor zwei Bomber der 15. USAAF abgeschossen hatte, von den P-51 tödlich getroffen.

Zu diesem Luftangriff berichtet Leutnant Heinrich Freiherr von Podewils:

*„Am 25. Februar ertönen in der Mittagszeit (um 12.31 Uhr, Anmerkung des Verf.), schon wieder die Sirenen. Fliegeralarm. Erste Angriffswellen der Amerikaner bombardieren das Messerschmitt-Werk in Prüfening. Wir kommen wie am 22. Februar fast wieder zu spät aus dem Platz. Quer über die Stadt fliegend, suchen wir, Anschluss an die Bomber zu bekommen. Es gelingt uns, einige im Abflug befindliche B-24 anzugreifen. Nach der Landung in Obertraubling gegen 13.20 Uhr werden unsere nach und nach zurückkehrenden Jäger sofort wieder betankt und aufmunitioniert. Unser eingespieltes Bodenpersonal war hier absolute Weltklasse. In zahllosen Einsätzen an den verschiedenen Fronten waren alle Handgriffe tausendmal exerziert worden. Oberleutnant Senoner meldet zwei Abschüsse. Kaum haben wir unsere Maschinen wieder einsatzbereit, werden erneut anfliegende Bomber gemeldet. Wir sagen uns: „Das kann doch nicht sein!" Aber keine 15 Minuten später wurden wir eines Besseren belehrt. Sie kamen – und wie! Alles stürmt zu den Maschinen, um so schnell wie möglich aus dem Platz heraus zu starten. Meine Me 109 stand auf der Betonfläche vor einer der großen Hallen des Fliegerhorstes. Rein in die Maschine, angeschnallt und die FT-Haube aufgesetzt und die Kabinenhaube geschlossen. Der zweite Wart kurbelte bereits am Schwungkraftanlasser, und als er Höchstdrehzahl hatte, kuppelte ich ein. Die Luftschraube machte drei oder vier müde Umdrehungen, aber der Motor kam nicht. Neuer Versuch mit den Gashebel fast auf Volllast. Wieder das Gleiche, der ansonsten äußerst zuverlässige DB 605-Motor machte keinen Mucks. Die anderen Maschinen waren längst im Alarmstart raus. Es gelang uns auch nach mehrmaligen Versuchen nicht, den Motor zum Laufen zu bringen. Seit dem erneuten Alarm waren ungefähr 10 bis 12 Minuten vergangen, als am blauen Himmel die ersten Bomber zu erkennen waren. Nun aber nichts wie raus aus meiner 109 und ab ins Gelände! Ich rannte quer über den Platz, und das Laufen bereitete mir in der Fliegerkombination und den Pelzstiefeln erhebliche Schwierigkeiten. Fast zu spät erkannte ich, dass ich auf Kesselwagen mit Flugbenzin zulief, die auf einem Abstellgleis am südlichen Platzrand abgestellt waren. Der erste Verband hatte seine Bomben ausgeklinkt, und mit einem unheimlichen Rauschen kamen die Bomben runter. Dann öffnete sich die Hölle, als Dutzende von Bomben donnernd hochgingen. Turmhohe schwarze Explosionswolken der schweren Sprengbomben stiegen auf, und Druckwellen fegten über das Gelände. Eine schwere Eisenbahnflakbatterie nahe dem Fliegerhorst feuerte, was die Rohre hergaben. Vom Schnellfeuer der Flak wurden zwei Bomber getroffen, und einer stürzte trudelnd direkt über dem Flugplatz ab. Die nächste Bomberwelle traf die Eisenbahnflak voll, und das Abwehrfeuer verstummte schlagartig.*

*Der gesamte Fliegerhorst lag mittlerweile unter einer dichten Rauchwolke. Nachdem der letzte Bomber abgeflogen war, lief ich zu meiner 109 zurück, aber sie war vollkommen zerstört. Der Horst war in allen Bereichen schwer getroffen, und fast unsere gesamte Ausrüstung war zerstört worden. Auch der Unterkunftsbereich hatte schwere Schäden erlitten. Wir Piloten wurden daraufhin im „Parkhotel Maximilian" in Regensburg untergebracht. Wenige Tage später verlegten wir nach Herzogenaurach, aber erst am 16. März konnte sich die I./JG 5 wieder als einsatzbereit melden."*

Die Gesamtverluste der 8. US-Luftflotte betrugen an diesem Tage 31 viermotorige Bomber als Totalverlust, mit 310 Mann an hoch qualifiziertem fliegendem Personal. Weitere 298 Bomber kehrten mehr oder weniger beschädigt mit vier Toten und 26 Verletzten an Bord zurück. Eine B-17 und zwei B-24 waren derartig zerschossen worden, dass sie in England verschrottet werden mussten. Die Deutsche Luftwaffe hatte eine Schlacht gewonnen, 75 Bomber und 7 Jäger der USAAF waren bei ca. 40 eigenen Verlusten vernichtet worden, aber die Zerstörung der Flugzeugwerke konnten sie nicht verhindern. 864 Tonnen Bomben hatten beide Flugzeugwerke in Regensburg in Kraterlandschaften verwandelt. Im Messerschmitt-Werk I in Prüfening wurden sämtliche Hallen getroffen. Fast alle Gebäude waren durch Einsturz oder Brand zerstört oder beschädigt. Weitere Einzelheiten zu den Luftangriffen können Sie dem Buch „Luftangriffe auf Regensburg“ entnehmen.

Der vorläufige Produktionsausfall wurde mit 100 Prozent veranschlagt. Auf dem Fliegerhorst in Obertraubling waren ebenfalls fast alle Hallen und Gebäude getroffen. Von den zehn großen Fertigungshallen waren nur noch zwei unbeschädigt. Die bereits am 22.02.44 schwer getroffene End- und Vormontage wurde nochmals mit schweren Sprengbomben eingedeckt. Ein Wiederaufbau des Fliegerhorstes war nicht mehr geplant, im Gegenteil, man befürchtete durch die zwei erhalten gebliebenen Hallen weitere Luftangriffe. Insgesamt wurden 189 Werkzeugmaschinen zerstört, die meisten durch die hohe Verbrennungstemperatur, da im Bereich der Maschinen eine gesamte Tagesproduktion an Elektronteilen in Brand geriet. Durch dieses intensive Feuer mit seinen hohen Temperaturen von über 1500° Celsius wurde auch ein Großteil der gelagerten Flugzeugbleche aus Dural vernichtet. Die Feuerwehren kämpften mit sehr großen Einsatz und Risiko, aber gegen diesen Metallbrand hatten sie keine Chance. Ein Löschen des Brandes mit Wasser war nicht möglich, da aufgrund der hohen Temperaturen das Wasser in seine Bestandteile Sauerstoff und

*Die zerstörte Kommandantur des Fliegerhorstes nach dem Luftangriff vom 25. Februar 1944. (Foto: MZ-Archiv)*

Wasserstoff gespalten wurde und dann explosionsartig abbrannte.
Auch das Motorenlager war schwer beschädigt worden. Um überhaupt noch eine Produktion der Bf 109 in Obertraubling zu ermöglichen, wurde die Vor- und Endmontage in die noch verbliebenen zwei Hallen verlegt. Für den März war eine, wenn auch zahlenmäßig geringere Fertigung der Bf 109 G-6 von 150 Stück geplant. Die Rumpfendmontage der Me 262 wurde umgehend nach Passau verlagert und dadurch nochmals entscheidend verzögert.
Allen Verantwortlichen war klar geworden, dass eine zusammengefasste und ungeschützte Flugzeugproduktion an einem Standort in diesem Stadium des Krieges nicht mehr möglich war. Ein Sonderzug des Oberkommandos der Luftwaffe (OKL) mit Generalfeldmarschall Milch und Reichsamtsleiter Saur

*Nach den Luftangriffen vom 22. und 25. Februar 1944 ist der Fliegerhorst von Obertraubling mit Bombentrichtern übersät. Fast alle Hallen weisen Bombentreffer auf oder sind zum Teil total zerstört. Auch ein Teil der Kasernengebäude ist schwer in Mitleidenschaft gezogen. 410 Tonnen Bomben haben den Fliegerhorst in eine Kraterlandschaft verwandelt. (Foto: US Air Force)*

traf am 10.03.44 in Regensburg ein, da es erhebliche Probleme gab, die Produktion wieder in vollem Umfang in Gang zu bekommen bzw. die notwendigen Entscheidungen für eine Verlagerung zu treffen. Es fehlte an Arbeitskräften und Material, um die für die Aufrechterhaltung der Produktion notwendigen Aufräumungsarbeiten und Reparaturen durchführen zu können sowie die notwendigen baulichen Maßnahmen zur Verlagerung der Vor- und Endmontage einzuleiten. Ein gewisses Chaos und fehlende Koordination bei den amtlichen Stellen trugen entscheidend dazu bei. Das angeforderte Arbeitsbataillon L VI aus dem Ruhrgebiet war mit der geplanten Unterbringung in einer Schule nicht einverstanden und machte seinen Einsatz von einer besseren Unterkunft abhängig. Auch so etwas gab es im Jahre 1944 noch. Durch Umschichtung großer Teile des Personals gelang es der Werksleitung, die Fertigung wieder in Gang zu bringen. Die Produktion der Bf 109 G war Anfang März mit einer Ausbringung von fünf Flugzeugen täglich wieder angelaufen.

Laut Protokoll (MA RL 3/1-65) wurden im Sonderzug des OKL zum Teil drakonische Maßnahmen getroffen: Ein Baudirektor aus Nürnberg, seines Zeichens Gau-Baubevollmächtigter, wurde noch im Sonderzug verhaftet, nach Berlin überführt und dem SD Berlin SS-Obergruppenführer Kaltenbrunner übergeben. Er hatte die dringend angeforderten Handwerker für Regensburg nur zum geringen Teil dorthin beordert und sich nicht entschließen können, andere Baustellen zu schließen und die Handwerker abzuziehen. Dadurch konnten die Bombenschäden in Regensburg nicht im geplanten Umfang repariert werden, was sich wiederum auf die äußerst kriegswichtige Produktion auswirkte. Von vier dringend benötigten Werkhallen in Prüfening konnte wegen fehlender Glaser und Dachdecker bis zum 10. März nur eine fertiggestellt werden. Gegen einen Hauptmann des erwähnten Bau-Bataillons wurde umgehend ein Kriegsgerichtsverfahren eingeleitet.

Von den 1300 kriegsgefangenen russischen Offizieren, die in der Flugzeugfertigung in Obertraubling eingesetzt waren, wurden 700 in das KZ nach Flossenbürg verbracht, um dort für die Flugzeugfertigung zu arbeiten. Die Begründung hierfür war, dass man sie (die russischen Offiziere) im KZ besser steuern könne. Es kann davon ausgegangen werden, dass eine gewisse Selektion vorgenommen und russische Offiziere, die negativ in Bezug auf Arbeitsleistung und Verhalten aufgefallen waren, ins KZ verbracht wurden.

Weitere Maßnahmen waren: die Anlegung von drei Fertigungskreisen, die unabhängig voneinander entsprechende Flugzeugteile für die 109 produzierten. Diese Kreise waren in die Bereiche Nord, Mitte und Ost unterteilt und hatten zum Teil bereits mit der Produktion begonnen. Verbunden wurden diese

Fertigungskreise mit Güterkursfahrten der Reichsbahn und bei Engpässen auch mit Lastkraftwagen. Dies bedeutete letztendlich die totale Dezentralisierung der Produktion. Für die ersten notwendigen Verlagerungen in die Orte und Wälder um Regensburg wurden mindestens fünf Hallen oder als Provisorium entsprechende Zelte benötigt. Zelte waren schnell zu errichten, und im Sommer war durchaus eine geschützte Produktion darin möglich. Auch die Möglichkeit der unterirdischen Produktion wurde erwogen. Dafür wollte die Werkleitung der Messerschmitt GmbH entsprechende Stollen im Bereich des Regensburger Kalkwerkes anlegen lassen. (Anmerkung des Verfassers: Ein Teil dieses Stollensystems existiert noch heute.) Für den Bau von Stollen oder Tunnels konnte aber vom Reichsjägerstab keine materielle Unterstützung gegeben werden. Da die Flugzeugwerke aus Regensburg herausverlagert wurden, reduzierte man den Flakschutz der Stadt um ein Drittel. Weitere Maßnahmen wurden in einer Abschlussbesprechung beschlossen: die Anhebung der Wochenarbeitszeit von 58 bis 60 auf 72 Stunden. 15 Baracken an die neuen Standorte waren bereits unterwegs. Neue vorgefertigte Hallen aus Frankreich für die Vormontage in Regensburg wurden zugewiesen. Als Provisorium sollten Zirkus- und Bierzelte beschlagnahmt werden.
Der Bedarf an Werkzeugmaschinen für die Me 262 betrug 350 Stück. Vor allem bei den Pressen bestand ein Engpass, der aber durch Lieferungen aus Italien überwunden wurde. Die Rumpfendmontage der Me 262 wurde von Obertraubling nach Obernzell bei Passau verlegt. In Regensburg standen noch zwei Pressen für die 109-Fertigung, die unbedingt sofort geschützt werden mussten, da davon nur noch eine in Wien existierte. Bei Ausfall der beiden Regensburger Pressen wäre die halbe Produktion der Bf 109 ausgefallen. Als neuer Standort für die beiden Pressen wurde der Olympiatunnel bei Eschenlohe festgelegt, dorthin sollten auch die gesamten Werkzeugmaschinen verlagert werden. Alle mechanisch hergestellten und bearbeiteten Teile für die Bf 109 und für den Rumpf der Me 262 kamen ab Mitte 1944 aus diesem Tunnel.
In den nächsten Monaten liefen alle Vorbereitungen für eine dezentralisierte Flugzeugproduktion, wie sie die moderne Industrieproduktion noch nie gesehen hatte, in vollem Umfang an. Die Produktionszahlen erreichten 1944 ihren Höchststand, und erst die Angriffe auf das deutsche Verkehrssystem und die sich dramatisch verschlechternde Kriegslage brachten größere Schwierigkeiten im Fertigungsablauf. Durch Luftangriffe wurde die Produktion in den Auslagerungsbetrieben so gut wie nicht beeinträchtigt. Dass die Aktivitäten der beiden Regensburger Flugzeugwerke jedoch weiterhin bei Aufklärungsflügen von der RAF und der USAAF argwöhnisch beobachtet wurden, zeigte sich durch einen weiteren Luftangriff.

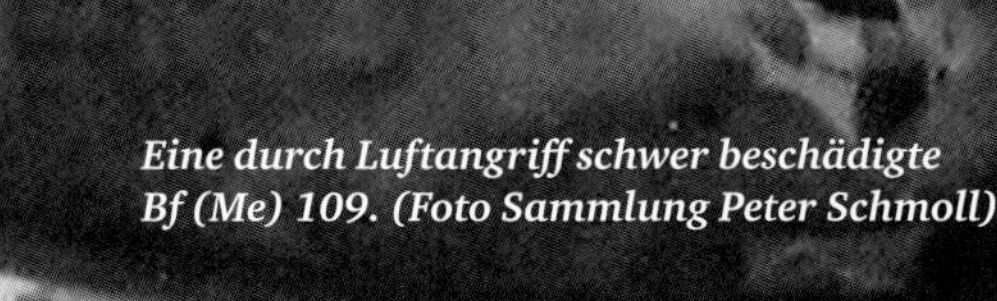

*Eine durch Luftangriff schwer beschädigte Bf (Me) 109. (Foto Sammlung Peter Schmoll)*

# Der Luftangriff vom 21. Juli 1944

Nachdem die am 6. Juni 1944 beginnende Invasion in der Normandie durch einen bisher nie da gewesenen Einsatz der alliierten Luftflotten abgesichert worden war, begann die 8. USAAF Anfang Juli wieder mit Angriffen auf das Reichsgebiet. Da fast sämtliche deutschen Jagdgeschwader an der Invasionsfront im Einsatz standen, waren nur noch wenige Verbände zur Verteidigung des Reiches vorhanden. Im süddeutschen Raum stand das JG 300 zusammen mit der IV./ JG 3 „UDET" im Einsatz, gelegentlich von der II./JG 27 oder dem ZG 26 unterstützt.

Am 21. Juli 1944, einen Tag nach dem Attentat auf Hitler, drangen die Bomber der 8. und 15. US-Luftflotte wieder tief in das Reichsgebiet vor, und auch Regensburg stand dieses Mal wieder auf der Zielliste. Die Einsätze richteten sich gegen die Flugzeug- und Kugellagerindustrie, und erneut wurden Regensburg und Schweinfurt am selben Tag bombardiert (wie bereits am 17.08.1943). Wieder war es die 3. Bomberdivision mit insgesamt 134 B-17, begleitet von 73 P-47 und 97 P-51, die sich im Anflug auf Regensburg befanden. Der Kampfverband stieß bis nach Rottenburg in der Nähe von Landshut vor und schwenkte dann nach Norden ab. Kurz vor Regensburg trennte sich der Verband in zwei Gruppen, die in 6000 bis 7000 m Höhe ihre Ziele anflogen. Die kleinere Kampfgruppe griff mit 44 B-17 in zwei Wellen das Messerschmitt-Werk I in Prüfening mit 106 Tonnen Bomben an. Der andere Verband hielt Kurs auf den Fliegerhorst bei Obertraubling, und 90 B-17 warfen 233,5 Tonnen Bomben auf das dortige Messerschmitt-Werk II ab. Der bereits stark beschädigte Fliegerhorst wurde nochmals gründlich umgepflügt. Die Angriffsdauer von 11.10 bis 11.15 Uhr, also nur fünf Minuten, steht für einen konzentrierten Angriff der beiden Verbände.

In Regensburg herrschte seit 10.15 Uhr Luftalarm, und erst um 12.47 Uhr konnte Entwarnung gegeben werden, da die Luftlage an diesem Tage äußerst verwirrend war. Denn ein weiterer Kampfverband der 15. US-Luftflotte mit 483 Bombern hatte Kurs auf Regensburg genommen, drehte jedoch bei Burghausen auf sein Ziel, die Raffinerie von Brüx im Sudetenland, ab. Bei gleichzeitigen Einflügen in das Reichsgebiet aus dem Süden und Westen war es den deutschen Jägerleitoffizieren in ihren Gefechtsständen – im süddeutschen Raum war dies die 7. Jagddivision in ihrem Bunker in Oberschleißheim – nicht immer einfach, die mit wechselnden Kursen fliegenden Bomberverbände zu verfolgen und das vermutliche Angriffsziel zu erkennen. Es gab auf deutscher Seite sogenannte Luftbeobachtungsstaffeln, die über Me 210 verfügten und sich an die Bomberverbände anhängten. In laufenden Reportagen funkten die Besatzungen der Me 210 Kurs, Geschwindigkeit, Flughöhe, Anzahl der Bomber usw. an die Gefechtsstände. Aber wegen der zunehmenden Luftüberlegenheit der USAAF und Spritmangel konnte dieses äußerst wirkungsvolle Verfahren bis zum Kriegsende nicht durchgehalten werden.

Auf die Werkanlagen des Messerschmitt-Werkes I in Prüfening fielen annähernd 100 große Sprengbomben und ca. 15.000 Stabbrandbomben. Durch den frühzeitigen Luftalarm war das gesamte Werksgelände geräumt worden. Es gab nur zwei Verletzte, aber 350 Obdachlose, darunter 300 italienische Kriegsgefangene, deren Barackenlager abbrannte. Der Bombenteppich traf die Werksanlagen nochmals schwer. Der Dachstuhl des Verwaltungsgebäudes brannte zur Hälfte ab. Das Gebäude des Werkschutzes war schwer beschädigt. Die Werkrettungsstelle und die Hauptfertigungshalle waren mittelschwer getroffen. Die Lagerhalle und fünf Baracken waren abgebrannt. Ein weiteres Lager war durch Volltreffer total zerstört worden. Im Messerschmitt-Werk I entstanden fünf Groß- und vier Mittelbrände. Die Löscharbeiten gestalteten sich äußerst schwierig, da wegen des lang anhaltenden Luftalarmes die Feuerwehrkräfte nicht sofort zum Löscheinsatz ausrücken konnten. Hinzu kam, dass ein Teil der Regensburger Feuerwehr, infolge des Luftangriffes vom 19.07.44 auf München, dort eingesetzt war.

*Am 21. Juli 1944 wird der Fliegerhorst Obertraubling zum dritten Mal mit weiteren 210 Tonnen Bomben schwer getroffen. (Foto: US Air Force)*

Eine Feuerwehrbereitschaft und zwei Gruppen HJ-Feuerwehr aus Regensburg, eine Löschgruppe aus Regenstauf, eine Feuerwehrbereitschaft aus Amberg, eine Tankspritze 8 der Wehrmacht, die 3. Kompanie der motorisierten Luftschutzabteilung 22 und sämtliche Werkluftschutzkräfte der Messerschmitt GmbH Regensburg bekämpften die Brände. In Obertraubling waren das Messerschmitt-Werk II und der Flugplatz schwer getroffen. 30 am Platzrand mit jeweils 150 Metern Abstand abgestellte Bf 109 G-6 blieben unbeschädigt. In den Hallen 7 und 10 wurden sämtliche im Bau befindliche Bf 109 zerstört. Am Flugleitungsgebäude entstand mittlerer Brandschaden. In der Werfthalle entstanden drei Kleinbrände. Die Hallen 1 (Hauptlager und Spenglerei), 7 (Endmontage), 10 (Vormontage) und Heizhaus II waren total abgebrannt. Wertvolle Materialien konnten geborgen werden. Am Nachrichtengebäude entstand ein totaler Sprengschaden durch einen Volltreffer. Im Kantinengebäude, im Schlangen- und Staffelbau brachen Dachstuhlbrände aus. Im Südteil des Klosterbaues und im Osttrakt des Bauleitungsgebäudes entstand Totalschaden durch

*Löschfahrzeuge, aufgenommen während einer Einsatzpause. Vorne ein LF 25 mit Tarnanstrich. (Foto: Hans Wohlmuth)*

*Die Auswirkungen des dritten Luftangriffes am Boden. Der Fliegerhorst liegt unter einer undurchdringlichen dicken Staub- und Rauchwolke, die den Himmel verdunkelt. Auf der Zufahrtsstraße zum Flugplatz sind die zu Hilfe kommenden Feuerwehrfahrzeuge zu erkennen. (Foto: Stadt Neutraubling)*

Sprengbombenvolltreffer. Die Öllagerhalle war total ausgebrannt, und 15 Baracken des Russenlagers waren durch Feuer vernichtet worden. Auf dem Fliegerhorst waren 150 Brände ausgebrochen. Zwei LF 25 der Wehrmacht, eine Feuerwehrbereitschaft aus Regensburg und Burglengenfeld, Wehrmachtshilfskommandos und Reichsarbeitsdienst nahmen die Brandbekämpfung auf. 30 Verletzte und vier Tote waren nach diesem Angriff zu verzeichnen.
Auch auf die nähere Umgebung bei Harting und Barbing fielen zahlreiche Spreng- und Brandbomben, denen einige Scheunen und ca. 9,5 ha Getreidefelder zum Opfer fielen. Nach diesem erneuten schweren Schlag gegen die Flugzeugproduktion in Regensburg verlegte man die Fertigung nun in die bereits kurz vor der Fertigstellung stehenden Waldwerke. Es erfolgte eine dezentralisierte Produktion, wie sie noch nie in Kriegszeiten durchgeführt wurde. Aufgrund der hervorragenden Organisation wurde die Messerschmitt GmbH Regensburg zum produktivsten Flugzeugwerk im Jahre 1944 (siehe auch USSBS und Survey of Messerschmitt Factories and Functions Band I-V).
Auf dem Fliegerhorst verblieben ein Teil der Endmontage der Bf 109 auf 2500 Quadratmeter Fläche in zum Teil zerstörten und notdürftig reparierten Hallen sowie ein reduzierter Einflugbetrieb. Den auf der Straße aus dem Waldwerk „GAUTING" angelieferten Bf 109 G und K wurden auf dem Fliegerhorst die Tragflächen montiert, das Funkgerät eingebaut sowie die Bordwaffen justiert und eingeschossen. Nach erfolgter Endabnahme wurden die Flugzeuge eingeflogen oder durch Einflieger nach Puchhof bei Straubing überführt. Die Einflieger, meistens 7 bis 8 Piloten, wurden mit einer Fw 58 „Weihe" zur Abholung der Bf 109 von Puchhof nach Obertraubling überflogen (Bericht von Einflieger Scheffl an den Verfasser). Der Werkflugplatz wurde jeden Tag geräumt, und die bis dahin fertiggestellten 109er mussten mit großen Sicherheitsabständen am Platzrand geparkt werden. Zum Teil wurden die Maschinen von der 3./ FlüG 1 in Landau/Isar übernommen und zu den Einsatzverbänden überführt. Ab September 1944 erfolgten in Obertraubling die Endabnahme und der Einflug der Me 262.

# Der Luftangriff vom 16. Februar 1945

Die Flugzeugproduktion der Messerschmitt GmbH lief, wenn auch mit ständig fallender Tendenz, bis in den April 1945. Wie bereits erwähnt, brachten die rollenden Bomben- und Tiefangriffe die Industrieproduktion fast völlig zum Stillstand, sodass im April 1945 nur noch aufgrund der vorhandenen Lagerbestände weiterproduziert werden konnte. Besonderes Augenmerk legte die USAAF auf die Fertigungsstandorte der Me 262. In immer größerer Stückzahl tauchten die neuen Düsenjäger, von der Luftwaffe Turbos genannt, am Himmel über Deutschland auf und versetzten die US-Bomberbesatzungen in Angst und Schrecken, vor allem nachdem die ersten Me 262, mit der Luft-Luft-Rakete R4M ausgerüstet, einigen Bomberverbänden erhebliche Verluste zugefügt hatten. Ein weiteres Problem für die Bomberbesatzungen war die hohe Annäherungsgeschwindigkeit der Me 262. Die elektrisch betriebenen Waffenstände konnten mit den schnellen Angriffsflügen der Me 262 nicht mithalten, sodass das Abwehrfeuer mehr oder weniger ungezielt als Sperrfeuer erfolgte. Die in der Rumpfspitze konzentrierte Bordbewaffnung der 262 mit vier 30-mm-Maschinenkanonen vom Typ MK 108 wirkte verheerend auf eine Leichtmetallkonstruktion, wie sie ein Flugzeug nun einmal war. Drei bis vier Treffer der 30-mm-Munition reichten aus, um einen viermotorigen Bomber zum Absturz zu bringen. Für die US-Air Force war das Auftauchen der Me 262 wie ein Schock. Man glaubte schon fast, die Deutschen geschlagen zu haben, und jetzt erschien in immer größer werdender Anzahl diese Maschine am Himmel. In der Luft war die Me 262 kaum zu schlagen, aber die Produktionsanlagen und die Bodenorganisation der Luftwaffe waren verwundbar.

Der Fliegerhorst von Obertraubling lag unter ständiger Aufklärerbeobachtung, und über die für den Einflug bereitgestellten Me 262 wurde genau Buch geführt. Nach einer Schlechtwetterperiode konnte in Regensburg kein Einflugbetrieb mehr durchgeführt werden, da der Grasplatz in Obertraubling total aufgeweicht war. Das Fehlen einer befestigten Startbahn machte sich nun verhängnisvoll bemerkbar. Die US-Luftaufklärung bemerkte eine ständig wachsende Anzahl von Me 262 auf dem Fliegerhorst. Als ein Höchststand von 48 Me 262 festgestellt wurde, liefen die Angriffsvorbereitungen bei der 15. US-Luftflotte an. Am 16.02.45 flog ein Verband von 263 B-24 aus Italien kommend in Richtung Regensburg. Kurz vor dem Angriff wurden 56 einsatzbereite Me 262 registriert. Von 13.05 bis 13.25 Uhr regneten im wahrsten Sinne des Wortes 630

*B-24 am 16. Februar 1944 beim Bombenabwurf über dem Fliegerhorst. (Foto: USAF)*

Sprengbomben zu je 227 kg, 19.722 Splitterbomben zu 9 kg und je 3615 gebündelte Splitterbomben auf den Fliegerhorst ab. Die abgeworfene Bombenlast belief sich auf insgesamt 515 Tonnen.
Die Gebäudeschäden auf dem Fliegerhorst waren beträchtlich. 25 Flugzeuge waren zerstört und 30 schwer beschädigt. Auch zwei Bf 109 K-4 hatten nur noch Schrottwert. Weitere Aufklärungsflüge der USAAF folgten, und am 14.03. wurden 14 und am 16.03. sieben einsatzbereite Me 262 in Obertraubling erfasst.

Bericht von Oberfeldwebel Stemmler zum Luftangriff vom 16. Februar 1945:
*„Durch die schlechte Wetterlage war der Einflugbetrieb fast zum Erliegen gekommen. Zum einen war das Rollfeld durch die feuchte Witterung stark aufgeweicht, und zum anderen lag die Wolkendecke meistens derart niedrig, dass ein Start mit der Me 262 nicht zu verantworten war. Auf dem Fliegerhorst waren meiner Erinnerung nach ca. 50 bis 60 Me 262 weit auseinandergezogen abgestellt worden. Ein Teil der Flugzeuge war mit Tarnnetzen behängt und in dem Teil des Horstes abgestellt, der am meisten zerstört war, in der Hoffnung, dass bei einem Angriff hier keine Bomben mehr fallen würden. Kaum hatte sich die Wetterlage gebessert, kamen auch schon die US-Bomber angeflogen. Ein starker Kampfverband griff Obertraubling an. Wir hatten nach dem ersten Alarm den Platz bereits verlassen und harrten der Dinge, die da kommen sollten. Aus sicherer Entfernung konnten wir deutlich sehen, wie ganze Bombenschauer niedergingen. Eine große Rauch- und Staubwolke erhob sich über dem Fliegerhorst. Es war ein konzentrierter Angriff. Nachdem Entwarnung gegeben wurde, fuhren wir auf den Fliegerhorst zurück. Von weitem sahen unsere Me 262 unbeschädigt aus. Als wir sie dann aber*

*B-24 der 15. US Luftflotte fliegen nach dem Bombenwurf auf den Fliegerhorst Obertraubling nach Osten ab. Der Fliegerhorst liegt wieder einmal unter einer sich immer mehr vergrößernden Rauchsäule. 515 Tonnen Bomben haben den Trümmerhaufen Fliegerhorst Obertraubling nochmals gründlich umgepflügt. Es war jedoch noch nicht der letzte Luftangriff, denn am 11. April 1945 wurden von der 2. Air Division der 8.-US Luftflotte nochmals 159 Tonnen Bomben abgeworfen. Kein Fliegerhorst der Luftwaffe wurde im Zweiten Weltkrieg so oft bombardiert wie der von Regensburg/Obertraubling. (Foto: US Air Force)*

*aus der Nähe betrachteten, sahen wir die Bescherung. Kleine Bombensplitter hatten bei vielen Maschinen die Flugzeugzelle und die Tragflächen zum Teil schwer beschädigt. Treibstoff war ausgelaufen, Turbinen waren defekt und die Reifen platt. Es war ein trostloser Anblick, und trotzdem wurde weitergearbeitet, wenn man auch den Sinn des Ganzen nicht mehr verstehen konnte, es war ja sowieso alles zwecklos und kostete nur Opfer. Nach dem Angriff wurden die Me 262 noch dezentralisierter abgestellt, und es dauerte oft 30 Minuten und länger, bis man sie zum Flugplatz geschleppt hatte. Sofern es das Wetter zuließ, wurden die Maschinen umgehend auf andere Flugplätze geflogen, z.B. nach Neuburg, Erding und München-Riem. Aber auch auf diesen Plätzen waren die Me 262 nicht sicher vor Luftangriffen. Wir flogen zwar das schnellste Jagdflugzeug des Zweiten Weltkrieges, waren aber selbst die Gejagten."*

**Am 16. Februar 1945 liegt der Fliegerhorst wieder im Bombenregen. Neben schweren Sprengbomben hagelt es förmlich Tausende von kleinen Splitterbomben. Rund 40 abgestellte Me 262 wurden zerstört oder schwer beschädigt. (Foto: US Air Force)**

**Wie diese mit Tarnnetzen bedeckte Me 262 stehen Dutzende von Düsenjägern im Februar 1945 auf dem Fliegerhorst Obertraubling zum Einflug bereit. (Foto: Radinger)**

*Am 16. Februar 1945 wurde der Fliegerhorst Obertraubling von der 15. USAAF durch ca. 20.000 Splitterbomben und über 1.000 Sprengbomben schwer verwüstet. 263 B-24 luden 515 Tonnen Bomben über dem Fliegerhorst ab. Diese Luftaufnahme vom 17. Februar 1945 zeigt den von tausenden von Bombentrichtern übersäten Fliegerhorst. (Foto: USAF)*

*Diese Detailaufnahme vom 17. Februar 1945 zeigt im Bereich der Gebäude (Klosterbau, Schlangenbau, Offiziershäuser usw.) hunderte von Bombentrichtern. Selbst im Baggersee sind zahlreiche Trichter erkennbar. Unter Umständen befinden sich im See heute noch Kriegsrelikte. (Foto: USAF)*

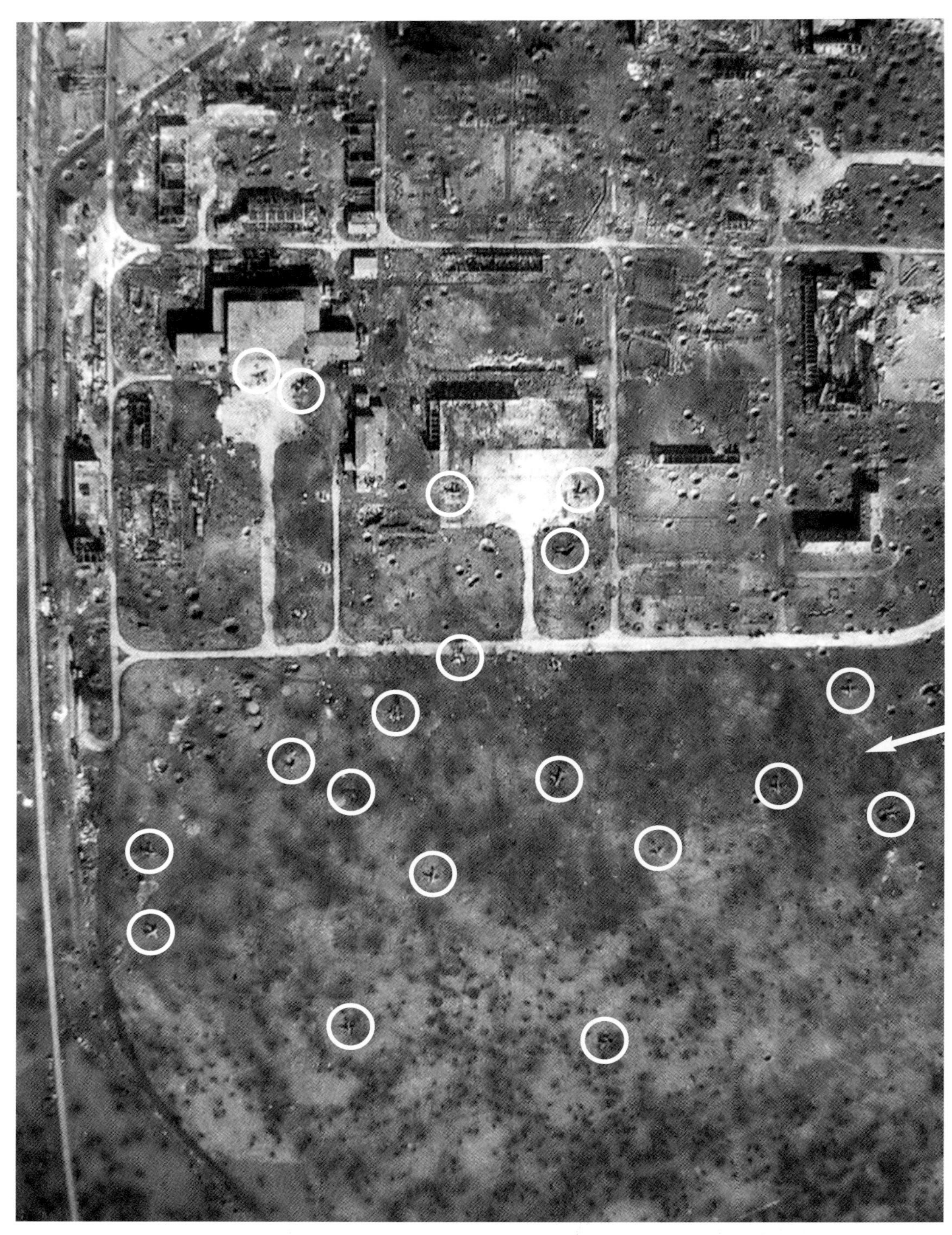


*Diese Aufnahme zeigt den südlichen Bereich des Fliegerhorstes mit der Werfthalle und dem Flugleitungsgebäude ganz rechts. Mindestens 19 beschädigte und zerstörte Me 262 sind in dieser Aufnahme zu erkennen. Einige Me 262 sind in der Vergrößerung sogar als Totalschaden vorhanden. (Foto: USAF)*

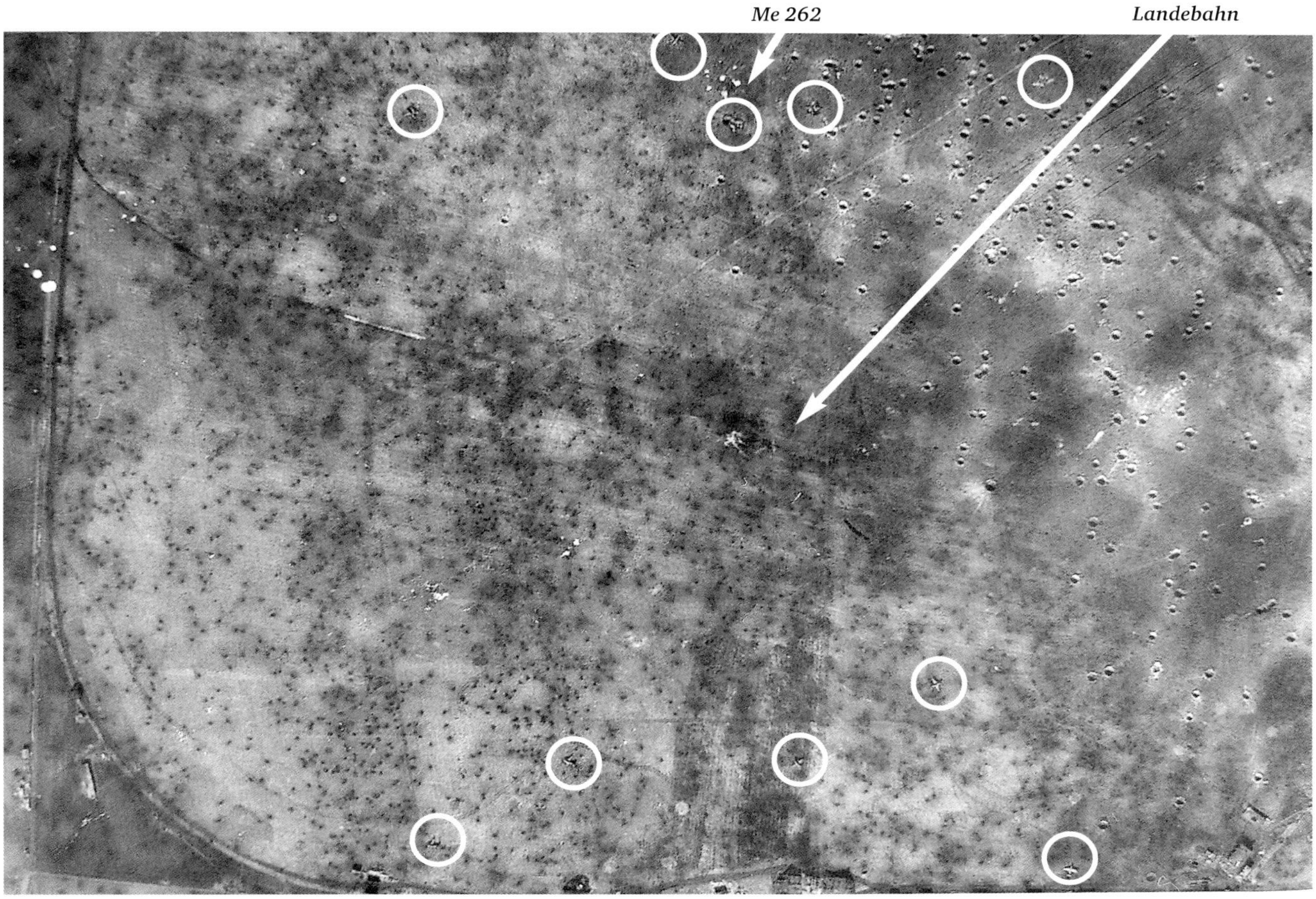

*Me 262* *Landebahn*

*In einer Vergrößerung des westlichen Rollfeldes sind weitere neun beschädigte bzw. zerstörte Me 262 erkennbar. (Foto: USAF)*

*Eine durch Luftangriff schwer beschädigte Me 262. (Foto: Sammlung Radinger)*

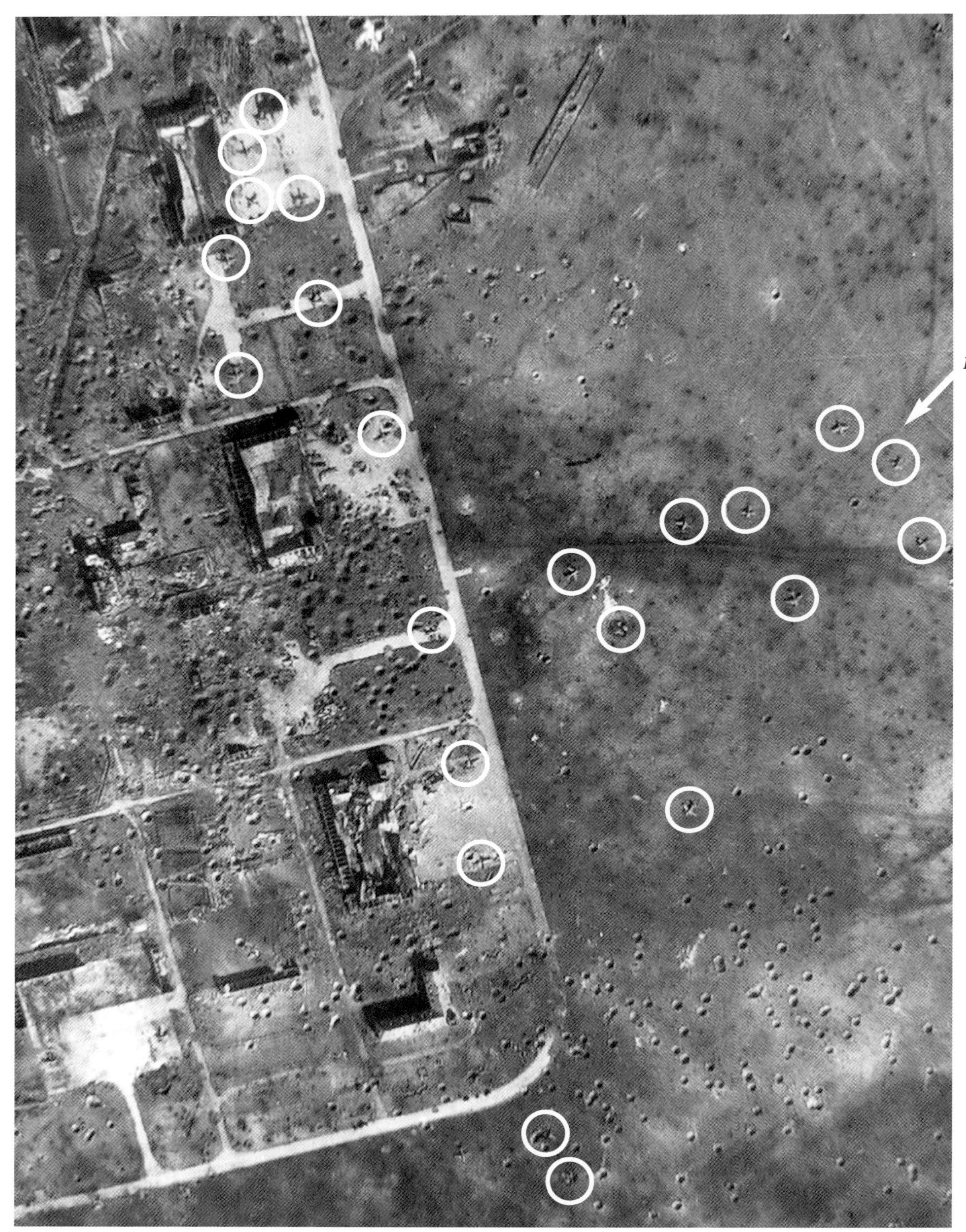


*In dieser Vergrößerung des östlichen Vorfeldes sind mindestens 22 abgestellte Me 262 zu sehen. (Foto: USAF)*

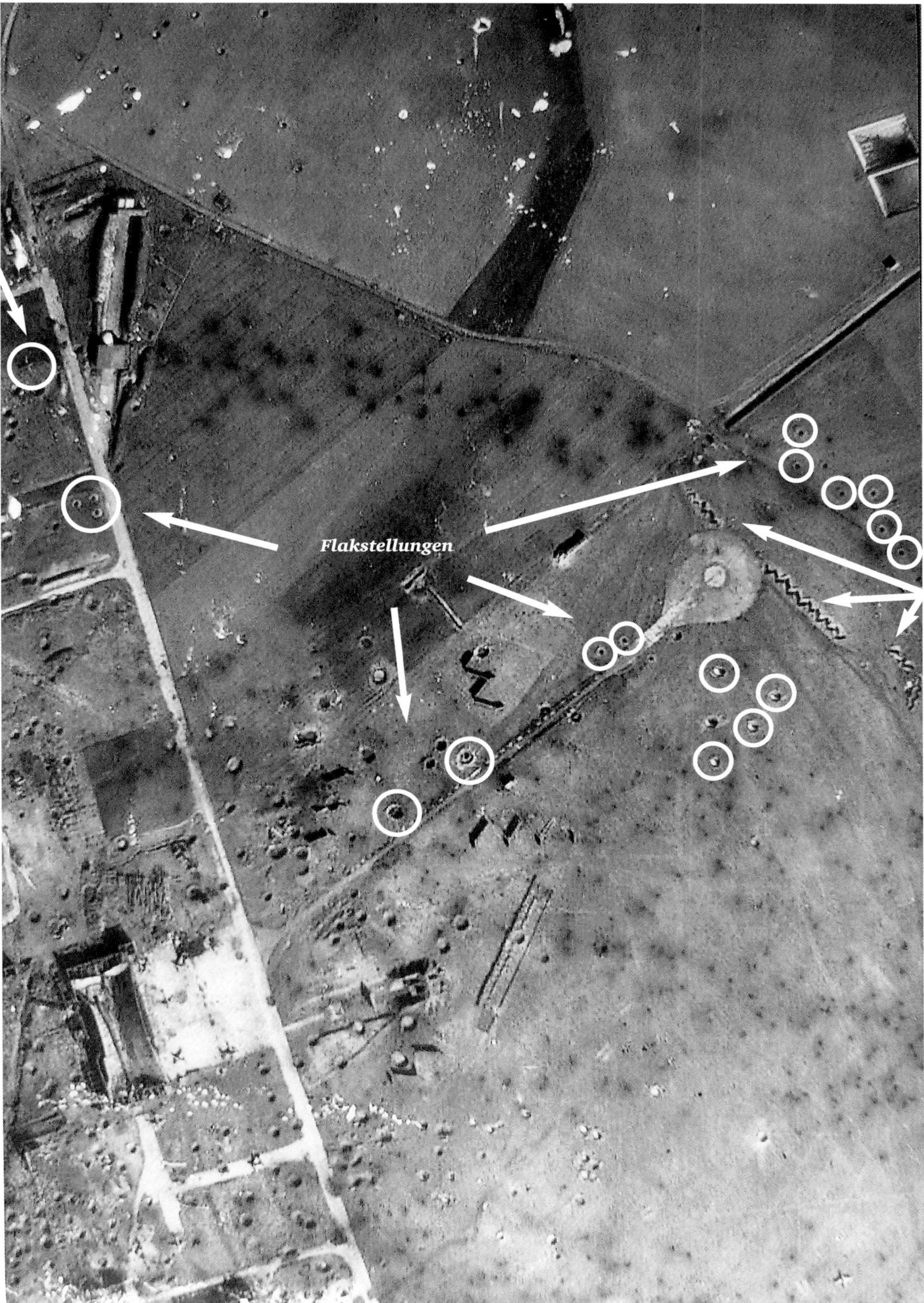


*Im nordöstlichen Bereich ist der Schießstand für die Bordwaffen und links davon eine Me 262 zu erkennen. Ganz rechts ist die Kompensierscheibe mit ihrer runden Fläche zum Einstellen des Kompasses erkennbar. Deutlich sind auch die im Zickzack angelegten Splitterschutzgräben zu sehen. In diesen Gräben suchte das Personal Schutz bei Tieffliegerangriffen. Im Bild sind auch Stellungen von leichten Flakgeschützen zu sehen. (Foto: USAF)*

## Der Luftangriff vom 11. April 1945, auf die im Bau befindliche zwei Kilometer lange Startbahn

*Eine Luftaufnahme des Fliegerhorstes von Anfang April 1945. Rechts unten im Bild ist die geplante im Bau befindliche ca. 1700 Meter lange und ca. 50 Meter breite Startbahn erkennbar. Deutlich zeichnen sich die Planierungsarbeiten ab. Ganz im Osten wurde bereits mit Betonierungsarbeiten begonnen. Die Arbeiten wurden von KZ-Häftlingen aus Flossenbürg und russischen Kriegsgefangenen durchgeführt. Auch die Verlängerung der Straße nach Süden als Behelfsstartbahn zeichnet sich im Bild klar ab. Am 11. April 1945 erfolgte ein weiterer schwerer Luftangriff, der durch die 8. USAAF durchgeführt wurde und genau diesen Bereich zerstörte. Bis zum Kriegsende verblieb nur die Straße (heutige Neudeker-, Bayerwald- und ein Teil der Pommernstraße) als Startbahn. (Foto: USAF/Sammlung Peter Schmoll)*

Das Erscheinen der Me 262 muss die USAAF schon an einer sehr empfindlichen Stelle getroffen haben, denn am 11. April 45 erfolgte ein weiterer Luftangriff auf den Fliegerhorst. Auf Luftaufnahmen von Aufklärungsflügen war eindeutig der Bau einer betonierten Startbahn auf dem Fliegerhorst festgestellt worden. Dieses Mal war es die 2. AD der 8. US-Luftflotte mit 79 B-24, die mit 160 Tonnen Bomben den zerschundenen Fliegerhorst nochmals gründlich umpflügte. Vor allem die Bereiche der im Bau befindlichen Startbahn und die Verlängerung der Fliegerhorststraße, auf der die Me 262 starteten, waren das Ziel dieses letzten massiven Bombenangriffs. Mittlerweile gab es auf dem gesamten Fliegerhorst fast keine Fläche und kein Gebäude mehr, das nicht von Bomben getroffen worden war. Der einstmals stolze Fliegerhorst der Luftwaffe glich einem Trümmerhaufen. Bei diesem Angriff wurde die im Bau befindliche Startbahn weitgehend zerstört. Hunderte KZ-Häftlinge und Kriegsgefangene mussten nach dem Luftangriff die Bombenkrater auf dem Rollfeld einebnen. Vor allem die als Startbahn genutzte Straße wurde schnellst möglich wieder in Betrieb genommen. Die im Wald östlich von Obertraubling verborgene Endmontagelinie für die Me 262 wurde bei keinem der Angriffe getroffen und offensichtlich auch nicht als solche erkannt.

*Eine Aufnahme vom Luftangriff am 11. April 1945. Ein großer Teil der abgeworfenen Bomben zerstört die im Bau befindliche Startbahn sowie den südlichsten Teil der Straße, auf der die Me 262 zum Einflug gestartet sind. (Foto: USAF/Sammlung Peter Schmoll)*

# Die Waldwerke „Gauting“ und „Stauffen“

Nach den verheerenden Luftangriffen vom Februar 1944, die die Fertigung in Prüfening vorübergehend völlig lahm legten und die auf dem Fliegerhorst Obertraubling zu 90 Prozent zerstört hatten, war das Reichsluftfahrtministerium in Berlin gezwungen, die bereits eingeleitete dezentralisierte Fertigung in Regensburg weiter zu forcieren. Die Fertigung der Bf 109 wurde in das Waldwerk „Gauting“ verlegt. Dieses Waldwerk wurde mit schnell errichteten primitiven Holzhallen und Baracken nördlich von Hagelstadt an der Reichsstraße 15 in einem großen Waldstück errichtet. Dazu wurde ein bereits bestehendes System von Waldwegen ausgebaut. Die Hallen verfügten über Betonböden. Auch die Fundamente für die Fließbänder wurden innerhalb kurzer Zeit montiert. Die gesamte Produktionsfläche umfasste ca. 5000 m². Die Anlieferung des benötigten Materials erfolgte per Bahn. Nach Angaben von Zeitzeugen wurden Landwirte zu den Transportfahrten mit ihren Ackerwägen verpflichtet. Die Abholung erfolgte von den Bahnhöfen Hagelstadt und Köfering. Die gesamte Infrastruktur, wie Elektrizitätsversorgung, Trinkwasserleitung, Abwasserentsorgung, Wegebau usw., wurde innerhalb weniger Wochen unter Einsatz von Kriegsgefangenen durchgeführt. Die eingesetzten Zwangsarbeiter durften mit einem Passierschein das Waldwerk verlassen. Die russischen Kriegsgefangenen verblieben im mit Stacheldraht abgesperrten Bereich des Lagers.

*Das Luftbild vom 14. April 1945 zeigt links die Waldung zwischen Alteglofsheim (oben) und Hagelstadt (unten). In der Bildmitte verläuft die Reichsstraße 15 genauso wie heute die Bundesstraße 15. Rechts der Straße ist die Bahnlinie Regensburg-München zu erkennen. Oben rechts im Bild befindet sich ein Teil vom Waldwerk „Gauting“. Aufgrund seiner hervorragenden Tarnung wurde das Waldwerk während des Krieges von der alliierten Luftaufklärung nicht erkannt. (Foto: USAF)*

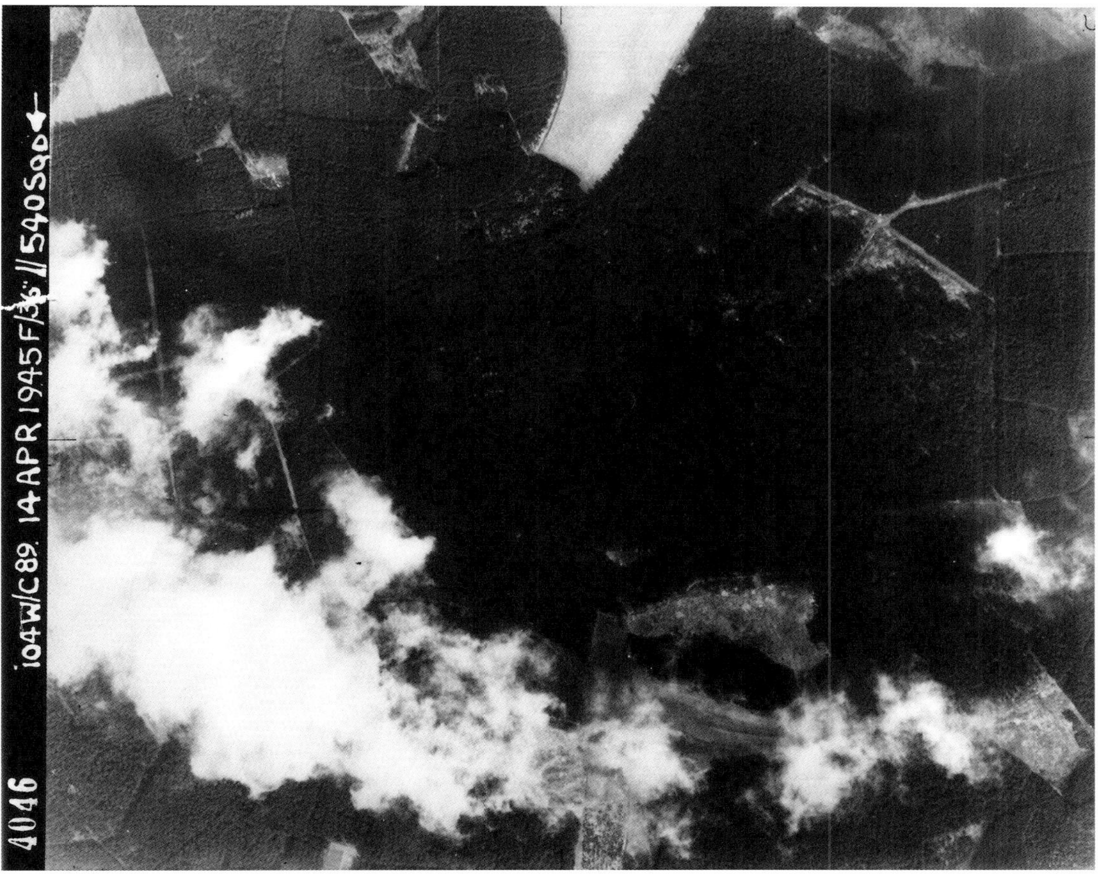


*Auf diesem Luftbild ist ein Teil des Waldwerks als heller Teil oben rechts erkennbar. Von hier zweigen die Waldwege zu den verschiedenen Fertigungsstätten ab. (Foto: USAF)*

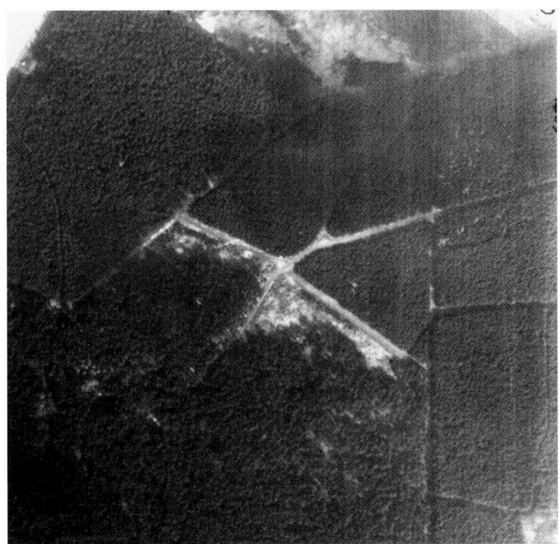

*Eine Vergrößerung zeigt deutlich ein ausgebautes breiteres Wegesystem. Abgestellte Flugzeuge sind jedoch nicht zu erkennen. Diese wurden nach Angaben von Zeitzeugen im Bereich der Waldwege unter Bäumen abgestellt und bei Dunkelheit über die Reichsstraße 15 zum Fliegerhorst Obertraubling transportiert. (Foto: USAF)*

Ab dem Juni 1944 lief die Produktion, von der alliierten Luftaufklärung nicht erfasst, auf vollen Touren. Die fertiggestellten Flugzeuge wurden mit abgenommenen Tragflächen in den Waldwegen abgestellt. Nachts erfolgte der Transport mit LKWs über die Reichsstraße 15 auf den Fliegerhorst Obertraubling. Dabei wurden die Tragflächen auf die LKWs verladen, und der Rumpf rollte auf seinem Hauptfahrwerk hinterher. Dabei lagerte das Spornrad der 109 auf der Ladefläche der LKWs. Zwangsarbeiter und Kriegsgefangene waren in einem Lager untergebracht, das sich ebenfalls in unmittelbarer Nähe zu den Produktionshallen befand. Ab Ende 1944 wurde in diesem Waldwerk der Rumpfbau für die Me 262 untergebracht. Die angelieferten Rohbaurümpfe wurden hier für die Endmontage ausgerüstet.

Nach dem Kriegsende wurde das Waldwerk von der Bevölkerung aus den umliegenden

Dörfern geplündert. Alles was irgendwie brauchbar erschien, wurde demontiert. Nur die zahlreichen Tarnnetze fanden keine Abnehmer, die blieben erstmal liegen. Die Anzahl an fertigen Flugzeugen und Flugzeugteilen war so groß, dass es über drei Monate dauerte, bis alles abtransportiert werden konnte. Nach Zeitzeugenangaben wurde alles in transportable Größe zerlegt und zum Bahnhof nach Hagelstadt gefahren, um dort auf Waggons verladen zu werden. Alles war an eine Aluminiumfabrik nach Altötting verkauft worden. Nachdem alle Hallen und Einrichtungen demontiert worden waren, erfolgte auf Anordnung der amerikanischen Militärregierung dann die Sprengung aller Betonfundamente.

Als mit Beginn 1944 die Produktion der Me 262 anlief, war die Regensburger Betriebsleitung auf der Suche nach einem geeigneten Standort für die Endmontage. Bei Saal a.d. Donau war eine unterirdische Flugzeugfabrik im Bau. Hier wühlten sich KZ-Häftlinge in den Ringberg, damit eine vor Luftangriffen geschützte Produktion in Stollen und Kavernen aufgenommen werden konnte. Auf der anderen Seite der Donau war eine Startbahn im Bau. An eine Fertigstellung der gesamten Anlage war jedoch vor dem Herbst 1945 nicht zu denken.

*Diese Aufnahme zeigt den Transport einer Bf 109 mit abgenommenen Tragflächen und ohne Luftschraube auf der Straße. (Foto: Sammlung Peter Schmoll)*

# Das Waldwerk Stauffen

Da man mit dem Waldwerk bei Hagelstadt hervorragende Erfahrungen in Bezug auf Kosten – Nutzen ermittelt hatte, begann man im Juni 44 mit der Suche nach einem geeigneten Waldgelände zur Errichtung einer Endmontagelinie für die Me 262. Mit einem „Fieseler Storch“ wurden Erkundungsflüge in der Umgebung von Regensburg durchgeführt. Voraussetzung war, dass der Fliegerhorst von Obertraubling als logistischer Hauptstützpunkt beibehalten und auch der Einflug der Me 262 hier durchgeführt werden sollte. Im Osten des Fliegerhorstes wurde man fündig. Nordöstlich von Wolfskofen in den Wäldern von Thurn und Taxis bei Mooshof fand man ein ideales Gelände. Eine große Waldfläche zwischen der Reichsstraße 8 im Süden und der Trasse für die Reichsautobahn im Norden bot ideale Verkehrsanbindungen als wesentliche Voraussetzung zur Errichtung einer Endmontage. Schließlich entschloss sich der Regensburger Werkdirektor Karl Linder, hier ein weiteres Waldwerk für die Endmontage der Me 262 anzulegen. Dieses Werk war als Übergangslösung bis zur Fertigstellung der Stollenanlagen bei Saal a.d. Donau gedacht. Das Waldwerk erhielt den Decknamen „Stauffen“. Zum Aufbau des Waldwerks nutzte man bereits ein vorhandenes Waldwegesystem, welches in bestimmten Bereichen für den Bau der Montagehallen etwas verbreitert wurden. Der Unterschied zum Waldwerk „Gauting“ bestand darin, dass sich im Werk „Stauffen“ die Bereitstellung, die Vormontage und die Endmontage in drei großen Hallen konzentrierte. Die Endmontagehalle hatte eine Breite von 15 und eine Länge von 100 Metern. Trotz dieser großen Hallen war die Tarnung dermaßen perfekt, dass die Anlage bis zum Kriegsende durch die Luftaufklärung nicht entdeckt wurde. Ein bereits vorhandenes Waldwegesystem wurde ausgebaut, das Gelände weiträumig abgesperrt und gegen Fliegersicht getarnt. Diese Tarnung war dermaßen erfolgreich, dass zwar der Fliegerhorst noch 1945 mehrmals angegriffen wurde, nie aber die Endmontage zwischen Wolfskofen und Eltheim.

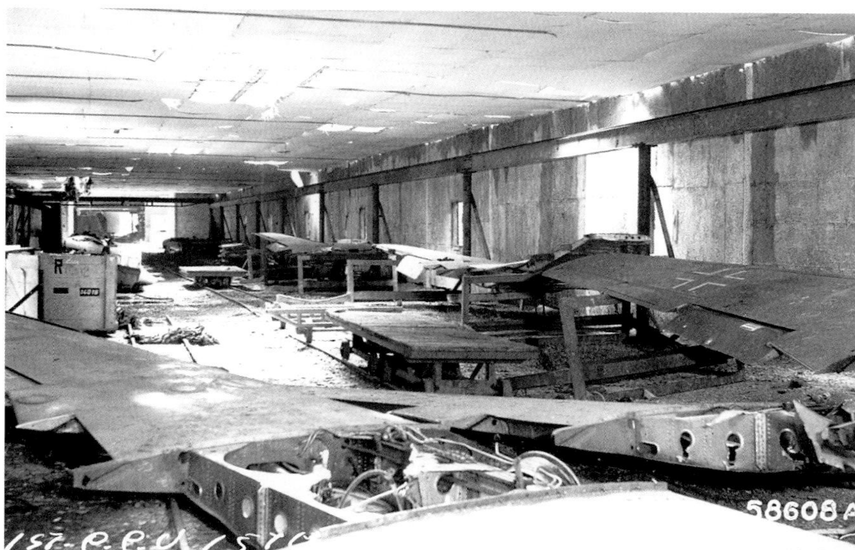


*Blick in die Halle für die Tragflächenmontage im Waldwerk „Stauffen“. Die Tragflächen waren bereits weitgehend vormontiert. Im Bild sind die Kabel und Schlauchleitungen in der Mitte der Tragflächen bereits vorhanden. Die Lackierung der Flächen dürfte im Farbton RLM 76 blaugrau erfolgt sein. Nach Angaben von Zeitzeugen erfolgte die Anlieferung mit Sattelschlepper-LKW. Die Tragflächen wurden in einem ehemaligen Autobahntunnel bei Leonberg montiert und dann an die verschiedenen Endmontagelinien transportiert. Die Halle ist mit einem Doppelgleis, Montagewagen und einem Portalkran ausgestattet. Der Kran befindet sich im hinteren Bereich der Halle. Als Isolierung für Wände und Decken kamen Heraklith-Platten zum Einbau. Die gesamte Einrichtung hinterlässt einen sehr provisorischen Eindruck. (Foto: USAF)*

*Angelieferte Triebwerke für die Endmontage. Auch in diesem Bereich ist eine Gleisanlage für den Transport der Düsentriebwerke vorhanden. Ganz offenbar waren hier aber Plünderer am Werk, denn von den Triebwerken ist der Riedelanlasser bereits demontiert worden. Da der Riedelanlasser, ein Zweizylinder-Zweitaktmotor, als Schnellläufer konzipiert war, fand er kaum eine zivile Verwendung. (Foto: USAF)*

*Die Leitwerke wurden ebenfalls in einem weitgehend kompletten Montagezustand angeliefert, sodass es mit relativ wenig Aufwand mit dem Rumpf verschraubt werden konnte. Auch hier führt ein Feldbahngleis durch die Montagehalle. (Foto: USAF)*

*Blick in die gut gefüllte Lagerhalle für Me 262-Teile, welche sich bis unter das Dach auftürmen. Auf der linken Seite vorne sind Vorflügel und Landklappen zu sehen. Dahinter sind alle Arten von Triebwerkverkleidungen gestapelt. Rechts befinden sich vorne ebenfalls Landeklappen, Querruder usw. Dahinter sind 220 Liter fassende Zusatztanks erkennbar. Dieser Tank wurde quer zur Flugrichtung unter dem vorderen Teil der Flugzeugführerkabine eingebaut. (Foto: USAF)*

*Blick in südliche Richtung zur Endmontagehalle, die durch Tarnnetze verhängt ist. Zwei US-Soldaten besichtigen die Anlagen des Waldwerkes „Stauffen". Vorne im Bild sind verschiedene Montagegestelle auf Rollen sowie das aus der Endmontagehalle führende Gleis erkennbar. Im Hintergrund links steht eine Me 262 im Bereich der Lackiererei. (Foto: USAF)*

*Ein US-Soldat auf der Tragfläche einer Me 262. Nach Zeitzeugenangaben wurden wegen der zur Donau vorstoßenden US-Armee am 23./24. April 1945 alle in der Endmontage befindlichen sieben Me 262 aus der Halle geschoben und mit Handgranaten gesprengt. Eine weitere Me 262 befand sich zu diesem Zeitpunkt dahinter im Bereich der Lackiererei. Anschließend begaben sich die Montagetrupps auf den Weg zum Flugplatz Mühldorf. (Foto: USAF)*

*Blick aus der Endmontagehalle des Waldwerks „Stauffen“ auf die im Freien stehenden gesprengten Me 262. Rechts im Bild eine weitere Me 262, die zur Lackierung vorbereitet wurde und ebenfalls durch Sprengung schwer beschädigt worden ist. Deutlich sind die Tarnnetze über und vor dem Ausgang der Endmontage zu erkennen. Die Tarnung war derart vollständig an die Umgebung angepasst, sodass das Waldwerk während des Krieges nicht entdeckt wurde. (Foto: USAF)*

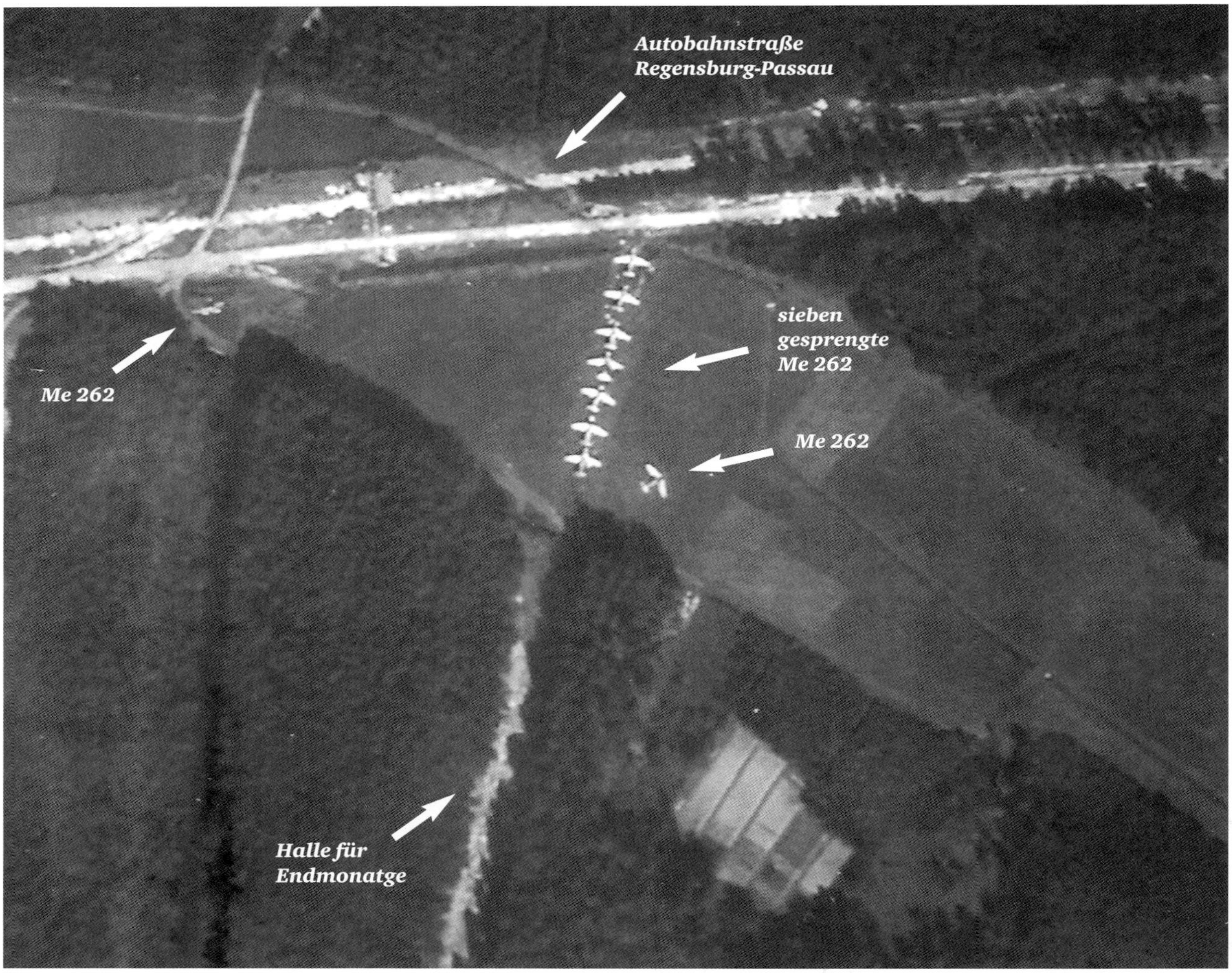

**Autobahnstraße Regensburg-Passau**

**sieben gesprengte Me 262**

**Me 262**

**Me 262**

**Halle für Endmonatge**

*Eine Luftaufnahme der USAAF vom 3. September 1945. Deutlich sind die auf der Wiese zwischen Autobahntraße und Endmontage abgestellten sieben Me 262 zu sehen. Die vorher im Bereich der Lackiererei stehende Me 262 steht als achtes Flugzeug seitlich dahinter. Eine weitere weitgehend zerstörte Me 262 befindet sich links unmittelbar an der Autobahn. (Foto: USAF)*

Das gesamte Gelände durfte nur mit einem Sonderausweis betreten werden und war streng bewacht. Im Sommer 1944 begannen die Bauarbeiten. Mitten im Wald wurden Schächte zur Aufnahme des Fließbandantriebes und die Flächen für Bauvorrichtungen betoniert. Fertigungshallen in Leichtbauweise aus Holzelementen mit Heraklithplatten-Verkleidung und Wellblech-Bedachung waren schnell errichtet. In diesen Hallen wurden die angelieferten Tragflächen, Leitwerke, Rümpfe, Triebwerke für die Endmontagelinie ausgerüstet. Für das Abladen der angelieferten Teile waren in fast allen Hallen Portalkräne vorhanden. Alle Gebäude waren mit unzähligen Tarnnetzen behängt. Die Endmontage war mit den anderen Hallen durch eine Feldbahn verbunden. Damit konnten Triebwerke, Tragflächen, Rümpfe usw. zur Montagelinie transportiert werden. Weitere gut getarnte Baracken und Zelte, in denen Büros, Küche, Kantine, Unterkünfte und sonstige Materiallager untergebracht waren, vervollständigten die Anlage. Strom- und Telefonanschluss wurden per Feldkabel von der Reichsstraße 8 aus in den Wald verlegt. Ende Oktober 1944 begann man mit der Produktion des damals modernsten Flugzeuges unter primitivsten Umständen. Hunderte von Zwangsarbeitern, russischen kriegsgefangenen Offizieren, aber auch von Soldaten der Luftwaffe waren in der Produktion eingesetzt.

Vom Oktober 1944 bis zum April 1945 wurden im Werk „Stauffen“ 335 Me 262 endmontiert. Die fertig montierten Flugzeuge wurden über ein Bahngleis zum ca. fünf Kilometer entfernten Fliegerhorst transportiert. Dort erfolgte die Endabnahme mit Einbau des Funkgerätes, der Blindfluginstrumente und dem Anbau der Bombenhalterungen bei der Ausführung Me 262 A-2.

*Bei Kriegsende steht ein ziemlich ratlos wirkender US-Soldat vor einer Me 262. Er denkt wohl: Da fehlt doch der Propeller? (Foto: Sammlung Peter Schmoll)*

## Letzter Akt: Der erste Düsenjäger der Welt und keine geeignete Startbahn

Die Endmontage des ersten einsatzfähigen Düsenjägers der Welt begann auf dem Fliegerhorst in Obertraubling im September 1944. Nach Angaben von Flugkapitän Trenkle und Frau Seitz, die damals in der Flugleitung arbeitete, erfolgte der erste Start einer Me 262 mit Flugkapitän Trenkle am Steuer am 19. September 1944. Bis zum ersten Start einer Me 262 in Regensburg auf dem völlig zerbombten Fliegerhorst von Obertraubling waren unzählige technische Probleme und Unstimmigkeiten im Bereich des Reichsluftfahrtministeriums zu beseitigen. Hitler selbst hatte die Me 262 zur Chefsache erklärt und befahl, den Einsatz des als Jäger konzipierten Flugzeuges als Jagdbomber zur Abwehr der Invasion an der Atlantikküste vorzubereiten. Die Me 262, Deckname „Schwalbe", ab 1945 „Silber", war der Beginn einer neuen, umwälzenden Epoche in der Luftfahrt, mit deren Auswirkungen wir bis auf den heutigen Tag konfrontiert werden. Es war der Anfang des Düsenzeitalters. Die deutsche Entwicklung von Düsentriebwerken mit Axialverdichtern hat seitdem die Militär- und Zivilluftfahrt geradezu revolutioniert. Die deutschen Triebwerksspezialisten leisteten hier Pionierarbeit. Gleiches tat Willy Messerschmitt, der das dazu passende Flugzeug, die Me 262, schuf, das mit seinen gepfeilten Tragflächen in völlig neue aerodynamische Bereiche vorstieß. Es wurden Geschwindigkeiten erzielt, die nur wenige Jahre vorher als utopisch angesehen wurden. Die Me 262, mit ihrer überschweren Bewaffnung von vier 3 cm-Bordkanonen MK 108 und der kurz vor Kriegsende eingeführten Raketenbewaffnung vom Typ R4M, war wohl das kampfstärkste Jagdflugzeug dieser Zeit. Die Alliierten Luftwaffen hatten zu diesem Zeitpunkt nichts Gleichwertiges vorzuweisen. Sie war Hitlers letzte Hoffnung, den alles zerstörenden Luftangriffen Einhalt zu gebieten und eine Wende herbeizuführen.

Dass die Produktion der Me 262 erst im Herbst 1944 so richtig in Gang kam, ist anhand vieler Fakten nachzuvollziehen. Besonders ausschlaggebend waren die Probleme mit den Düsentriebwerken, die ja absolut technisches Neuland darstellten. Alle

*Im September 1944 wurde die erste von 335 Me 262 in Regensburg auf dem Fliegerhorst endmontiert. Noch im Oktober begann, unter strengster Geheimhaltung, die Fertigung im Waldwerk „Stauffen". Das Foto zeigt eine dieser Me 262 mit der Werknummer 500.071, die von Gerhard Ertelt am 20. Januar 1945 von Obertraubling nach Erding überflogen wurde. Diese Me 262 aus Regensburger Produktion befindet sich heute im Deutschen Museum. (Foto: Deutsches Museum)*

Erkenntnisse über die völlig neuartige Antriebsart mussten erst erarbeitet werden. Da die erforderlichen hochwertigen Stahllegierungen nicht in den notwendigen Mengen bereitgestellt werden konnten, mussten in der Serienfertigung eben Kompromisse eingegangen werden, die dann im Flugbetrieb die technische Zuverlässigkeit beeinflussten bzw. die Betriebsstundenzahl der Triebwerke reduzierten. So durften die Leistungshebel der Triebwerke nur sehr langsam bewegt werden. Betätigte man sie zu schnell, dann wurde zu viel Treibstoff in die Brennkammern eingespritzt, dies führte zu einer Überhitzung der Turbine, und die Turbinenschaufeln verbrannten. Die Serientriebwerke erreichten auf dem Prüfstand eine Laufzeit von ca. 25 Betriebsstunden, im Truppendienst waren es maximal noch zehn Stunden, dann musste das Triebwerk ausgewechselt werden.

Dazu Flugkapitän Trenkle:
*„Die ersten Düsentriebwerke waren äußerst empfindliche Konstruktionen und verziehen keinen Fehler bei der Bedienung. Schob man die Gashebel zu schnell nach vorne, verschluckte sich das Triebwerk förmlich am zu viel eingespritzten Kraftstoff, und es kam zum Triebwerksbrand. Wurden andererseits die Gashebel zu schnell zurückgenommen, um die Drehzahl zu reduzieren, blieben die Turbinen stehen. In Höhen über 8.000 Metern war es am besten, wenn man die Leistungshebel erst gar nicht anfasste, denn sonst gingen die Turbinen aus, und ein Wiederanlassen im Fluge war nicht immer von Erfolg gekrönt."*

Verwundert schauten Ende 1944 die Bewohner in Ostbayern in den Himmel, als dort mit einem ihnen bisher völlig unbekannten Triebwerksgeräusch ein Flugzeug mit hoher Geschwindigkeit seine Kondensstreifen am Firmament zog. Nur wenigen Personen war damals bekannt und bewusst, welch epochaler Sprung in der Luftfahrt- und Technikgeschichte sich seinerzeit vollzog, als die ersten Me 262-Düsenjäger, damals Turbos genannt, mit heulenden Triebwerken auf dem Fliegerhorst in Obertraubling starteten und landeten. Auch für die Piloten war es ein absolutes Novum, ein Flugzeug zu fliegen, das über keine Luftschraube mehr verfügte.

Der ehemalige Oberleutnant und Einflieger Adolf Riedmeir erinnert sich:
*„Statt des dröhnenden, lauten Kolbenmotors, der seine Vibrationen auf das gesamte Flugzeug (Bf 109) übertrug, saß man jetzt in einer Maschine, bei der im Flug nur schwach ein Rauschen der Triebwerke vernehmbar war. Keine Vibrationen waren feststellbar, und keine Motorgeräusche störten den Funkverkehr. Für mich war es schon fast mehr ein Gleiten als das früher gewohnte Fliegen. Aufgrund der wesentlich höheren Geschwindigkeiten erforderte das Steuern der Me 262 und vor allem die Navigation eine erhöhte Aufmerksamkeit. Bis man sich versah, war man schon dutzende Kilometer vom Flugplatz entfernt, waren wir doch jetzt annähernd doppelt so schnell unterwegs wie mit der 109. So war zum Beispiel das Anflugverfahren für die Landung wesentlich weiträumiger anzusetzen. Mit der 262 war es nicht möglich, wie mit der 109, mit einer engen Landekurve den Endanflug einzuleiten. Es musste weit ausgeholt werden, um die hohe Geschwindigkeit zu reduzieren und in einem flachen Winkel im Landeanflug zur Landung einzuschweben. Dabei durften die Gashebel der Triebwerke nur äußerst behutsam betätigt werden. Am besten man beließ es bei der Drehzahl, die man für den Landeanflug gewählt hatte, und nahm die Triebwerksleistung erst kurz vor dem Aufsetzen ganz, ganz sachte heraus. Für gut ausgebildete Piloten war die Me 262 kein Problem. Zwar bereitete die Technik, vor allem die Triebwerke, manchmal Ärger, aber es hielt sich im Rahmen. Die aufgrund der Kriegslage unter großem Zeitdruck durchgeführte Umschulung von jungen Flugzeugführern auf die Me 262, die zum Teil sehr oberflächlich erfolgte, ging einfach zu schnell vor sich, bedenkt man die völlig neue Antriebstechnik und die höheren Geschwindigkeiten. So kam es zu zahlreichen Verlusten bei den Einsatzverbänden, die vermeidbar gewesen wären."*

Dass die Me 262 bei ihrer Einführung in die Luftwaffenverbände noch keine ausgereifte Konstruktion war, zeigt ein Bericht des Ingenieurs Hilber von der Messerschmitt AG Augsburg nach einem Besuch bei den Me 262-Einsatzverbänden: Einsatzkommando Major Schenk (KG 51) am 21. und 22.9.44 und Einsatzkommando Major Nowotny am 22. und 23.9.44:

*„Am Besuchstag waren beim Kommando Schenk 80 Prozent, beim Kommando Nowotny 90 Prozent der vorhandenen Maschinen gefechtsklar. Der Erfahrungsaustausch erfolgte beim Einsatzkommando Schenk mit Fl. Ing. und TO Herrn Mascheck, da Herr Major Schenk abwesend war. Beim Kommando Nowotny mit Herrn Major Nowotny, TO Hauptmann Streicher und NO Leutnant Preusker.*
*Obwohl der hohe Prozentsatz an frontklaren Flugzeugen gebührend anerkannt wurde, hat die Truppe doch drei wesentliche Beanstandungen, deren Behebung außerordentlich wichtig ist.*

*Der Verschleiß an Rumpfspitzen ist heute noch sehr hoch. Nach Angaben der Truppe sollen pro Maschine bis zu drei Spitzen erforderlich sein. Für ihre Ursache habe ich nach meinen Beobachtungen folgende Erklärung:*
*Bei Schießflügen fallen die losen Schussrohre heraus, da die Befestigung nach A 23162 Z nicht in allen Spitzen nachgerüstet ist und die Sicherungsstifte dadurch nicht genügend in den Rohren stecken.*
*Zerstörung der Spitzen infolge Bugradflattern. Mit dem heute bestehenden Bodengerät ist keine einwandfreie Einstellung der Flatterbremsen auf 12 mkg möglich. Ich habe deshalb seine Benützung bis zu seiner Verbesserung verboten und eine etwas umständlichere, aber auf alle Fälle sichere Einstellung angegeben. Wie weit sich die eingestellten 12 mkg im Laufe der Zeit durch Abnützung vermindern, muss erst noch die Erfahrung lehren. Sicher ist jedoch, dass mit 12 mkg in Lechfeld kein Bugradflattern auftrat.*
*Die im Einsatz stehenden Flugzeuge haben noch nicht endgültige verstärkte Außenhaut an den Rumpfspitzen, wie sie nach Mitteilung 262 A Bl/44 verlangt wird. Nach früheren Angaben soll diese ab der 501. Spitze restlos durchgeführt sein. Zwei Fälle deuten daraufhin, dass die Einleitung der Y-Kräfte des Bugrades in die Rumpfspitze für die Truppenbeanspruchung doch zu schwach ist. Wie weit die Außenhaut an diesen Spitzen zwischen Spant 500 und 900 schon verstärkt war, muss noch festgestellt werden. Ein Höherziehen des Spantes 830 bis zum nächsten Längsprofil wäre jedoch auf alle Fälle ratsam, zumal es keine große Änderung wäre. In einem bekannt gewordenen Fall verriegelte das Bugrad nicht rechtzeitig, sodass die Maschine auf die Spitze ging.*
*Große Schwierigkeiten bereiten der Truppe nach Triebwerkswechsel der Anbau der Verkleidungen. Anbauzeiten von einem Tag sind beim gegenwärtigen Stand der angelieferten Austauschteile keine Seltenheit. Trotzdem wurden Stufen zwischen den einzelnen Verkleidungsteilen von bis zu 10 Millimetern und weithin sichtbare Falten an der Beplankung infolge Verspannung gezeigt. Diese Stufen kosten nicht nur Geschwindigkeit, sondern stören auch die Luftkraftverteilung, was sich auf die Festigkeit der Verkleidung gefährlich auswirken kann. Abstimmung von Flügel, Triebwerk und Zelle ist dringend erforderlich.*
*Durch austretenden Kraftstoff verölt die FT-Anlage, wodurch deren Funktion behindert wird und die Flugzeuge nicht richtig geführt werden können. Es ist die Beanstandung, die die Einsatzbereitschaft sehr stört. Abhilfe muss dringend durch Versuche geschaffen werden. Bis dahin wird vorgeschlagen, die FT-Geräte durch einen Stoffüberzug abzudecken.*
*An bereits bekannten und kleineren Beanstandungen wurden vorgebracht:*
*Hochbiegen der Flügelhinterkante über dem Triebwerk.*
*Die Belüftungsklappe lässt sich bei hoher Fahrt nicht mehr betätigen. Die Rasten mittels Nietköpfen sind ungenügend. Die Zugänglichkeit zum Betätigungsgriff muss verbessert werden. Weiterhin ist die Klappe nicht an allen Flugzeugen nachgerüstet, sodass starke Geruchsbelästigung durch Kraftstoff auftritt.*
*Die KWI-Buchsen fressen an den Lagerflanschen des Bugrades. Die Ursache ist noch nicht geklärt. Da die aus den statischen Lasten entstehende Flächenpressung nicht zum Fressen führen dürfte. Auf Entfernung von Fremdkörpern im Bereich der Lagerung muss jedoch besser geachtet werden. Fast in jedem Federbein liegen 1 cm$^3$ Stahlspäne aus der Bugradbearbeitung. Bugradfederbein-Wechseln dauert noch bis zu sieben Stunden (auch in Rumpf-spitzen-Vormontage), da die Kanalwände nicht gleich sind und an der Lagerung ständig Keile unterlegt werden müssen. Vorrichtungsmäßig müsste hier noch etwas getan werden. Die Bremsleitungsbefestigung am Hauptfahrwerk lockert sich durch Schleppen der Maschinen über große Strecken. Scheuern der Schläuche an den Rädern ist die Folge. Bis die Doppellenkerfahrwerke einlaufen (Schleppen an Öse), muss eine Ausweichlösung*

*(Stahlblechschelle statt Berubinder) geschaffen werden. Hauptfahrwerk und Bugrad fahren zu langsam aus und ein. Verbesserung hierfür bringt der Einlauf der 2x18 Liter-Pumpen.*
*Um heute den elektrischen Endabschalter am Restabdeckungszylinder auswechseln zu können, muss der 200-Liter-Kraftstoffbehälter ausgebaut werden. Wenn bei 262.500-001 AM 5/262/500 die Befestigung des Restabdeckungszylinders eingearbeitet ist, entfällt diese Beanstandung.*
*Nach harten Landungen ist Neueinstellung der Fahrwerkseinziehung erforderlich, da noch keine endgültig verstärkten Flächen vorhanden sind. Die Ventileinstellung wird zurzeit noch konstruktiv verbessert.*
*Die zulässige Geschwindigkeit für das Ausfahren des Hauptfahrwerkes (bisher 300 km/h) muss erhöht werden, da die Maschine zu langsam an Fahrt verliert und die Gefahr des Abschusses bei der Landung bedeutend ist.*
*Der hohe Prozentsatz an gefechtsklaren Maschinen darf uns nicht dazu verleiten, die Behebung der vorgebrachten Beanstandungen auf die lange Bank zu schieben, da er sich in dem Augenblick zu unseren Ungunsten verschieben wird, wenn größere Verbände im Einsatz stehen und das Wartungspersonal dann nicht mehr so zahlreich vorhanden ist wie heute."*
Die Messerschmitt GmbH Regensburg lieferte vom September bis Dezember 1944 insgesamt 49 Maschinen, überwiegend die Jagdbomberversion A-2 der Me 262, aus. Das KG 51 war mit dieser Version der Me 262 ausgerüstet.
Dass es mit der Me 262 auch im Februar 1945 noch jede Menge technischer Probleme – sowohl bei der Luftwaffe als auch bei Messerschmitt – gab, zeigt ein Bericht von Flugkapitän Wendel, den er anlässlich einer Inspektionsreise beim JG 7, KG 51 und beim Kommando Welter aufzeichnete. Das Kommando Welter war eine Erprobungseinheit, das die Me 262 als Nachtjäger testete und einsetzte.
In seinem Bericht an die Messerschmitt AG Augsburg teilt er am 19.2.45 Folgendes mit:
*„Das Kommando Nowotny, welches im Oktober/November vorigen Jahres nach kurzem Einsatz von seinen 30 Flugzeugen 27 verloren hatte, wurde in Brandenburg-Briest neu aufgefrischt. Die Flugzeugführer waren inzwischen in Lechfeld besser ausgebildet worden. Schulflugzeit pro Flugzeugführer in Lechfeld 12 Stunden. Dieses Kommando bildet nun die III. Gruppe in dem neu gegründeten Jagdgeschwader 7. Kommodore anfänglich Oberst Steinhoff, jetzt Hauptmann Weißenberger (200 Abschüsse). Kommandeur der III. Gruppe Major Sinner. Dieses Geschwader und insbesondere die III. Gruppe sollen als erstes Jagdgeschwader mit Me 262 in der Reichsverteidigung eingesetzt werden. Die III. Gruppe ist seit dem 12.2. mit 50 Flugzeugen einsatzklar.*
*Die Flugzeugführer der I. Gruppe, Kommandeur Major Ruhdorfer (212 Abschüsse), sind im Wesentlichen voll umgeschult. Es fehlen lediglich noch geschlossene Verbandsausbildung und Übung in der Nahflugsteuerung (Handhabung des FuG 16 ZY und FuG 25a). Diese Gruppe hatte bis zum 9.2. nur 12 Flugzeuge. Bei normaler Ausbringung des Montagekopfes in Brandenburg-Briest müsste diese Gruppe bis Ende dieses Monats ebenfalls einsatzklar sein. Die letzte, also die II. Gruppe wird dann sofort anschließend umgerüstet. Ihr Einsatztermin ist abhängig von der Ausbringung der Flugzeuge und Ausbildung der Flugzeugführer in Lechfeld. Da die Ergänzungsgruppe (EJG 2) in Lechfeld zurzeit aber nur 4 von 19 Flugzeugen wegen Fehlens von Triebwerken startklar hat, wird der Flugzeugführernachschub mit der Flugzeugausbringung nicht Schritt halten können.*
*Hauptmann Weißenberger hat den ersten Großeinsatz gut vorbereitet. Die Ausbildung der Flugzeugführer verspricht einen vollen Erfolg. Allerdings wird die technische Einsatzbereitschaft nach den ersten Einsätzen rasch absinken, da die Nachschublage an Ersatzteilen für Zelle und Triebwerk sehr schlecht ist. Zuständig ist die Geräteausgabestelle Jüterbog, die sehr mangelhaft bevorratet ist. Eine rasche Änderung ist erforderlich. Eventuell müsste im Einsatzraum des JG 7 eine gut ausgerüstete Motorgeräteausgabestelle eingesetzt werden.*
*Bei fast sämtlichen Flugzeugen der III. Gruppe haben wir die Verstellknüppel nachgerüstet. Beim Einbau zeigte sich, dass die Einbauunterlagen in verschiedenen Punkten falsch sind:*

1) *Die Anschläge im Knüppelfuß müssen entsprechend Änderung der C-Stellung des Knüppels um 1 Grad 30 Minuten geändert werden. Ein entsprechender Hinweis fehlt.*
2) *Die Höhenruderausschläge in Richtung „Drücken" sollen 20 Grad betragen. In*

*Wirklichkeit ergibt sich aber ein Ausschlag von 26 Grad.*

3) *Es werden wesentlich mehr Stoßstangen mitgeliefert, als nach Zeichnung ausgewechselt werden sollen, insbesondere auch für die Seitensteuerung.*

*Die Flugzeugführer, insbesondere Hauptmann Weißenberger, sind vom Verstellknüppel sehr begeistert, man glaubt allgemein, dass durch die dadurch erreichte Wendigkeit die Abschusserfolge gegen feindliche Jäger steigen. Es wird lediglich gewünscht, dass der Verstellknopf vergrößert wird und auf diesem Knopf dann auch die Beschriftung „Start-Landung“ bzw. „Flug“ angebracht wird.*

*Bei vielen Flugzeugen (Leipheimer Fertigung) stimmen die Ruderausschläge nicht. Es waren Abweichungen von bis zu 6 Grad im Querruder und Höhenruder vorhanden.*

*Am 5.2. wurde vom General der Jagdflieger auf Wunsch von Hauptmann Weißenberger Anweisung gegeben, dass bei Einmotorenlandung eine Bauchlandung gemacht werden soll. Ich habe in einem meiner letzten Berichte schon darauf hingewiesen, dass diese Anweisung kommen muss, wenn es nicht gelingt, Unfälle bei der Einmotorenlandung zu beseitigen. Obwohl die Einmotorenunfälle stark zurückgedrängt worden sind, ist nun dieser Befehl gekommen, um bei dem Mangel an 262-Flugzeugführern weitere Personalausfälle zu vermeiden. Solange keine Kufe an die Triebwerksunterseite angebracht und die Aufhängung nicht verstärkt ist, wird es immer starke Beschädigungen an Zelle und Triebwerken geben.*

*In den Flugzeugen der III./JG 7 wurde die Heizung nachgerüstet. Es wird allgemein eine zu starke Aufheizung der Kabine beanstandet. Sogar bei geschlossenem Schieber ist die Temperatur in dieser Jahreszeit unerträglich hoch. In dieser Verbindung wird noch einmal darauf hingewiesen, dass die jetzige Belüftungsklappe geändert werden muss. Spätestens bis zum Eintritt der warmen Jahreszeit müssen die neuen Klappen in allen Maschinen eingebaut sein. Die Heizscheiben springen sehr oft, besonders einige Minuten nach dem Ausschalten treten diese Sprünge auf. Die auftretenden Wärmespannungen beim Abkühlen sind bei dieser Scheibe anscheinend zu groß. Ich habe veranlasst, dass bei einigen Flugzeugen die inneren Scheiben abgeschlossen und mit Warmluft von der Heizung bespült werden.*

*Bei mit Schnee oder Eis bedeckten Startbahnen sind mehrere Starts und Landungen mit querstehendem Bugrad vorgekommen. Wann kommt die gekröpfte Gabel? Warum wird der Serieneinlauf immer noch hinausgezögert? Die Begründung, dass diese Gabel erst mit der hydraulischen Flatterbremse kommen soll, ist falsch, da wir wahrscheinlich bei dieser Gabel keine hydraulische Flatterbremse mehr brauchen.*

*In Burg bei Magdeburg liegt seit einigen Tagen das zum NJG 11 gehörende Kommando Welter. Oberleutnant Welter betreibt mit der Me 262 Nachtjagd nach dem Verfahren „Wilde Sau“. Gegenüber der normalen Ausführung haben seine Flugzeuge lediglich UV-Beleuchtung, eine Kartenbeleuchtung und einen Notwendezeiger. Welter, der bisher als Einziger Einsatzflüge durchführte, hat mit diesem Muster bereits fünf Abschüsse erzielt. Weitere fünf Flugzeugführer sind in der Umschulung. Das Kommando besitzt sechs Flugzeuge. Der Einsatz aller Flugzeuge ist in den nächsten Tagen zu erwarten. Weitere drei Flugzeugführer dieses Kommandos sind bei Tagesübungsflügen tödlich abgestürzt. Einer gab vorher noch durch, dass seine Trimmung wegliefe. Anschließend erfolgte senkrechter Absturz. Bei einem weiteren senkrechten Absturz in der Nähe von Burg, wobei ein Flugzeugführer des Überführungskommandos den Tod fand, stand die Höhenflosse ebenfalls vollkommen auf kopflastig. Bei den Verstellschaltern ist daraufhin die Raste „Segelstellung“ abgedeckt worden, um ein Hängenbleiben des Verstellhebels in dieser Raste zu vermeiden. Das JG 7 hat darüber hinaus noch einen Unterbrecherknopf am Verstellhebel für die Trimmung angebracht. Vermutlich sind jedoch die Unfälle darauf zurückzuführen, dass die Flugzeugführer versehentlich, z.B. mit dem Ärmel oder auch mit dem linken Knie, den Verstellhebel nach vorne gedrückt haben. Ich habe alle Flugzeugführer darauf hingewiesen, dass bei Selbstverstellung der Höhenflosse in erster Linie auf diesen Punkt geachtet wird.“*

Um das Überhitzen bzw. Ausgehen der Düsentriebwerke bei schneller Gashebelbetätigung zu verhindern, wurde eine Gashebeldämpfung mit einem Beschleunigungsregler eingebaut.

Trotz laufender konstruktiver Verbesserungen hatten die Düsentriebwerke, aller deutscher Hersteller, bis zum Kriegsende ihre Tücken. Und selbst nach dem Ende des Zweiten Weltkrieges starben noch Piloten der US-Air Force und der Royal Air Force bei der Erprobung von erbeuteten deutschen Düsenjägern, deren Triebwerke versagten. Gleichzeitig muss jedoch festgestellt werden, dass die deutsche Luftfahrtindustrie gerade im Bau von leistungsfähigen Düsentriebwerken und Düsenflugzeugen, die im Hochgeschwindigkeitsbereich operierten, einen sehr großen technologischen Vorsprung gegenüber den anderen kriegführenden Nationen hatte. Die Messerschmitt GmbH Regensburg war maßgebend am Beginn dieses neuen Zeitalters beteiligt. Trotz aller Probleme mit den Triebwerken stieß man in Geschwindigkeitsbereiche vor, die an die Schallmauer grenzten, und hier traten dann neue, bisher zum Teil völlig unbekannte Schwierigkeiten auf: Ruderflattern oder plötzlich zu geringe Ruderwirkung bei Geschwindigkeiten weit über 800 km/h, die man sich nicht erklären konnte.

Dazu Flugkapitän Trenkle:
*„Bei Sturz- oder stärkeren Bahnneigungsflügen stieg die Geschwindigkeit der 262 sehr schnell an. Der Steuerknüppel stand dann wie festbetoniert, und selbst mit beiden Händen gezogen, war er nicht einen Millimeter zu bewegen. Mit zunehmender Geschwindigkeit orgelte der Fahrtwind um die Maschine, dass einem angst und bange wurde. Nur durch ganz vorsichtige Betätigung der Verstellung des Höhenleitwerks konnte man das Flugzeug noch abfangen. Wenn alles glatt ging, schoss man mit ca. 900 km/h oder mehr wieder in den Himmel. Es war schon ein unbeschreibliches Gefühl.“*

Ein Problem konnte in Regensburg bis zum März 1945 nicht gelöst werden, und dies war die Schaffung einer betonierten Startbahn für die Me 262. Im Februar 1945 standen Dutzende Me 262 fertig montiert auf dem Fliegerhorst, konnten aber nicht eingeflogen werden, da das Flugfeld durch tagelange Regen- und Schneefälle total aufgeweicht war.
Man baute zwar das schnellste Flugzeug der Welt, besaß jedoch keinen geeigneten Flug-

***Produktion der Me 262 im Waldwerk „Stauffen“. Wenige Tage vor dem Eintreffen der US Armee am 23./24. April 1945 wurden die in der Montage befindlichen Me 262 aus der Endmontagehalle geschoben und gesprengt. Im Vordergrund das auf der Autobahntrasse verlegte Gleis, auf dem die Flugzeuge mit Spezialwaggons zum Fliegerhorst transportiert wurden. (Foto: US Air Force)***

*Eine Aufnahme vom Dezember 1944, von links: Josef Haid, Heinrich Beauvais, Gerhard Ertelt und Franz Scheffl. (Foto: Franz Scheffl)*

*Aufgrund der ständigen Tiefangriffe in den letzten Kriegsmonaten war eine Tarnung aller Fahrzeuge überlebensnotwendig. Unter der Volltarnung kaum erkennbar, ein Löschfahrzeug der Luftwaffe vom Typ TS 2.5 mit oben aufmontiertem MG 131. Das MG wurde zur Eigensicherung gegen Angriffe von Tieffliegern eingebaut. (Foto: Hans Wohlmuth)*

platz zum Einfliegen der Me 262. Der Flugplatz besaß nur eine Grasbahn von ca. 1200 Metern Länge, die zudem durch die Luftangriffe vom Februar und Juli 44 zahlreiche Bombentreffer abbekommen hatte, die notdürftig verfüllt worden waren, und dementsprechend uneben war der gesamte Platz. Bei länger anhaltendem Regen bildeten sich Pfützen, und die Graspiste weichte total auf. Die damaligen Einflieger Trenkle, Stemmler, Riedmeir, Scheffl und Lohmann erzählten dem Verfasser von manchem Start, bei dem sie mit Ach und Krach so gerade an der Platzgrenze abheben konnten. Bei diesen Platzverhältnissen war jeder Start ein Hazardspiel mit dem Tod, und es gab Verluste.

Der ehemalige Feldwebel Franz Scheffl erinnert sich:
*„Es war Anfang Januar 45, tagelang hatte es geregnet und geschneit, es herrschte ein Wetter, dass sogar die Vögel zu Fuß gingen. Wir Flugzeugführer saßen alle in der Flugleitung und warteten auf Wetterbesserung. An diesem Tag jagte ein scharfer Westwind einen Regen- und Schneeschauer nach dem anderen über den Platz. Die Wolkenuntergrenze lag bei 400-500 Meter. Plötzlich wurde die Türe aufgerissen und der Gauleiter Wächtler erschien mit seinem Gefolge. Er verpasste uns einen lautstarken Anschiss nach dem Motto: „Die Front braucht Flugzeuge, also erhebt eure Ärsche und fliegt." Als der Gauleiter mit seiner Ansprache geendet hatte, erhob sich plötzlich unser Feldwebel Gerhard Ertelt. Er ging auf den Goldfasan zu, klappte das Revers seiner Uniformjacke hoch, darunter steckte das Goldene Parteiabzeichen, und sagte: „Die Maschinen werden dann eingeflogen, wenn wir es für richtig halten und es die Wetterlage irgendwie erlaubt, aber nicht heute! Bei dieser Wetterlage einen Start zu unternehmen, würde unter Umständen mit dem Totalverlust von Pilot und Maschine enden." Der Gauleiter war kurz vor der Explosion, aber das Goldene Parteiabzeichen hatte wohl seine Wirkung bei ihm nicht verfehlt. Mit einem hochroten Kopf machte er einen Abschwung und ward nicht mehr gesehen. Wir anderen Flugzeugführer folgten dieser Vorstellung mit ungläubigen Staunen. Aber es war bezeichnend, dass sich bei Kriegsende alle möglichen und unmöglichen Stellen in unser Fliegergeschäft einmischen wollten, wenn sie auch von der Materie nichts verstanden. Am 30.01.1945 startete eben dieser Feldwebel Gerhard Ertelt mit einer Me 262 zum Einflug. Die Maschine rollte heulend und fauchend, eine riesige Wasserfontäne hinter sich lassend, über den Platz. Bei dem tiefen Boden beschleunigte die 262 augenscheinlich noch langsamer, als sie es sowieso schon tat. Die Startgeschwindigkeit war am Platzrand vermutlich noch nicht ganz erreicht, als Gerhard die Maschine abheben wollte. Die 262 erhob sich kurz in die Luft, sackte aber sofort wieder durch. An der kleinen Böschung des Bahngleises und der Verbindungsstraße nach Obertraubling, im Westen des Platzes, ging das Flugzeug in einem Feuerball hoch. Für den Piloten kam jede Hilfe zu spät. Eine spätere Untersuchung ergab, dass vermutlich vom Bugrad weggeschleuderter Schmutz in eine der Turbinen geraten war und zu deren*

**Feldwebel Gerhard Ertelt trägt neben dem Eisernen Kreuz I. Klasse das Goldene Parteiabzeichen.**

*Ausfall führte. Auch die folgenden Tage brachten schlechtes Wetter bzw. besserten sich die Platzverhältnisse kaum, sodass wieder nicht eingeflogen werden konnte. Die Maschinen stauten sich auf dem Platz, die von den Verbänden der Luftwaffe doch so dringend benötigt wurden."*

Anmerkung des Verfassers: Gerhard Ertelt verunglückte am 30. Januar 1945 um 8.59 Uhr mit der Me 262 Werknummer 500203. In seinem letzten Brief an seine Frau vom 23. Januar 1945 berichtete er, dass die neuen Maschinen „ganz nett nerven".

Als sich dann Mitte Februar das Wetter besserte, konnte mit dem Einflugbetrieb wieder begonnen werden. Aber die US-Luftwaffe wusste, von welcher Seite ihr noch eine Gefahr drohte, und die 15. US-Luftflotte bereitete einen neuen Schlag gegen die Me 262 vor. Seit Anfang Februar war der Flugplatz von Obertraubling einer fast lückenlosen Überwachung aus der Luft ausgesetzt. Anhand der Auswertung konnte die US-Luftwaffe genauestens registrieren, wie sich die Anzahl der Me 262 auf dem Fliegerhorst von Obertraubling erhöhte. Am 16. Februar war es so weit, 263 B-24 warfen 515 Tonnen Bomben auf den Fliegerhorst ab, darunter Tausende von kleinen Splitterbomben.

Aufgrund der hohen Maschinenverluste vom 16. Februar 45 – es waren bei diesem Angriff 20 Me 262 als Totalschaden zu verzeichnen und 20 weitere mehr oder weniger schwer beschädigt worden - beschritt man in Regensburg einen recht unkonventionellen Weg, um eine betonierte Startbahn für die Düsenjäger zu erhalten. Man verlängerte die auf der Ostseite an den Hallen vorbeiführende Straße um ca. 150 Meter in südliche Richtung in den Flugplatz hinein. Dadurch erhielt man eine betonierte Startbahn mit einer Breite von ca. 10 Metern und einer Länge von über 1.200 Metern. Diese Rollbahn ist in Neutraubling heute noch vorhanden. Neudeker-, Bayerwald- und der nördliche Teil der Pommernstraße kennzeichnen im heutigen Stadtgebiet die damalige Startbahn auf dem ehemaligen Fliegerhorst.

Flugkapitän Trenkle unternahm den ersten Startversuch auf dieser provisorischen Startbahn, hier sein Bericht:
*„Ich rollte meine Maschine an das äußerste Ende der betonierten Bahn und richtete sie genau in Startrichtung aus. Durch die kleine Frontscheibe gesehen, war die Bahn doch verdammt schmal, und ich hoffte, dass nicht gerade irgendein Fahrzeug aufs Rollfeld fuhr und mir in die Quere kam. Es waren zwar Absperrposten an der Straße in Position, aber*

**Ein Schlauchtender in Tarnlackierung mit eingebautem MG 151/20 auf dem Aufbau. (Foto: Hans Wohlmuth)**

***Ein Schlauchtender in voller Tarnung. Das eingebaute MG 151 ist deutlich erkennbar. (Foto: Hans Wohlmuth)***

*man konnte nicht vorsichtig genug sein. Nachdem ich die Starterlaubnis erhalten hatte, schob ich die Leistungshebel für die Triebwerke langsam nach vorne und stand mit voller Kraft auf den Bremsen. Als die Turbinen schon ordentlich Schub entwickelt hatten, löste ich die Bremsen. Die 262 beschleunigte ja sehr langsam, und es bereitete mir keine Schwierigkeiten, die Maschine mit dem Bugfahrwerk in Startrichtung zu halten. So donnerte ich immer schneller werdend an den zerstörten Hallen vorbei, und nach ca. 1000 Metern hatte ich so viel Fahrt drauf, dass die 262 fast von selbst abhob. In einer weiten Kurve ging es an der Walhalla vorbei in Richtung Regensburg und zurück zum Platz. Die Landung erfolgte aus Sicherheitsgründen auf der Grasbahn, dafür war die Straße denn doch zu schmal. Jetzt hatten wir endlich eine befestigte Startbahn, die zwar in etwa von Südwest nach Nordost verlief, also nicht gerade entsprechend den Hauptwindrichtungen, aber das war mit der Me 262 bei der Länge der Bahn für einen geübten Piloten kein Problem."*

Anmerkung des Verfassers: Es existiert eine Luftaufnahme des Fliegerhorstes von Obertraubling aus dem April 1945, die diese verlängerte Straße als Startbahn deutlich erkennen lässt. In einer Luftaufnahme vom 17. April 1945 ist sogar eine Me 262 auf dieser „Startbahn" zu erkennen.
Aber nicht nur die Platzverhältnisse in Obertraubling behinderten den Einflugbetrieb, sondern auch die ständigen Tieffliegerangriffe waren ein Problem für sich. Auf dem Fliegerhorst wurden zahlreiche Flakstellungen errichtet, so war die Flakbatterie 22/XIII mit 18 MG 81 Z stationiert. Hinzu kamen elf als Flakwaffe umgebaute MG 151/20 auf Bodenlafette zum Einsatz. Ein Ring von 23 MG-Posten sicherte zusätzlich die Startbahn. Eine Batterie 2 cm-Vierlingsflak wurde von Herzogenaurach nach Obertraubling verlegt.
Aufgrund der häufigen Tieffliegerangriffe wurden sogar die Löschfahrzeuge der Luftwaffe mit ehemaligen Bordwaffen von ausrangierten Bombern bestückt. Auf den Luftaufnahmen sind auch zahlreiche im zick zack ange-

**Das im Feuerwehrfahrzeug eingebaute MG samt Munitionszuführung. (Foto: Hans Wohlmuth)**

legte Splitterschutzgräben zu erkennen. Hier konnte das Personal vor den Tiefangriffen in Deckung gehen.

Zu den Tieffliegerangriffen ein Bericht von Flugkapitän Trenkle:
*„Die ständigen Tieffliegerangriffe waren eine weitere Behinderung im Einflugbetrieb, und sobald das Wetter einen Flugbetrieb Anfang 45 zuließ, herrschte auch schon „myo", der Code für Feindflieger im Luftraum. Bei „myo" war normalerweise für uns Einflieger Startverbot, aber im Frühjahr 1945 (vermutlich am 25.03.45, Anmerkung d. Verf.) startete ich trotz „myo" in Obertraubling und griff mehrere P-38 über Regensburg an, die ständig Tiefangriffe auf das Stadtgebiet flogen. Die P-38 „Lightnings" waren so auf ihre Anflüge im Bahnhofsbereich konzentriert, dass sie meinen Angriff erst relativ spät bemerkten. Aber ich hatte alle Vorteile auf meiner Seite, höhere Geschwindigkeit, größere Feuerkraft, und ich hatte eine bessere taktische Position als sie. Eine P-38 konnte ich mit guter Wirkung beschießen, denn sie qualmte beim Abflug ganz erheblich. Ich konnte aber den Absturz der Maschine wegen des nun folgenden Luftkampfes nicht beobachten. Meine Angriffe wirkten wie ein Stich ins Wespennest, und an den Flugbewegungen der amerikanischen Piloten konnte ich deutlich erkennen, wie überrascht sie von den Angriffen einer Me 262 waren. Nach einigen weiteren Angriffen brach ich den Luftkampf ab. Nach der Landung kam nachher das Gerücht auf, dass ich wegen des unerlaubten Starts bestraft worden wäre, was aber nicht stimmte. Es war vielmehr so, dass Hitler von diesem Luftkampf erfahren hatte und umgehend über seinen Luftwaffen-Adjudanten von Below anordnete, dass wir bei Messerschmitt in Regensburg eine Industrieschutzstaffel zur Tieffliegerbekämpfung aufstellen sollten. Wir waren aber weder personal- noch materialmäßig dazu in der Lage."*

Anmerkung des Verfassers: Am 25.03.1945 waren um 08.31 Uhr 45 P-38 der 1. Fighter Group in Salsola zu Tiefangriffen im Großraum Regensburg gestartet. Die Jagdflugzeuge trafen um 10.50 Uhr über dem Zielraum ein. Nach US-Unterlagen verlor die 1. Fighter Group an diesem Tag eine P-38.
Bruno Thiel, Jahrgang 1926, berichtet über das Waldwerk „Stauffen":
*„Als gelernter Werkzeugmechaniker aus Arnsdorf in Ostpreußen meldete ich mich freiwillig zur Luftwaffe. Nach fliegertechnischen Lehrgängen in München/Feldmoching kam ich mit 250 anderen Luftwaffensoldaten zum Flugzeugmechanikerlehrgang auf dem Fliegerhorst Oberschleißheim. Anschließend ging es mit den besten 40 Teilnehmern auf den 1. Wart-Lehrgang zum Flugplatz Oberwiesenfeld mit der Ausbildung an der Me 109 weiter. Von den 40 Mann wurden dann 36 zu Einsatzverbänden abkommandiert. Die besten vier Lehrgangsteilnehmer, darunter ich, wurden Anfang November 1944 für einen Lehrgang nach Lager/Lechfeld versetzt. Wir wussten aber nicht, wozu und warum wir da hin sollten. Alles oblag strengster*

*Geheimhaltung. In Lechfeld wurden wir auf das neueste Jagdflugzeug der Luftwaffe, die Me 262, eingewiesen und erhielten eine Ausbildung als Flugzeugwart. Ich kann mich heute noch sehr gut erinnern, als ich das erste Mal vor einem Flugzeug ohne Luftschraube stand. Das war ja damals alles andere als normal und jetzt war uns auch klar, was es mit der Geheimhaltung auf sich hatte. Stand hier eine jener Geheimwaffen, von denen immer erzählt wurde? Am 2. Januar 1945 wurde ich nach Obertraubling abkommandiert, um einen erkrankten Soldaten dort zu ersetzen. In Obertraubling angekommen, meldete ich mich auf der Kommandantur, und da teilte man mir mit, dass ich in das Waldwerk zur Me 262 versetzt bin. Ein älterer Feldwebel sagte noch: „Draußen steht ein Flächenwagen, mit dem können sie gleich mitfahren!" Der Flächenwagen entpuppte sich als Sattelschlepper, auf dem eine komplette Tragfläche für die Me 262 lag. Da im Führerhaus kein Platz mehr war, musste ich die Fahrt hinten auf der Ladefläche bei eisiger Kälte antreten. Im Waldwerk angekommen, meldete ich mich bei Werkmeister Kober, der für die Endmontage zuständig war. Das ganze Waldwerk machte schon einen primitiven Eindruck. In der Endmontage gab es keinen festen Untergrund, wie eine Beton- oder Teerdecke, sondern das war eine Schotterfläche, auf die Split aufgestreut war. Kann mich noch gut daran erinnern, dass abgebrochene Bohrer nicht*

***Luftbild des großen Kriegsgefangenenlagers am Hohen Kreuz im Osten von Regensburg. Direkt rechts vom Lager befindet sich die Gewehrfabrik. Hier wurde Bruno Thiel als Kriegsgefangener eingewiesen. (Foto: USAF)***

*gesucht oder aufgehoben wurden, sondern es wurde ein neuer eingesetzt. Die Zeit, die Bohrer zu suchen, nahm sich keiner. Die Arbeitszeit ging über zwölf Stunden von 7.00 – 7.00 Uhr. Auch an Samstagen wurde gearbeitet und nur der Sonntag war arbeitsfrei. Nachts wurde die Beleuchtung in den Hallen abgeschaltet. Nur die Wege innerhalb des Sperrgebietes blieben schwach beleuchtet. Das ganze Areal war umzäunt und streng bewacht. Bei Fliegeralarm wurde die Arbeit eingestellt und wir gingen in die umliegenden Dörfer. Anfangs waren wir in Baracken mitten im Wald untergebracht. Dann kamen Italiener als Arbeitskräfte, die im Waldwerk einquartiert wurden. Wir suchten uns Privatquartiere. So kam ich nach Eltheim und lernte da meine spätere Frau kennen. Dort hatten wir dann die Möglichkeit, uns zusätzliche Verpflegung zu beschaffen oder auch einzutauschen. Die Bauern behandelten uns wie ihre eigenen Söhne. Einen Teil unserer Verpflegung gaben wir auch an die Kriegsgefangenen ab. Vor allem die Russen hatten es nicht leicht und versuchten, durch alle möglichen Arbeiten an zusätzliche Verpflegung zu kommen. Sie bastelten Spielzeug, fertigten Schmuckkästchen und Kreuze oder malten Ikonen, um sie gegen Essbares zu tauschen. Ein Russe sprach mich an, ob er mich malen könnte. Er war Kunstmaler und von ihm bekam ich dann ein Porträt in Luftwaffen-Uniform, hergestellt mit RLM-Farben.*

*An Verpflegung erhielten wir die üblichen Lebensmittelmarken, dazu gab es noch die Langarbeiter- und die Jägerstabszulage. Zu meinem Sold von 30 RM erhielt ich von Messerschmitt noch einen Stundenlohn von 0,25 RM. In der Produktion gab es immer wieder mal Unterbrechungen vor allem, weil es an Passgenauigkeit fehlte. Die Bugspitzen mit der Bewaffnung und die Triebwerkverkleidungen bereiteten Probleme. Ansonsten rollte der Nachschub bis zum letzten Tag relativ problemlos. Der Abtransport der fertigen Flugzeuge erfolgte per Bahn und immer nur bei Dunkelheit. Soweit ich mich erinnern kann, war es der 23. April 1945, als wir am Abend den Befehl bekamen, die Arbeiten einzustellen und alle in der Endmontage befindlichen Me 262 aus der Halle zu bringen. Anschließend wurden sie mit Handgranaten gesprengt. Wir Soldaten bekamen den Befehl feldmarschmäßig anzutreten, und marschierten am nächsten Morgen in Richtung Mühldorf am Inn. Die Amerikaner waren schneller und hatten uns bald eingeholt. Wir wurden ins Kriegsgefangenenlager nach Regensburg am Hohen Kreuz transportiert. Es gelang mir, Kontakt mit meiner Freundin in Eltheim aufzunehmen, und die brachte mir immer wieder mal Verpflegung. So gelang es ihr dann auch, mich für den Ernteeinsatz frei zubekommen. Musste mich dazu immer wieder bei der Lagerleitung melden, aber dann kam der Tag der Entlassung. Da mein geliebtes Ostpreußen von den Russen besetzt war, entschloss ich mich, im schönen Bayern zu bleiben und heiratete kurze Zeit später meine Freundin.“*

**Die letzten Me 262 werden für den Einsatz vorbereitet. (Foto: Radinger)**

Bericht des Flakhelfers Ernst Schröder, Jahrgang 1928:

*„Im Januar 1944 wurde ich als Schüler, noch keine 16 Jahre alt, von der Oberrealschule Landshut zu den Flakhelfern eingezogen. Die ganz Klasse, bis auf zwei, wurde nach Nürnberg versetzt. Die beiden, die nicht mitkamen, waren in Landshut HJ-Führer. Ein Schelm, der Böses dabei dachte. Zuerst erhielten wir eine Ausbildung am 2 cm-Geschütz und anschließend ging es in die Batterie in Stein bei Nürnberg. Dort standen 10,5 cm-Geschütze, an denen wir ausgebildet wurden. Die Munition war derart schwer, dass wir die gar nicht schleppen konnten. Wir wurden durch die Ausbilder geschliffen ohne Rücksicht auf unser Alter. Geländedienst bis zur körperlichen Erschöpfung. Aber wir bekamen sehr schnell den Bogen raus und machten alles von da ab im gemäßigten Tempo, was die Ausbilder wiederum auf die Palme brachte. Die konnten rumbrüllen, wie sie wollten, deswegen ging es keinen Schritt schneller. Dann kamen wir nach Herzogenaurach zur Ausbidung an die 2 cm-Vierlingsflak. Ich wurde als Richtschütze eingeteilt. Zum Scharfschießen verlegten wir nach Chieming am Chiemsee, dann ging es wieder zurück nach Herzogenaurach. Hier machte ich zum ersten Mal Bekanntschaft mit der Me 262. Eine 262 kam auf den Flugplatz zugeflogen, und ich bekam Befehl, sie anzurichten. Die Annäherungsgeschwindigkeit war aber dermaßen hoch, dass ich die Maschine gar nicht im Visier erfassen konnte, um das Geschütz einzurichten. Sie war einfach zu schnell, keine Chance!*

*Anfang Januar 1945 verlegten wir im LKW-Transport mit vier angehängten Geschützen nach Obertraubling. Dort wurden wir in Baracken untergebracht. Ein Teil von uns wurde zur Wehrmacht eingezogen. Unsere Gruppe war verrufen, und der Spieß bezeichnete uns immer nur als Schweinehunde. Von uns kam auch keiner zur Wehrmacht, weil sie uns noch erst zu Soldaten erziehen mussten, wie sie das so ausdrückten. Deshalb wurden wir auch ständig schickaniert und bekamen Sonderaufgaben. Täglich kam der Elendszug von Kriegsgefangenen und dann auch noch von KZ-Häftlingen an uns vorbei. Wir, die Schweinehunde, mussten die auf ihren Marsch zur Arbeitsstelle begleiten bzw. bewachen. Die dürren Gestalten mussten auf dem Flugplatz eine Startbahn bauen oder Bombentrichter verfüllen. Ein grausamer Anblick.*

*Anschließend hatten wir wieder Dienst in unserer Stellung. Geschütz exerzieren bis zum Erbrechen. Die Geschütze befanden sich vor den Flugzeughallen an einer Straße. Wir bewunderten die Piloten in ihren neuen Lederkombis mit dem gelben Schal, den alle umhatten. Wir hatten nur ganz schäbige verdreckte Overalls an. Da bekam man direkt Minderwertigkeitskomplexe. Den Flugbetrieb mit der Me 262 konnten wir auch beobachten. Kannten das höllische Tempo der Maschinen aber schon. Über den ganzen Flugplatz verteilt, standen die Flugzeuge.*

*Dann kam der Luftangriff vom 16. Februar 1945. Als der Fliegeralarm ertönte, besetzten wir die Geschütze, legten Magazine und Reserveläufe bereit. Als die Bomber anflogen, waren die aber für die 2 cm-Geschütze viel zu hoch. Da kam auch schon der Bombenteppisch auf uns runtergerauscht. Ich sah noch über die Brüstung von unserem Geschütz, als ich beobachten konnte, wie die Bombeneinschläge auf uns zurasten. Da fällt einem schon das Herz in die Hose, und ich machte mich in der Stellung ganz klein und warf mich in Deckung, denn weglaufen war in dieser Situation absolut tödlich. Ich sandte ein Stoßgebet zum Himmel: „Mein Jesu Barmherzigkeit!" Rund 40 – 50 Meter vor unserer Stellung hörten die Einschläge auf. Die anschließende Stille nach dem Angriff war direkt schmerzhaft. Es war absolute Stille, kein Vogel, kein Laut, nichts war zu vernehmen. Plötzlich der Schrei aus der Nachbarstellung: „Der Albert ist tot!" Mein Freund Albert Krachberger hatte einen Splitter im Kopf stecken, der den Stahlhelm durchschlagen hatte. Er muss auf der Stelle tot gewesen sein und hat sicherlich nicht mehr viel gespürt.*

*Kurze Zeit später kam aus Richtung Walhalla eine einzelne P-38 „Lightning" angeflogen, und ich bekam vom Geschützführer Feuerbefehl. Durch die Ereignisse waren wir alle noch sehr niedergeschlagen, und mein Feuer ging nur ganz knapp hinter der P-38 ins Leere. Der Flugzeugführer drückte erschrocken seine Maschine sofort nach unten und kurvte im Tiefstflug nach Osten weg. Der sollte wohl über die Wirkung des vorangegangenen Angriffs erkunden. Wir waren das einzige Geschütz, welches das Feuer eröffnet hatte. Nach einigen Wochen so Mitte April 1945 verlegten wir auf den Flugplatz Ganacker bei Landau an der Isar. Da wurde auch noch mit der*

Flugaufnahme einer Me 262. So hat Herbert Bauer die Me 262 in Erinnerung, welche mit damals völlig neuartigen donnernden Triebwerksgeräuschen über Niedertraubling hinwegflogen. (Foto: Sammlung Peter Schmoll)

*Me 262 Einflugbetrieb oder Schulung durchgeführt. Dort erlebten wir, die Schweinehunde, das Kriegsende, und ich ging dann einfach nach Hause. Glückliche Umstände hatten dafür gesorgt, dass ich alles ohne Blessuren überstanden habe."*

Eine 2 cm-Vierlingsflak in einer ausgebauten Stellung, wie sie auch auf dem Fliegerhorst stationiert war. Das Geschütz war wegen seiner hohen Feuergeschwindigkeit bei den alliierten Fliegern gefürchtet. (Foto: Sammlung Peter Schmoll)

Herbert Bauer, Jahrgang 1938, wohnte damals in Niedertraubling:

*„Das letzte Kriegsjahr war von der Angst durch die Luftangriffe auf den Fliegerhorst Obertraubling geprägt. Flugzeuge und die verursachten Geräusche waren bei uns alltäglich. Ich selbst erkannte am Motorenlärm oder Summton, ob es sich um feindliche oder eigene (deutsche) Flugzeuge handelte. Bei feindlichen Flugzeugen war es ratsam, einen Luftschutzraum aufzusuchen. Über unserem Dorf erlebten wir auch etwas Erstaunliches von unserer eigenen Luftwaffe. Entsprechend den Startbedingungen und der örtlichen Lage unseres Dorfes sahen wir sehr oft sehr schnelle Jagdflugzeuge über uns aufsteigend hinwegfliegen. Von den älteren Dorfbewohnern erfuhren wir, dass das neue Flugzeuge in Erprobung sind. Mehr war uns nicht bekannt. Im Dorf lebten zu dieser Zeit nur Kinder, Mütter, Frauen und Opas, da die wehrhaften Männer alle eingezogen im Krieg waren.*
*Mich selbst begeisterten die Flugzeuge ungemein und sobald etwas zu hören war, blieb ich stehen und suchte den Himmel danach ab, um sie genau zu beobachten. Sehr lautes pfeifendes und donnerndes Geräusch war gemischt mit sehr starkem Geruch nach verbranntem Treibstoff. Die Flugzeuge waren nur ca. 100 Meter hoch, wenn sie übers Dorf donnerten. Nähere Kenntnis von den Flugzeugen hatten wir nicht. Wegen der hohen Geschwindigkeit hieß es nur: „Die Narrischen (Verrückten) fliegen wieder!" Erst lange nach dem Krieg erfuhren wir, dass wir die Zeugen einer epochalen Entwicklung im Flugzeugbau waren, wir sahen die ersten Düsenjäger, von Messerschmitt entwickelt. Ein Meilenstein des Flugzeugbaus und damit der Beginn eines neuen Zeitalters."*

Feldwebel Heinz Lohmann, war ein erfolgreicher Jagdflieger. Aufgrund seines Studiums als Flugzeugkonstrukteur wurde er als Einflieger und Abnahmepilot zur Messerschmitt GmbH Regensburg versetzt. (Foto: Lohmann)

Da die US-Luftwaffe mit ihren Aufklärungsmaschinen ständig den Großraum Regensburg überflog, sollte keine größere Anzahl von Me 262 mehr auf dem Fliegerhorst in Obertraubling abgestellt werden.
Dazu der Bericht von Feldwebel Lohmann:
*„Wir flogen selbst bei schlechtester Wetterlage die 262 von Obertraubling nach Neuburg, Erding oder München/Riem. Zurück ging es meistens mit einem altersschwachen requirierten Taxi, bei dem regelmäßig Reifendefekte auftraten. Da auch die anderen Flugplätze, im Besonderen Neuburg, schwer bombardiert wurden, wusste man bald nicht mehr wohin mit den Flugzeugen. Wir flogen zwar die schnellsten Maschinen der Welt, waren am Boden jedoch hilflos den Bombenangriffen ausgeliefert. Die zahlenmäßige Überlegenheit der US-Luftwaffe war unvorstellbar. Im April brach die straff geführte Organisation der Luftwaffe immer mehr zusammen. In München/Riem hatte sich mittlerweile General Galland mit seinem Jagdverband 44 etabliert, dem wir zahlreiche Me 262 zuführten. Dazu war in Riem eine Einflugschleuse von Messerschmitt mit Mitarbeitern der Lufthansa eingerichtet worden. In Regensburg lief die Produktion des Düsenjägers Me 262 bis weit in den April hinein und wurde erst kurz vor dem Einmarsch der US-Truppen beendet. Die vermutlich letzte Me 262 überführte ich am 23.04.45, direkt vor den Augen der Amerikaner, die sich schon im Anmarsch auf Regensburg befanden, von Obertraubling nach München/Riem.*

*Gesamtansicht des Fliegerhorstes vom 17. April 1945. Die als Startbahn dienende Straße wurde nach dem Luftangriff vom 11. April wieder instandgesetzt. (Foto: USAF)*

*In dieser Aufnahme vom 17. April 1945 ist deutlich eine zum Start bereitstehende Me 262 auf der Straße erkennbar. Noch heute wird dieser Straßenzug als „Rollbahn“ bezeichnet. (Foto: USAF)*

*In der Vergrößerung ist die startbereite Me 262 klar zu erkennen. Eine weitere Me 262 befindet sich links darüber. Diese Me 262 steht auf einem Abstellplatz, der von einem Splitterschutzwall umgeben ist. Eine dritte Me 262 ist in den Überresten der Halle 10 erkennbar. (Foto: USAF)*

*Vor der schwer beschädigten Halle 7 ist eine Me 262 geparkt. Unterhalb des Weges zur Kompensierscheibe sind zwei Bf 109 in Splitterschutzboxen abgestellt. (Foto: USAF)*

*Das Ergebnis des letzten Luftangriffes vom 11. April 1945 auf den Fliegerhorst Obertraubling. Zahlreiche Me 262 liegen zerstört in der Werfthalle. Zu erkennen sind Me 262-Rümpfe, Tragflächen, Triebwerke, Leitwerke und Rumpfspitzen. Mitten im Chaos steht ein GI, der verwundert die Reste modernster deutscher Luftfahrttechnologie registriert. (Foto: US Air Force)*

*Luftaufnahme des zerstörten Fliegerhorstes von Obertraubling im Mai 1945. Die im Vordergrund verlaufende Straße diente, wie bereits erwähnt, bei Kriegsende als Startbahn für die Me 262. Noch heute wird diese Straße in Neutraubling als Rollbahn bezeichnet. In der Bildmitte die total zerstörte Halle 5. Von den etwas zurückversetzten in Holzbauweise erstellten Hallen 1 und 4 sind nur noch Mauerreste erkennbar. Am oberen Bildrand die Werfthalle und links davon die Mauerreste der Flugzeughalle 1. Heute befindet sich an dieser Stelle die Firma Krones AG. (Foto: US Air Force)*

*Die schwer beschädigte Halle 5. Links im Bild sind vor der Halle zwei Rümpfe und ein Leitwerk der Me 262 zu erkennen. (Foto: USAF)*

*Bei Kriegsende standen die nutzlos gewordenen, kampferprobten Bf (Me) 109, zum Teil in unlackiertem Zustand, auf dem Fliegerhorst Obertraubling. (Foto: Sammlung Peter Schmoll)*

*Die Werfthalle bei Kriegsende. Diese Halle ist die einzige erhalten gebliebene Flugzeughalle und wird heute von der Krones AG genutzt. (Foto: USAF)*

*Seitenansicht der im Januar 1945 im Waldwerk „Stauffen" gebauten Me 262, Werknummer 500071, in voller Kriegsbemalung. Heute ist diese Me 262 im Deutschen Museum in München zu sehen. (Foto: Sammlung Peter Schmoll)*

*Geflogene Vergangenheit. Die Me 262 der Messerschmitt-Stiftung aus Manching. Dieses Flugzeug ist der Höhepunkt vieler Flugtage in ganz Europa. Noch heute vermittelt diese Maschine ein Erscheinungsbild voller Eleganz und Dynamik. (Foto: Sammlung Peter Schmoll)*

*Diese Aufnahme des Fliegerhorstes Obertraubling vom 14. April 1945 zeigt die in den Flugplatz hinein verlängerte Straße als Startbahn für die Me 262. Diese Straße wird noch heute in Neutraubling als „Rollbahn " bezeichnet. Damit stand eine Startbahn von ca. 1200 Metern Länge und einer Breite von zehn Metern zur Verfügung. Gleichzeitig wurde mit der Planierung einer Startbahn im Osten des Fliegerhorstes begonnen. Die Arbeiten wurden von Kriegsgefangenen und KZ-Häftlingen durchgeführt. Oben links ist an der Verbindungsstraße zwischen Obertraubling und Barbing das Kriegsgefangenenlager zu erkennen. (Foto: US Air Force)*

*Ehemalige Startbahn für Me 262* *(Foto: Sammlung Peter Schmoll)*

## Rückblick eines Zeitzeugen

*Alfons Pichlmaier, Jahrgang 1928, aus Langquaid berichtet über seine Zeit bei der Messerschmitt GmbH in Regensburg, im Werk I in Prüfening und im Werk II auf dem Fliegerhorst Obertraubling:*

*„Schon als Schulbub begeisterte ich mich für die Fliegerei. In der Langquaider Volksschule gab es von der 6. bis zur 8. Klasse eine Flugmodellbaugruppe, bei der ich selbstverständlich dabei war. Als dann die Zeit der Schulentlassung näher rückte, mussten wir uns einer Berufsberatung unterziehen. Für mich stand von vornherein fest, einen Metallberuf zu erlernen, bei dem ich mit Flugzeugen zu tun hatte. Der Berufsberater erklärte mir, dass es da nur eine Möglichkeit gebe, das Messerschmitt-Werk in Regensburg. Ich schrieb auch gleich eine Bewerbung nach Regensburg. Sehr schnell bekam ich eine Antwort mit einer Vorladung zur Aufnahmeprüfung und zur ärztlichen Untersuchung. Beides ging positiv für mich aus. Am 4. Mai 1943 begann meine Lehre als Metallflugzeugbauer bei Messerschmitt mit der gleichzeitigen Aufnahme in das werkseigene Lehrlingsheim. Der Monatslohn im ersten Lehrjahr betrug 25 RM, wovon 20 RM für die Unterkunft und Verpflegung einbehalten wurden. Für mich begann ein völlig neuer Lebensabschnitt. Die alten Schulkameraden waren plötzlich nicht mehr da, und es mussten neue Freundschaften geschlossen werden. Die ersten Tage waren ausgefüllt mit Erledigen von Formalitäten, Einteilung im Lehrlingsheim, und hier bekamen wir auch gleich eine einheitliche Uniform verpasst. Klasseneinteilung in der Werkberufsschule und Zuteilung zu den verschiedenen Meistern und Ausbildern. Auch eine Werksbesichtigung wurde mit uns Neulingen durchgeführt. Das war natürlich für uns hoch interessant, da man nicht so ohne weiteres in alle Bereiche des Werkes gehen konnte. Für bestimmte Hallen benötigte man einen Sonderausweis. Als wir in die Lackiererei kamen, sah ich zum ersten Mal eine Me 163. Da stand eine kleine schnittige Maschine mit einem winzigen Propeller an der Bugspitze. Dieses Flugzeug sah so völlig anders aus als die mir bisher bekannten Maschinen, es verfügte noch nicht einmal über ein Höhenleitwerk. Der Propeller konnte aufgrund seiner Größe auch kaum den Antrieb darstellen, und wir rätselten, über welches Triebwerk dieses Flugzeug wohl verfügte. Die kreisrunde Öffnung am Heck gab Anlass zu einigen Spekulationen. Erklärungen zu diesem Flugzeug wurden keine abgegeben. Die Me 163 wurde bei dieser Führung eigentlich völlig ignoriert und blieb für uns total geheimnisumwoben. Nach dem Rundgang wurde heftig über die unbekannte Maschine diskutiert. Erst viel später erfuhren wir etwas über die Typenbezeichnung, und dass die Me 163 der erste einsatzfähige Raketenjäger der Welt war.*
*In der Lehrlingswerkstatt begann nun der Lehrlingsalltag. Jeder bekam einen Grundlehrplan mit allen Übungsstücken und deren Zeichnungen. Als Erstes bekamen wir ein Stück U-Eisen, und dann hieß es feilen und nochmals fünf Millimeter runterfeilen, bis fast jeder Blasen an den Händen hatte. Später bei der Bearbeitung von Leichtmetallblechen bewahrheitete sich das Sprichwort: „Erst strecken zum Verrecken, dann wieder stauchen, am Ende kannst es nicht mehr brauchen!“ Für uns, die wir im Lehrlingsheim untergebracht waren, war am Arbeitsschluss der Tag aber noch nicht gelaufen. Da gab es nach dem Abendessen viel Sport, für einige Musikunterricht beim Fanfarenzug, gemeinsames Schreiben der Schulaufgaben oder, wenn mal etwas nicht geklappt hatte, Marsch zum Flugfeld. Hier herrschte am Abend kaum noch Betrieb. Auf dem Flugplatz gab es dann militärischen Drill und Schliff, dass es nur so staubte.*
*Nach gut drei Monaten, es war gerade die Grundausbildung vorbei, kam am 17. August 1943 das Inferno des Luftangriffes auf das Messerschmitt-Werk. Wir waren gerade in der Lehrlingskantine beim Mittagessen, als Fliegeralarm ausgelöst wurde. Wie schon einige Male geübt, begaben wir uns in den Luftschutzkeller unter dem Schulgebäude. Ich stand da mit Horst Weiß, einem meiner besten Freunde, der schon im zweiten Lehrjahr war, im nördlichen*

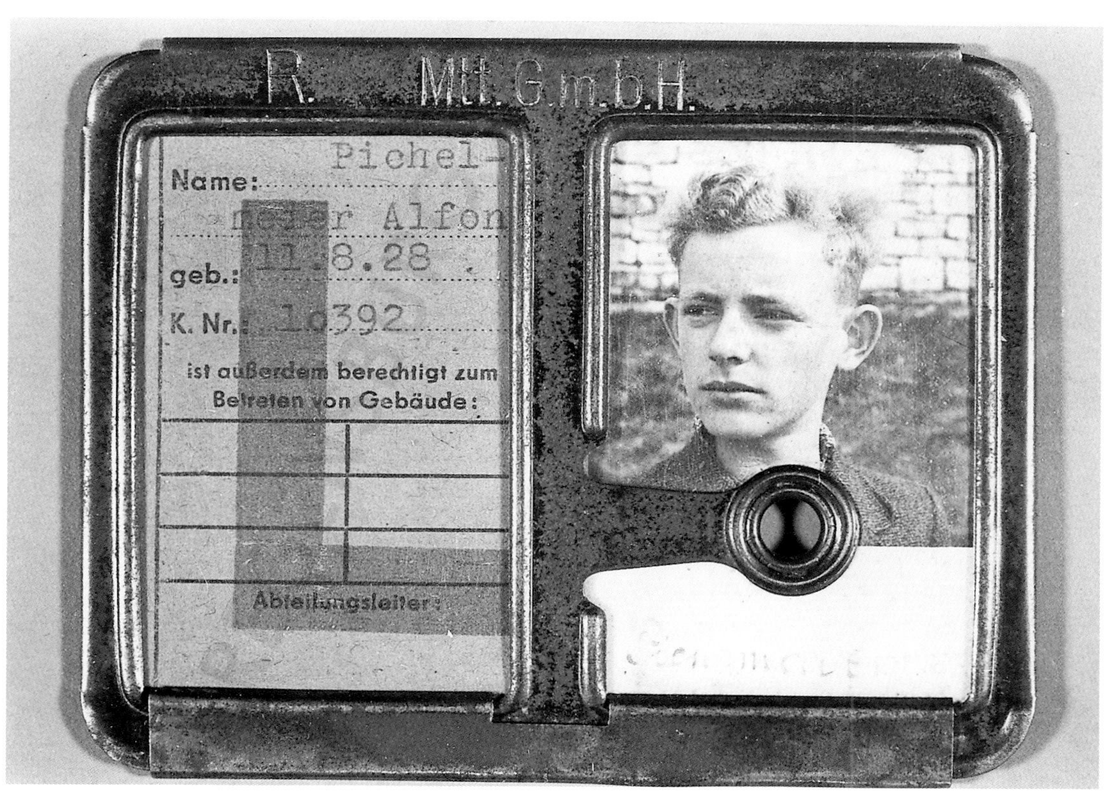
R. Mtt. G.m.b.H.

Name: Pichel-meier Alfon

geb.: 11.8.28

K. Nr.: 1o392

ist außerdem berechtigt zum Betreten von Gebäude:

Abteilungsleiter:

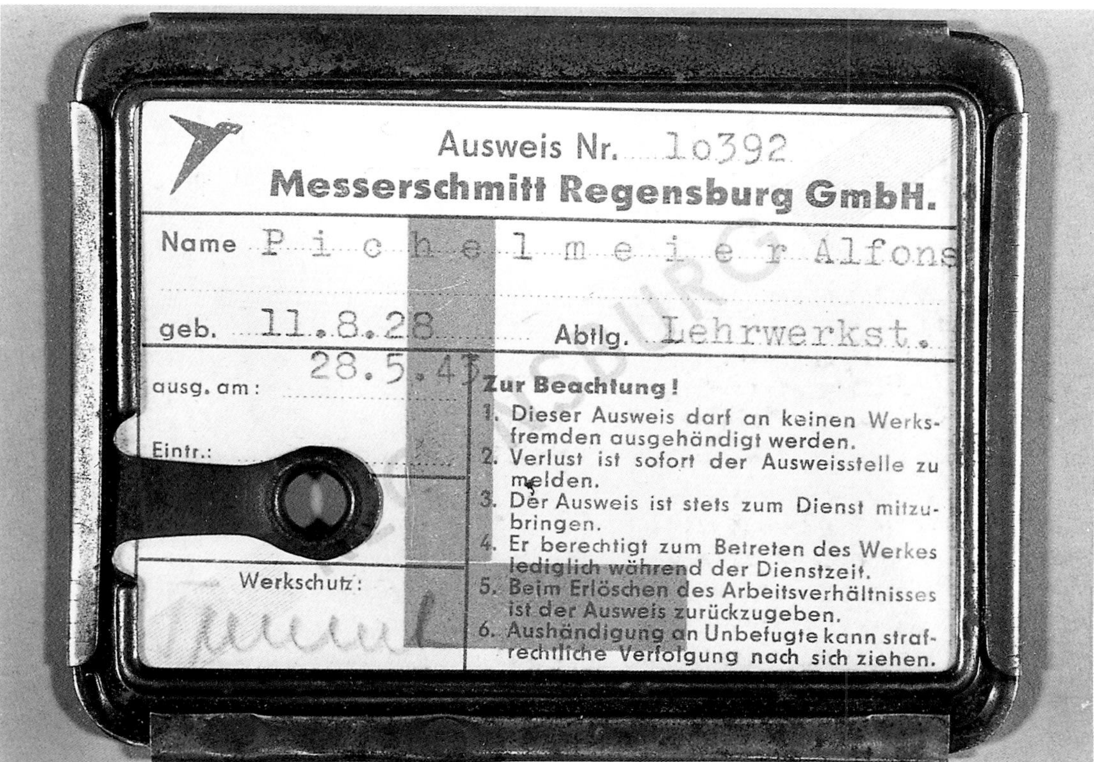
Ausweis Nr. 1o392

**Messerschmitt Regensburg GmbH.**

Name Pichelmeier Alfons

geb. 11.8.28 Abtlg. Lehrwerkst.

ausg. am: 28.5.43

Eintr.:

Werkschutz:

**Zur Beachtung!**

1. Dieser Ausweis darf an keinen Werksfremden ausgehändigt werden.
2. Verlust ist sofort der Ausweisstelle zu melden.
3. Der Ausweis ist stets zum Dienst mitzubringen.
4. Er berechtigt zum Betreten des Werkes lediglich während der Dienstzeit.
5. Beim Erlöschen des Arbeitsverhältnisses ist der Ausweis zurückzugeben.
6. Aushändigung an Unbefugte kann strafrechtliche Verfolgung nach sich ziehen.

*Der Werksausweis (Vorder- und Rückseite) der Messerschmitt GmbH Regensburg von Alfons Pichlmaier. Anmerkung: Der Familienname wurde im Ausweis falsch wiedergegeben. (Foto: Pichlmaier)*

*Teil des Kellers zusammen. Nur durch Zufall entdeckte mich da unser Lehrlingsheimführer Wastl Weigert und befahl mir, dass ich mich im Waschraum, der im südlichen Bereich des Kellers lag, zu den anderen Lehrlingen des ersten Lernjahres zu begeben habe. Also ging ich in den südlichen Teil des Kellers und stellte mich da zu den anderen an die Kellerwand. Nun war schon deutlich das Brummen von schweren Flugzeugmotoren zu hören. Einer meiner Lehrlingskameraden stand am Kellerfenster und schaute durch den Lichtschacht nach oben. Plötzlich schrie er: „Mensch, das sind ja Viermotorige!" Ich wollte gerade auch zum Kellerfenster, um einen Blick nach draußen zu werfen, als auch schon die ersten Bomben detonierten und die Scheibe des Kellerfensters hereinflog. Ein ungeheurer Luftdruck fegte durch den Raum. Nun war uns allen klar, dass wir tatsächlich das Ziel eines Bombenangriffes waren. Nach einigen Minuten kam die nächste Bomberwelle angeflogen, und einer unserer Ausbilder, der alte Kaltenecker, tröstete uns mit den Worten: „Buam habts koa Angst, jede Bombn trifft net!" Auch die zweite Angriffswelle hatten wir glimpflich überstanden. Es dauerte nicht lange, da kam auch noch eine dritte Welle angedröhnt. Alle kauerten wir auf dem Boden und nahmen die Hände über den Kopf. Diesmal hatte auch unser Schulgebäude Treffer abbekommen. Wir im Waschraum blieben glücklicherweise unverletzt. Eine dichte Staubwolke zog durch den gesamten Keller. Plötzlich kam einer unserer Ausbilder aus dem Staub und Qualm angelaufen und rief uns zu: „Alles raus aus dem Keller und Richtung Donau, sonst sind wir alle tot!" Das war für mich wie eine Erlösung von einer tonnenschweren Last, und ich rannte die Kellertreppe hinauf, nur raus aus dem Gebäude. Als ich um die Ecke des unversehrten Teiles der Schule lief, bekam ich einen riesigen Schreck. Die Lehrlingsbaracken und das halbe Schulgebäude waren ein Trümmerhaufen. Keiner der Überlebenden blieb auch nur einen Augenblick stehen. Der Drang – raus aus dem Inferno – war zu groß. Erwähnt muss aber noch werden, dass ein Lehrling vom ersten Lehrjahr, der Franz Laßleben, während des Angriffes in die Lehrwerkstatt hinübergelaufen ist, um eine Eisensäge zu holen und damit einen Eingeklemmten zu befreien. Für diese Heldentat bekam er später das Kriegsverdienstkreuz. Über den Hochweg und quer über die Felder rannten wir zur Donau. Als wir uns in sicherer Entfernung glaubten, blieben wir stehen, und man hörte mittlerweile auch keine Flugzeuge mehr. Nun warteten wir ab, und nach ca. 15 Minuten heulten die Sirenen Entwarnung. Über dem Werk stand eine riesige Rauch- und Staubsäule. Ins Werkgelände zurückgekommen, sahen wir eigentlich erst das ganze Ausmaß der Zerstörungen. Der nördliche Teil des Schulgebäudes, in dem ich mich befand, bevor die ersten Bomben fielen, war völlig zerstört. Hier hielten sich hauptsächlich die Lehrlinge des zweiten Lehrjahres auf, und von diesen haben nur wenige überlebt. Mein Freund Horst Weiß, mit dem ich kurze Zeit vorher noch gesprochen hatte, war tot. Auch einige Ausbilder, darunter der meiner Lehrlingsgruppe (Landgraf), hatten den Luftangriff nicht überlebt. Jetzt wurde mir erst klar, dass ich dem Heimführer Wastl Weigert mein Leben zu verdanken hatte. Da auch die Baracken des Lehrlingsheimes fast gänzlich zerstört waren, wurden wir nach Hause geschickt. Die Lehrlingswerkstatt wurde nur leicht beschädigt, und so ging unsere Arbeit nach einer Woche weiter. Für die fast 400 Toten, darunter über 90 Lehrlinge, fand eine große Beerdigungsfeier auf dem Oberen Katholischen Friedhof statt. Sehr primitiv waren wir jetzt im alten Brauhaus in Winzer untergebracht und mussten jeden Tag mit der Fähre über die Donau zur Arbeit fahren. Doch einen Vorteil hatte die Sache, es war nämlich keine Zeit mehr für Strafexerzieren oder ähnliche Späße.*

*Nach dem Luftangriff wurden ca. 15 Meter der großen Lehrwerkstatthalle mit einer Zwischenwand abgetrennt. Was hatte das nun wieder zu bedeuten? In einer Pause gelang mir der Blick in den abgetrennten Raum, und da standen vier oder fünf Rümpfe eines Flugzeuges, das wieder über keine Luftschraube verfügte und ganz anders als die Me 163 aussah, viel eleganter, aber auch bedrohlicher. Unsere Ausbilder, die des Öfteren verschiedene Arbeiten an diesen Rümpfen durchführten, taten sehr geheimnisvoll. Aber nach und nach wurde das Geheimnis doch gelüftet. Wir waren damals in Regensburg Zeugen, die bei der Konstruktion und dem Bau des ersten einsatzfähigen Düsenjägers der Welt, der Me 262, mit dabei waren. Mit Hochdruck wurde an der Fertigstellung des Turbinenjägers gearbeitet, wie die Me 262 damals genannt*

*wurde, um die Luftangriffe auf das Reich erfolgreich bekämpfen zu können.*
*Für uns Lehrlinge folgte nun die Ausbildung an Drehbank, Hobel- und Fräsmaschine. Die Zeit an der Fräsmaschine liegt mir noch in nicht allzu guter Erinnerung. Da bekam ich meine erste und einzige Watschn (Ohrfeige) während meiner Lehrzeit verpasst. Ausbilder Harry Schmid übergab mir ein Werkstück, an dem er schon lange gearbeitet hatte und das zu einer Bauvorrichtung für die Me 262 gehörte. Ich sollte an einer bestimmten Stelle einen halben Millimeter abfräsen. Als er nachgemessen hatte, war halt die Toleranzgrenze am Werkstück überschritten – und die bei seinen Nerven scheinbar auch.*
*Inzwischen war es Winter geworden und wir waren immer noch in der Notunterkunft in Winzer. Die Überfahrt mit der Donaufähre wurde bei Eisgang und Hochwasser sehr gefährlich. Anfang Februar 1944 verlegten wir auf den Fliegerhorst in Obertraubling. Hier wurden wir im so genannten Staffelbau untergebracht, und wir freuten uns über die schönen Viermannzimmer in dieser Kaserne. Die Sanitärräume waren hervorragend ausgestattet, und das Mittagessen wurde in einem großen Speisesaal eingenommen. Der großzügig angelegte Fliegerhorst mit all seinen Einrichtungen stand uns Messerschmittlern zur Verfügung. Keine zerstörten Gebäude oder provisorisch reparierte Hallen wie in Prüfening, sondern riesige Hallen und endlos lange Gebäude prägten den Fliegerhorst. Die Lehrwerkstatt wurde in einer großen Flugzeughalle eingerichtet, und die Ausbildung ging seinen normalen Gang. Doch diese Idylle dauerte nur drei Wochen. Am 22. Februar 1944 erfolgte der erste Luftangriff auf den Fliegerhorst. Wieder in der Mittagspause wurde Alarm ausgelöst, und die Sirenen heulten „Fliegeralarm“. Wir wurden aufgerufen, in die Luftschutzkeller zu gehen. Doch die meisten von uns Lehrlingen hatten die Schnauze vom „Luftschutzkeller“ voll und hauten über den Zaun ab in Richtung Barbing. Wir waren etwa zehn Lehrlinge und hatten gerade den Ortsrand erreicht, als auch schon die erste Bomberwelle angeflogen kam. Am Ortsausgang von Barbing in Richtung Donaustauf war ein kleiner Betonbunker, und darin suchten wir Schutz. Nach der Entwarnung gingen wir zum Fliegerhorst zurück. Der erste grausame Anblick, noch außerhalb des Zaunes vom Fliegerhorstgelände in Höhe der Russenbaracken, war ein abgerissenes Bein mit einer Wickelgamasche daran. Als wir über zahlreiche Trümmer in unseren Bereich kamen, konnten wir erkennen, dass unsere Unterkunft teilweise zerstört war. Es war schon ein Wunder, dass von den Zurückgebliebenen niemand verletzt oder getötet wurde. Wir Lehrlinge wurden daraufhin nach Hause geschickt. Auf dem Weg zum Bahnhof Obertraubling sah ich am Flugplatzrand die Trümmer eines abgeschossenen Bombers liegen. In dem Bereich, in dem damals die Trümmer des Bombers lagen, befindet sich heute das Gelände der Firma Krones.*
*Drei Tage später, am 25. Februar 1944, erfolgte ein weiterer schwerer Luftangriff auf den Fliegerhorst. Aus sicherer Entfernung konnte ich die Bomber beobachten, wie sie in Richtung Regensburg flogen, und meine Gedanken waren bei denen, die wieder um ihr Leben bangen mussten. Eine B-17 wurde im Anflug auf Regensburg von einer Me 109 abgeschossen. Diese ist dann nahe der Einöde Stumpföd zwischen Hellring und Dünzling abgestürzt und explodiert. (Anmerkung des Verfassers: Der Bomber wurde von Major Dahl, dem Kommandeur der III./JG 3 „UDET“, abgeschossen.)*
*Aufgrund dieses zweiten Luftangriffes wurden wir Lehrlinge bis Anfang April beurlaubt. Während dieser Zeit meldete ich mich mit mehreren anderen Lehrlingen zu einem Segelfliegerlehrgang mit A-Prüfung auf den Reisberg bei Regenstauf. Es war schon ganz schön aufregend, bis wir zum ersten kurzen Flug, der nur wenige Sekunden dauerte, starten konnten. Gestartet wurde mit dem Gummiseil. Nach der Landung mussten die SG 38 wieder mühsam zum Startplatz, den Hang hinauf, von Hand zurückgeschleppt werden. Es war ganz schön anstrengend, aber voller Stolz meldeten wir uns alle mit dem A-Schein Anfang April zurück. Die Unterkunft war wieder einigermaßen repariert worden, und in der Praxis begann jetzt eine schöne Zeit für uns. Teilweise wurden wir in der Produktion eingesetzt. Ich kam zu einer von zwei Gruppen mit je 30 Mann, die die bei den Luftangriffen beschädigten Me 109 zerlegen mussten. Nun konnten wir nach Herzenslust schrauben und nochmals schrauben. Alle wiederverwertbaren Teile wurden ausgebaut und der Rest verschrottet. So lernte ich sehr viel*

*über den Aufbau der 109 und die technischen Zusammenhänge kennen. Diese Arbeit dauerte den ganzen April hindurch an, so groß war die Anzahl der schwer beschädigten Me 109, die auf dem Flugplatz abgestellt waren. Anfang Mai 1944 kam dann die Nachricht, dass die ganze Lehrlingsabteilung nach Marienthal bei Deggendorf ausgelagert wird. Kaum waren die Umzugsarbeiten erledigt, kam auch schon der neue Lehrlingsjahrgang. Wir „Älteren“ mussten nun teilweise Gebrauchsgegenstände wie Zeichnungsständer und Schablonen für die Werkstätten anfertigen, teilweise für die Flugzeugproduktion arbeiten und zum Teil die Ausbildung nachholen, die wir noch nicht absolviert hatten, wie Schmieden, Schweißen und Löten.*

*Während des Sommerurlaubes 1944 meldete ich mich mit noch einigen Lehrlingen zur Segelfliegerausbildung für den B- und C-Schein nach Moos bei Plattling und nach Landshut. Obwohl die Segelfliegerausbildung zur damaligen Zeit eine arge Schinderei war, gab es heitere Begebenheiten. Auf dem B-Lehrgang in Moos übten wir das Kurvenfliegen. Dazu wurde man mit einem SG 38 auf ca. 30 Meter Höhe mit einer Winde geschleppt, um dann eine Rechts- und eine Linkskurve zu fliegen und wieder zu landen. Einer der Flugschüler flog nun mit dem Schulgleiter SG-38 „Boot“ gleich eine 180-Grad-Wende und flog direkt auf eine riesige Eiche am Waldrand zu. Es krachte und Teile des Leitwerks fielen herab, alles andere blieb im Baum hängen. Der Bruchpilot traute sich keine Bewegung mehr zu und saß in luftiger Höhe im Baum fest. Wir holten schließlich die Feuerwehrleiter in Moos, um den Kameraden aus dem zertrümmerten Flugzeug vom Baum herunterzuholen. Nach etwa zwei Stunden hatte er wieder festen Boden unter den Füßen und trat vor den Fluglehrer zur sonst üblichen Meldung: „Flugschüler Hahn meldet sich vom Start zurück!“ Nun brach lautes Gelächter los, und nicht einmal der gestrenge Fluglehrer Schweighard konnte sich zurückhalten. Der Bruchpilot hatte dann die ehrenvolle Aufgabe, den Rest des Lehrganges mit Seilziehen zu verbringen. Als wir wieder nach Marienthal zurückkamen, fühlten wir uns schon als halbe Piloten. Doch der Arbeitsalltag holte uns rasch wieder ein, denn der Arbeitsanteil für die Produktion wurde immer mehr erhöht. Ende Januar 1945 legten wir dann noch eine, wie es damals hieß, Notfacharbeiterprüfung ab. Anfang Februar wurde mein Jahrgang zum Reichsarbeitsdienst einberufen. Anfang April 1945 kam ich dann noch zur Unteroffizierschule nach Tetschen in Nordböhmen. Dort wurde uns erklärt, dass die Luftwaffe keinen Sprit mehr hat und keine Flugzeugführerausbildung mehr durchgeführt wird. Aus der Traum vom Fliegen. Unser Lehrgang wurde jetzt als Panzerjagdkommando aufgestellt. Wir bekamen Panzerfäuste und Sturmgewehre 44. Immer zwei Mann mit Fahrrädern bildeten einen Trupp. Unsere Einheit zog nach einer kurzen Ausbildung an den Waffen, ich hatte ein Sturmgewehr 44, in Richtung Dresden. Da kam uns ein VW Kübelwagen mit einem Offizier entgegen. Dieser erklärte: „Der Krieg ist aus, ihr könnt alle nach Hause gehen!“ Also marschierten wir in Richtung Westen, um so schnell wie möglich von den Russen Abstand zu gewinnen. Wir marschierten immer noch in voller Ausrüstung mit den Waffen, als wir auf andere Soldaten trafen, die uns sagten, wir sollten schleunigst die Waffen ablegen. Daraufhin warf ich mein nagelneues Sturmgewehr in den nahegelegenen Bach und die Tasche mit den Magazinen flog gleich hinterher. Nach dieser Gewichtserleichterung ließ es sich gleich schneller marschieren. Auf abenteuerlichen Wegen gelang es mir, mich nach Hause durchzuschlagen, denn mit List und Frechheit entging ich in Brüx (heutiges Most) nur knapp der russischen Gefangenschaft. Ein Tscheche war scharf auf meine Uniform und gab mir dafür ein paar schäbige Zivilklamotten. So fiel ich als junger Bursche nicht weiter auf und zog so auch an den Russen vorbei. Bei meinem langen Marsch nach Hause kam ich dann am total zerstörten Fliegerhorst von Obertraubling vorbei. Der einst stolze Horst war schwer beschädigt und machte von außen den Eindruck einer Ruine. Teile der Gebäude hatten kein Dach mehr oder waren fensterlose Ruinen. Am Bahnhof in Obertraubling lagen Me 262-Rümpfe, und auf dem Gleis in Richtung Landshut standen mehrere offene Güterwaggons, auf denen aufgereiht ein Düsentriebwerk neben dem anderen lag. Beim Anblick dieser damals hochmodernen Geräte dachte ich mir ironisch: „Da haben wir in Regensburg die modernsten und schnellsten Flugzeuge der Welt gebaut und trotzdem den Krieg verloren.“*

Bericht von Albert Reichl aus Regensburg zum Waldwerk „Stauffen“:

*„Nach Kriegsende wurde das Dach der Judas-Thadeus-Kirche wieder aufgebaut. Dazu erhielten wir von der Militärregierung die Genehmigung, entsprechende Dachbinder von den Hallen des Waldwerks „Stauffen“ abzubauen. Mit einem Arbeitstrupp fuhren wir im Juli 1945 in dieses Werk. Als wir dort angekommen waren, fanden wir auf den Waldwegen seitlich unter Bäumen abgestellt mindestens 15 Rümpfe der Me 262. Die musste ich mir schon genau ansehen. Die Rümpfe waren voll ausgestattet, aber hatten noch keine Rumpfspitze und kein Leitwerk. Diese Teile lagen in den noch vorhandenen Montage- und Lagerhallen. Im Rumpf waren alle Steuergestänge und elektrischen Leitungen eingebaut. Der Führerraum war komplett ausgestattet. Das Instrumentenbrett war eingebaut. Nur in der Mitte war eine große Öffnung*, da fehlten anscheinend noch Geräte. Bei den meisten Instrumententafeln waren die Anzeigen vermutlich mit einem Hammer oder Gewehrkolben zerschlagen worden. Bei einigen war sogar das Holz zersplittert und die Instrumententafel zerbrochen. Die Endmontagehalle war zu diesem Zeitpunkt bereits demontiert, da nur noch zwei große Hallen vorhanden waren. Allerdings standen auf einer Wiese in Richtung Autobahn eine ganze Anzahl gesprengter Me 262. Ansonsten war das Werk offensichtlich schon zu einem großen Teil geplündert worden. Nur die schweren und sperrigen Bauteile der Me 262 waren noch vorhanden. Die meisten Düsentriebwerke lagen ohne Riedelanlasser herum.“*

*Anmerkung des Verfassers: Die Blindflugtafel war offensichtlich noch nicht eingebaut. Das Funkgerät und die restlichen Instrumente wurden nach Zeitzeugenangaben erst auf dem Fliegerhorst montiert.

***Alliierte Piloten stehen nach Kriegsende vor einem erbeuteten Me 262 B-1a/U1 Nachtjäger. Der Rumpf dieser Me 262 stammte aus der Regensburger Produktion und wurde von Blohm&Voss Flugzeugbau in Hamburg in einen Doppelsitzer umgebaut. Als Kennung trägt die Me 262 eine rote 12. (Foto: Sammlung Peter Schmoll)***

# Das Leitwerk einer Me 262

*Das 2006 auf dem Vorfeld der Werfthalle im Boden entdeckte Leitwerk einer Me 262. Deutlich sind die von der Baggerschaufel verursachten Schäden an der Unterseite des Leitwerks zu erkennen. (Foto: Sammlung Peter Schmoll)*

*Das geborgene Leitwerk hat Schäden durch Baggerarbeiten und Korrosion erlitten. (Foto: Sammlung Peter Schmoll)*

Im Jahre 2006 begann die Krones AG in Neutraubling mit der Erweiterung des Betriebsgeländes. In diesem Erweiterungsbereich befinden sich die ehemalige Werfthalle und das Gelände davor. Im Rahmen der Auswertung von Luftbildern konnte man deutlich zahlreiche Bombentrichter im Vorfeld der Werfthalle erkennen. Diese Bombentrichter waren zum großen Teil erst nach dem Krieg verfüllt worden. Ein Bombenblindgänger konnte ebenfalls nicht ausgeschlossen werden, deshalb war eine Spezialfirma vor Ort. Nachdem die oberste Erdschicht abgeschoben worden war, waren die verfüllten Bombentrichter ganz deutlich zu erkennen. Diese Trichter waren eine Zeitkapsel. Beim Öffnen der Trichter kam von Flakmunition, über Flugzeugbleche, Teile eines Düsentriebwerks, Bordinstrumente, Stahlhelme, total verrostete Waffen bis hin zu einem Kettenkrad alles Mögliche an Kriegsschrott zum Vorschein. Das Kettenkrad war ein klarer Beweis dafür, dass die Me 262 während des Krieges auf den Flugplatz damit geschleppt worden waren. Die meisten geborgenen Teile waren zum Teil sehr stark korrodiert bzw. total verbogen. Die Fa. Semmler verständigte mich, weil in einem der Trichter eine Abdeckung mit der Beschriftung „Bordwaffen" entdeckt worden ist und man sich nicht ganz im klaren war, inwieweit davon eine Gefährdung ausgehen könnte und ob ich mir das mal ansehen würde:

*„Als ich in Neutraubling ankam, war ich total überrascht, denn es türmten sich förmlich die gefundenen Relikte aus dem Zweiten Weltkrieg. Nach einer kurzen Einweisung von Sebastian Semmler stieg ich vorsichtig in einen der bereits weitgehend geräumten Bombenkrater. Tatsächlich steckte da eine Abdeckung mit der Aufschrift „Bordwaffen" in einem Flugzeugteil. Bei näherer Betrachtung stellte ich fest, dass es sich um eine Abdeckung für das MG 151/20 in einer Bf 109 handelte. Nur der Rumpfquerschnitt passte nicht*

*Blick in das Leitwerk nach der Bergung und einer Grobreinigung. (Foto: Sammlung Peter Schmoll)*

*zu einer 109. Vorsichtig zog ich die Abdeckung aus dem Rumpfteil, und es war tatsächlich eine Waffenabdeckung aus dem Führerraum einer Bf 109. Noch größer war aber meine Überraschung, als ich in den Rumpf sehen konnte. Ich blickte in das Leitwerk einer Me 262. Die Rumpfstruktur und der Elektromotor zur Verstellung des Höhenleitwerks war ein eindeutiges Erkennungsmerkmal. Da konnte ich dann Entwarnung geben, denn davon drohte keine Gefahr. Der Bagger hatte zwar schon einigen Schaden verursacht, aber man konnte deutlich erkennen, dass das Leitwerk noch ziemlich komplett war. Seitlich vom Rumpfteil bemerkte ich ein größeres Gewindeteil. Mit einer Schaufel legte ich dann noch ein Luftschraubenblatt von der Höhenluftschraube einer Bf (Me) 109 K frei. Dieses Luftschraubenblatt wuchtete ich nun nach oben und legte es dem mittlerweile eingetroffenen Firmeninhaber der Krones AG, Volker Kronseder, vor die Füße. Der fragte mich ganz erstaunt, was ich hier mache und wer ich bin. Nach kurzer Vorstellung erklärte ich ihm, warum und weshalb ich da im Trichter war. Als ich ihm sagte, dass da unten ein komplettes Leitwerk einer Me 262 liegt, wollte er es mir erst gar nicht glauben. Ich sagte ihm, wenn der Bagger es weiter freilegt, ist es sehr wahrscheinlich Totalschaden und geht zum Schrott, aber mit vorsichtiger Handschachtung wäre dieses wichtige historische Teil noch zu retten.“*

Volker Kronseder ordnete daraufhin die vorsichtige Bergung an. Aber er ließ es nicht nur bergen, sondern sorgte auch für eine aufwändige Restauration, die in Tschechien von einer Fachfirma durchgeführt wurde. Nach einer ersten Grobreinigung wurde das Leitwerk von dieser Firma zerlegt und die noch brauchbaren Teile mit Trockeneis gestrahlt, und hier kam eine kleine Sensation zu Tage. Auf den Blechteilen waren mit Bleistift Namen verzeichnet. Da stand dann, Jozef, Rene, Laban usw. Man fragt sich heute, warum sich Zwangsarbeiter hier mit ihrem Vornamen verewigt haben? Doch dafür gibt es eine ganz plausible Erklärung: Die Arbeiter mussten die von ihnen hergestellten Teile mit ihrem Namen kennzeichnen. Sollten die Teile einen Fehler aufweisen, war für die Bauaufsicht sofort nachvollziehbar, wer hierfür verantwortlich war und eventuell Sabotage beging. Die vorhandenen Namen auf den Bauteilen waren also ein Bestandteil der Qualitätskontrolle. Das komplett restaurierte Leitwerk befindet sich heute in Neutraubling und kann bei Ausstellungen zum Tag der Museen besichtigt werden.

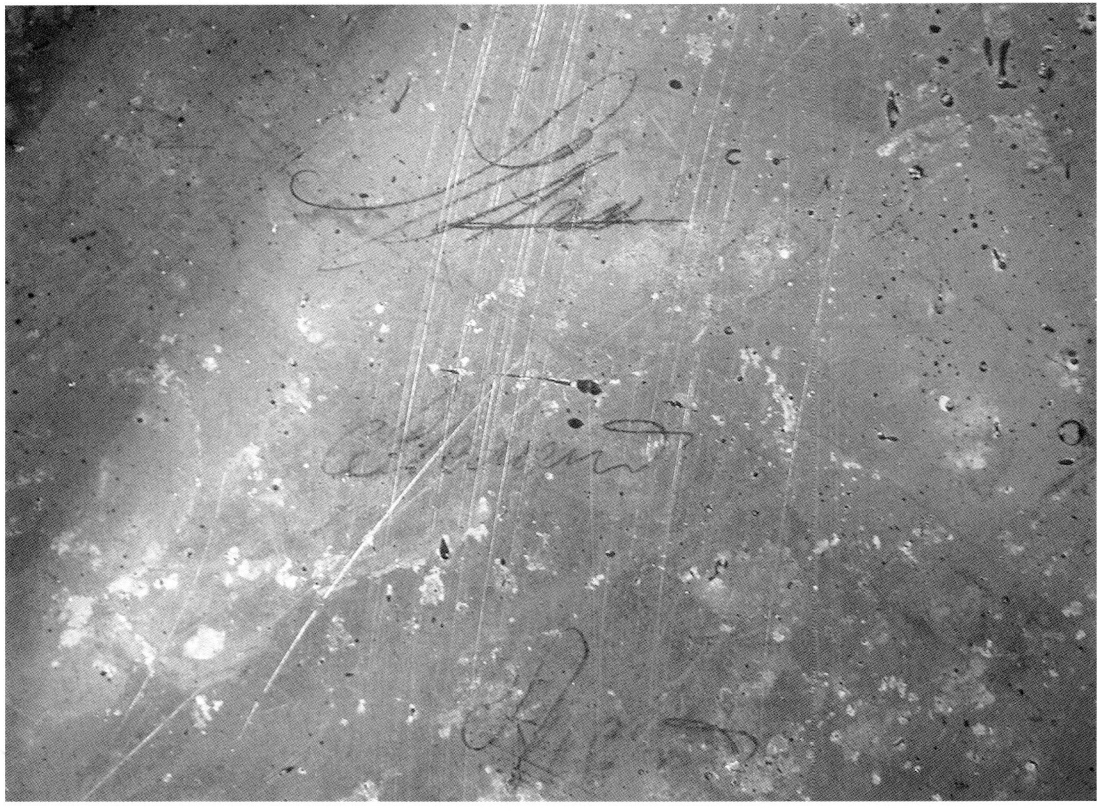

*Bei der Restaurierung des Leitwerks kam eine kleine Sensation ans Tageslicht, als nach dem Entfernen der Lackierung plötzlich diese Namen mit Bleistift geschrieben erschienen. Zwangsarbeiter hatten sich hier verewigt, so sah es auf den ersten Blick aus. Aber die Namenszüge waren ganz offenbar Bestandteil eines Kontrollsystems. War ein Teil fehlerhaft gefertigt, so konnte später festgestellt werden, wer an diesem Teil gearbeitet hatte. Damit sollte einer etwaigen Sabotage vorgebeugt werden. Und Sabotageakte gab es einige zu verzeichnen. Die Betroffenen mussten mit härtesten Strafen bis hin zur Todesstrafe rechnen. (Foto: Sammlung Peter Schmoll)*

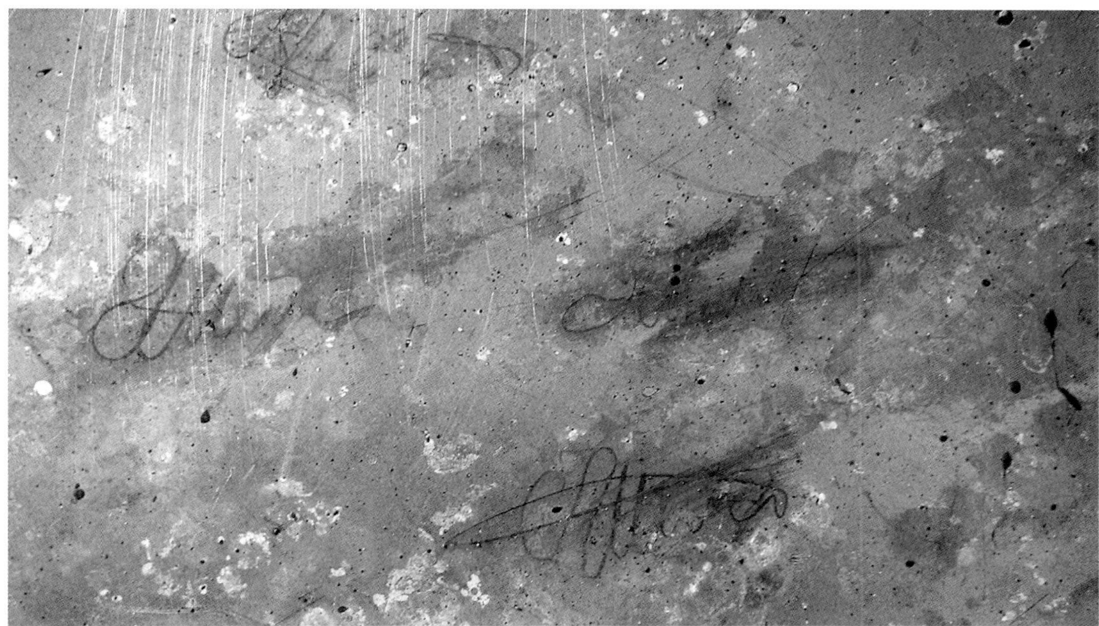

*An vielen Bestandteilen des Leitwerks waren die Blechteile so gut erhalten, dass sogar die Werkstoffbezeichnung des Dural 3116.5 abzulesen war. (Foto: Sammlung Peter Schmoll)*

*Im Bild der Elektromotor für die Verstellung des Höhenleitwerks nach der Bergung. (Foto: Sammlung Peter Schmoll)*

*Blick auf den Elektromotor für die Verstellung des Höhenleitwerks nach der Restaurierung. (Foto: Sammlung Peter Schmoll)*

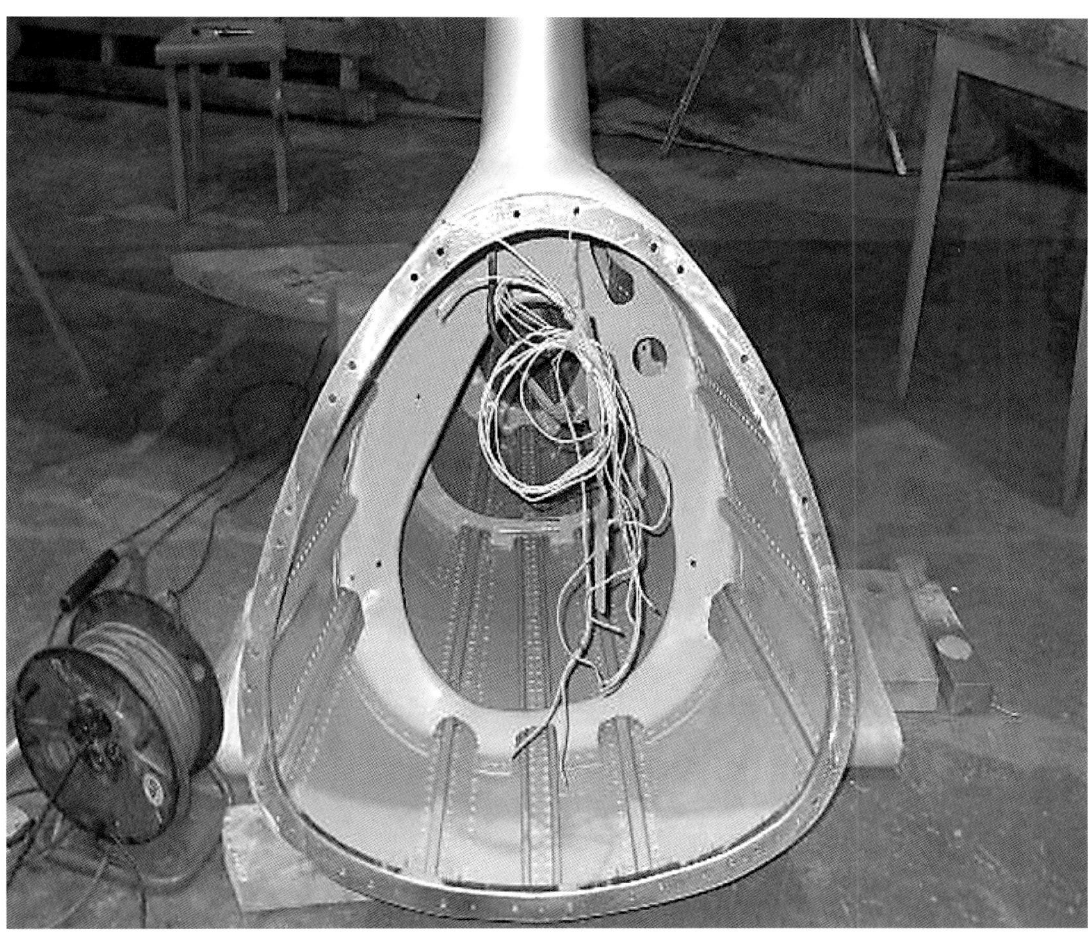

*Blick in das restaurierte Leitwerk. Dieses Leitwerk wurde von Volker Kronseder an das Technik-Museum Berlin als Schenkung gestiftet. (Foto: Sammlung Peter Schmoll)*

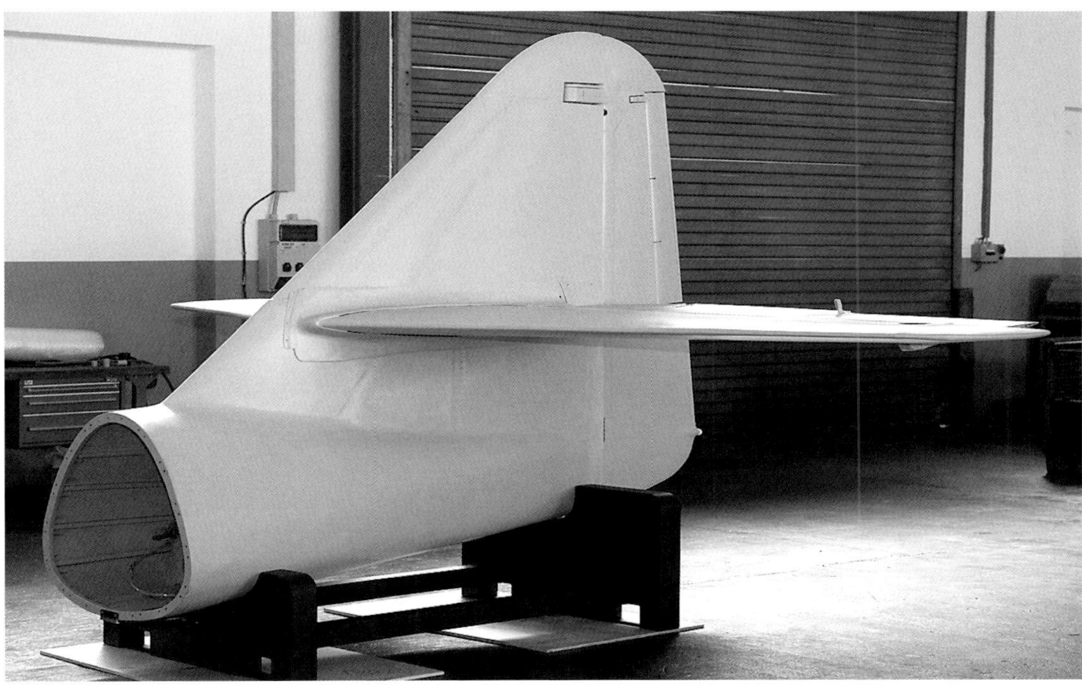

*Gesamtansicht des restaurierten Leitwerks. (Foto: Sammlung Peter Schmoll)*

# Bombenfunde

Schon lange ist es in Neutraubling eine unablässige Pflicht, vor Beginn eines neuen Bauprojekts den Boden nach Hinterlassenschaften des Kriegs abzusuchen. Und fast jedesmal stößt man auf explosive Sprengkörper. Meistens sind es Blindgänger von Spreng-, Splitter- oder Stabbrandbomben der Luftangriffe. Aber auch Munition aller Art wird gefunden. All diese Funde besitzen auch heute noch ein nicht zu unterschätzendes Gefahrenpotential. Von den großen Sprengbomben geht die größte Gefahr aus und erfordert vor der Entschärfung meistens eine entsprechende Evakuierung. Bei einer 500 lbs (227 kg) Sprengbombe liegt der Radius einer derartigen Evakuierung bei 500 Metern. Alle Personen, welche innerhalb dieses Radius wohnen oder arbeiten, müssen dann für den Zeitraum der Entschärfung diesen Bereich verlassen.

Bei den Sondierungsarbeiten findet man aber auch immer wieder verfüllte Bombentrichter, in denen dann so manche Überraschung zu Tage tritt. Neben zerbrochenem Porzellan aus den Kantinen oder dem Offiziers-Casino finden sich Flugzeugteile, Bordwaffenmunition und Bombensplitter von erheblicher Größe mit rasiermesserscharfen Bruchkanten, aber auch aller mögliche Schrott und Abfall, der in der Nachkriesgzeit in den Trichtern entsorgt wurde.

*Freilegung eines Blindgängers einer 500 lbs Sprengbombe im September 2014 auf dem Gelände des geplanten Stadtparks. (Foto: Firma Semmler Munitionsbergung)*

*Der freigelegte Sprengkörper vor der Entschärfung. (Foto: Firma Semmler Munitionsbergung)*

*In Birkenfeld gefundene 500 lbs Sprengbombe ohne Zünder. Diese Bombe wurde offenbar noch während des Krieges durch einen Feuerwerker entschärft, aber nicht mehr abtransportiert und verblieb in einem Trichter, um im Oktober 2015 wieder entdeckt zu werden. (Foto: Firma Semmler Munitionsbergung)*

*Der Autor mit einer im September 2014 gefundenen Stabbrandbombe, welche sich in einem mit Brandschutt gefüllten Bombenkrater befand. Es ist anzunehmen, dass die Stabbrandbombe bei Aufräumungsarbeiten nach dem Krieg mit dem Brandschutt in einem der zahlreichen Trichter entsorgt wurde. (Foto: Firma Semmler Munitionsbergung)*

*Leitwerk einer Splitterbombe. Am Ende des Leitwerks ist ein Ring erkennbar, was auf einen Blindgänger hinweist. In diesem Fall war es aber so, dass zuerst die Splitterbombe und dann das Leitwerk entdeckt worden ist. (Foto: Firma Semmler Munitionsbergung)*

*Blindgänger einer Splitterbombe mit Leitwerk. (Foto: Firma Semmler Munitionsbergung)*

*Die im September 2014 geöffneten Bombentrichter waren wie eine Zeitkapsel. Zwei Bombentrichter enthielten überwiegend zertrümmertes Porzellan. Dass dieses vom Fliegerhorst stammte, zeigte sich an den Herstellerzeichen auf der Unterseite. Auch dies ist ein Beweis, dass das zerbrochene Geschirr aus der Kantine und dem Offiziers-Casino zum Verfüllen von Trichtern auf dem Flugplatz verwendet wurde. (Foto: Sammlung Peter Schmoll)*

# Flugzeugtriebwerk einer „Fliegenden Festung“

Im Dezember 2015 erhielt ich einen Anruf von der Fa. Semmler Munitionsbergung, dass in Neutraubling ganz offenbar ein Sternmotor gefunden wurde. Man war sich aber nicht sicher, zu welchem Flugzeug er gehörte. Auf meine Nachfrage, ob es sich um einen einfachen oder einen Doppelsternmotor handelt, erhielt ich die Aussage: *„Es ist ein einfacher Sternmotor, aber mit einem großen Durchmesser!“* Dies ließ mich zur Vermutung kommen, dass es sich um ein Triebwerk einer B-17 handeln könnte. Also packte ich entsprechende Unterlagen zusammen und machte mich auf den Weg nach Neutraubling. Tatsächlich lag dort ein mächtiger Sternmotor in einer von einem Bagger freigelegten Grube. Vorsichtig wurde der Motor aus ca. eineinhalb Metern Tiefe gehoben. Er wies zum Teil sehr starke Korrosion an den Leichtmetall-Zylinderköpfen auf. Es fehlten auch einige Zylinder, und die Kolben mit den Pleuelstangen ragten ins Freie. Das Kurbelgehäuse war massiv verformt und aufgeplatzt. Der Beschädigungsgrad des Motors deutete auf eine äußerst massive Gewalteinwirkung hin, wie sie bei einem Absturz aus großer Höhe zu verzeichnen war. Nach einer Grobreinigung konnte jedoch keine Motornummer gefunden werden. Auf meine Nachfrage, inwieweit ein Typenschild aufgefunden wurde, erfolgte von allen Mitarbeitern nur ein Kopfschütteln. Da machte ich den Vorschlag, an der Stelle nochmals zu baggern. Und tatsächlich kam mit der zweiten Baggerschaufel ein verformtes, aber noch gut lesbares Typenschild zum Vorschein. Diesem Typenschild ließ sich entnehmen, dass es ein Motor von der Firma „Wright Aeronautical Corporation“ war, der in Lizenz von „The Studebaker Corporation, Aviation Division in South Bend, Indiana“ hergestellt worden war. Der Motor, ein Wright-Cyclone, hatte rund 30 Liter Hubraum, eine Leistung von 1200 PS und trieb einen großen Dreiblattpropeller mit einem Durchmesser von dreieinhalb Metern an.

*Im Dezember 2015 wurde bei der Sondierung eines Baugeländes dieser Sternmotor eines Bombers B-17 F „Fliegende Festung“ gefunden. Von links: Thomas Willner, Ronny Knauth und Patrick Schauseil bei einer ersten Grobreinigung des Motors. (Bild: Sammlung Peter Schmoll)*

Nun stellte sich aber die Frage, wie gelangte der Motor einer B-17 in den Neutraublinger Boden. Aus meinen Unterlagen ging hervor, dass am 25. Februar 1944 über dem Fliegerhorst eine B-17 F von der Eisenbahnflakbatterie 227 (E) abgeschossen worden war. Die B-17 „Dorsal Queen" wurde unmittelbar im Bereich des Triebwerks 3 durch eine 10,5 cm-Flakgranate tödlich getroffen. Von den neun Besatzungsmitgliedern gelang fünf der Absprung mit dem Fallschirm. Nach Angaben von Zeitzeugen stürzte der Bomber ziemlich senkrecht über dem Fliegerhorst ab und löste sich in seine Bestandteile auf. Von anderen Bomberabstürzen war bekannt, dass durch die enormen Fliehkräfte Leitwerke abrissen, Tragflächen abbrachen und auch Triebwerke sich mit den Luftschrauben von den Flächen lösten. Alle Indizien deuten auf die B-17 F „Dorsal Queen" hin, die vier ihrer Besatzungsmitglieder mit in den Tod riss. Es kann mit sehr großer Wahrscheinlichkeit angenommen werden, dass der gefundene Sternmotor von dieser B-17 stammt. Eine 100 prozentige Gewissheit ergäbe die Motornummer, welche aber nicht feststellbar war.

Anmerkung: Von der gleichen Flakbatterie wurde mit derselben Salve noch eine weitere B-17 „Winnie the Pooh" getroffen. Diese B-17 erhielt ebenfalls einen Motortreffer und stürzte in der Nähe von Wildenberg im heutigen Landkreis Kelheim ab. Siehe auch Buch: „Luftangriffe auf Regensburg".

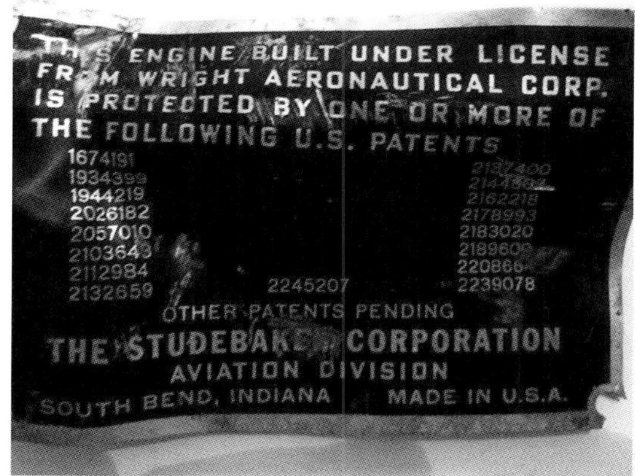


*Dieses Typenschild wurde aus 1,5 Metern Tiefe geborgen und beseitigte letzte Zweifel. Das gefundene Triebwerk war ein Sternmotor „Wright Cyclone" und damit von einem US-Bomber Typ B-17. (Foto: Sammlung Peter Schmoll)*

*Eine B-17 „Flying Fortress" mit seiner Besatzung erhält den kirchlichen Segen. Bei den deutschen Soldaten stand auf dem Koppelschloss: „Gott mit uns". (Foto: USAF)*

# Spuren des Fliegerhorstes im heutigen Neutraubling

Das Zentrum des heutigen Neutraubling bilden zum Teil einige der alten Gebäude des Fliegerhorstes. Im Klosterbau befinden sich Wohnungen und Büros. Anstelle der Kommandantur befindet sich heute hier die Katholische Pfarrkirche St. Michael, deren Säulenportal am Eingang aber noch aus Fliegerhorstzeiten stammt. Der Schlangenbau mit einer Länge von über 300 Metern wird als Wohnungsgebäude mit Geschäften im Erdgeschoss genutzt, die Offiziershäuser dienen als Wohnhäuser. Im ehemaligen Lazarettgebäude ist heute die Polizei stationiert. Von den großen Flugzeughallen ist nur noch die Werfthalle vorhanden, die aber in einem Gebäudekomplex der Firma Krones eingegliedert wurde und als solche kaum mehr erkennbar ist. Ein Teil der Flugleitung mit dem Kontrollturm liegt versteckt hinter Hecken und anderen Gebäuden.

*Der Eingang zur Katholischen Pfarrkirche St. Michael. Die Pfeiler und Bögen sind Überreste vom Eingang zur ehemaligen Kommandantur, welche beim Luftangriff am 25. Februar 1944 zerstört wurde. Von den ursprünglich fünf Bögen haben drei den Luftangriff überstanden und bilden heute das Eingangsportal. (Bild: Sammlung Peter Schmoll)*

*Klosterbau von der Ostseite gesehen. (Bild: Sammlung Peter Schmoll)*

*Klosterbau mit Durchfahrt zur Königsberger Straße (Bild: Sammlung Peter Schmoll)*

*Blick auf den ehemaligen Kontrollturm, der sich heute verdeckt durch Hecken und ein anderes Gebäude, ziemlich versteckt an der Ecke Böhmerwald- und Bayerwaldstraße befindet. (Bild: Sammlung Peter Schmoll)*

*Der über 300 Meter lange Schlangenbau (Ostseite) an der Sudetenstraße. (Bild: Sammlung Peter Schmoll)*

*Blick nach Süden in die Neudeker Straße. Von hier starteten die Me 262 zum Einflug. (Bild: Sammlung Peter Schmoll)*

*Die Westseite des Schlangenbaus von der Seeseite her betrachtet. (Bild: Sammlung Peter Schmoll)*

*Der See und im Hintergrund die Offiziershäuser. Von ursprünglich vier Häusern sind drei erhalten geblieben. (Bild: Sammlung Peter Schmoll)*

*Das ehemalige Lazarett dient heute als Polizeistation und befindet sich an der Hans-Watzlik-Straße. (Bild: Sammlung Peter Schmoll)*

*Die Kantine, heute Schulgebäude an der Ecke Waldenburger Straße – Schulstraße. (Bild: Sammlung Peter Schmoll)*

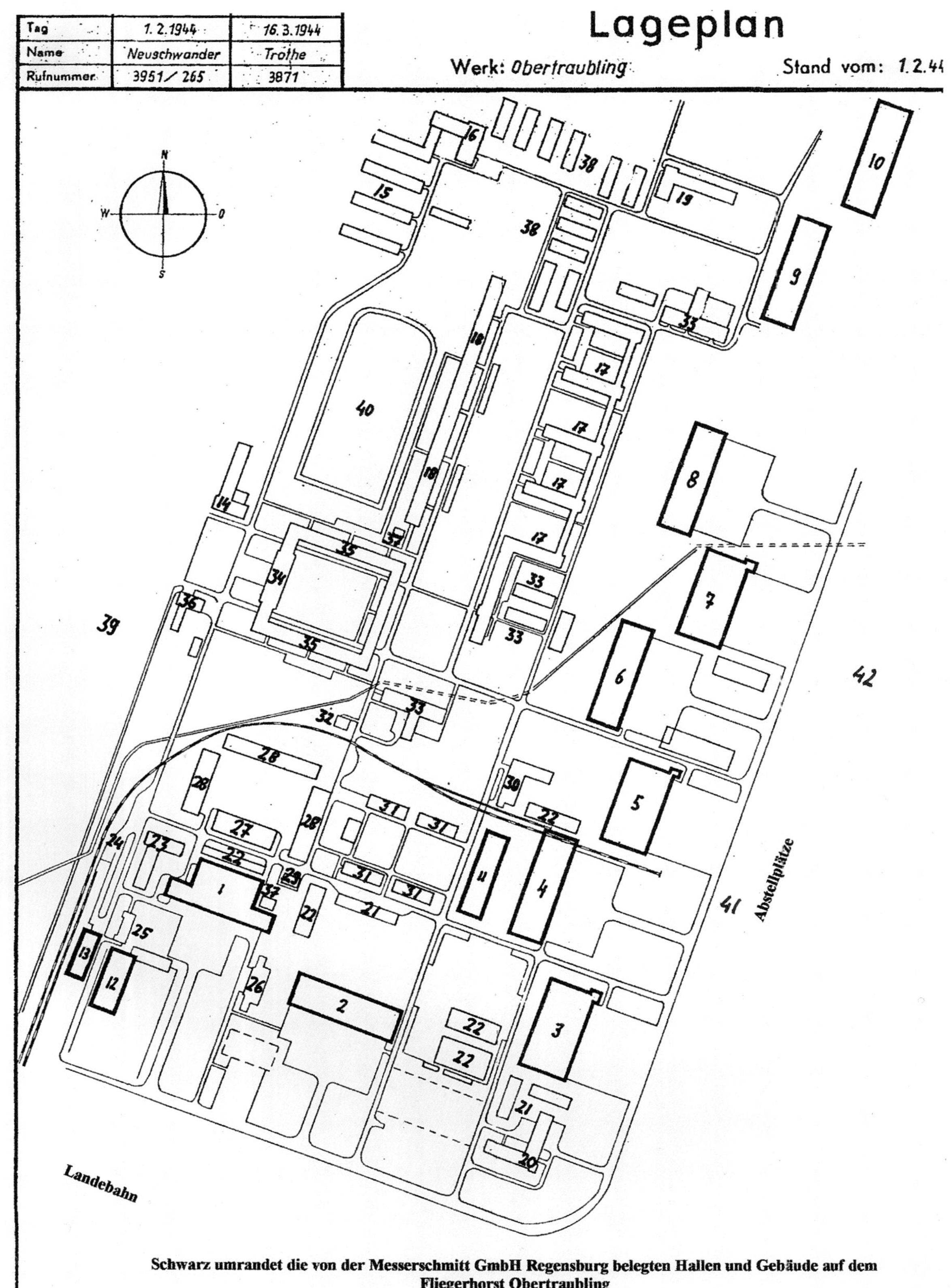


*Die Hallenbezeichnungen der Messerschmitt GmbH Regensburg waren nicht konform mit denen der Luftwaffe. Die Werfthalle trägt hier die Bezeichnung 1, was nicht korrekt war. Die Halle 1 befindet sich rechts von der Werft und hat hier die Bezeichnung 2. Durch diese Abweichung verschob sich auch die Bezeichnung der Hallen. Die Hallen 9 und 10 sind korrekterweise die Hallen 10 und 11. (Lageplan: Archiv Airbus Group)*

# Anhang

## Lageplan des Fliegerhorstes Regensburg-Obertraubling

1 Flugwerft (Stahlkonstruktion)
2 Flugzeughalle 1 (Holzkonstruktion)
3 Flugzeughalle 3 (Stahlkonstruktion)
4 Flugzeughalle 4 (Holzkonstruktion)
5 Flugzeughalle 5 (Stahlkonstruktion)
6 Flugzeughalle 6 (Holzkonstruktion)
7 Flugzeughalle 7 (Stahlkonstruktion)
8 Flugzeughalle 8 (Holzkonstruktion)
9 Flugzeughalle 10 (Holzkonstruktion)
10 Flugzeughalle 11 (Holzkonstruktion)
11 Werkhalle
12 Lager und Büros
13 Heizhaus II und Bahnhofsgebäude, Bauleitung, später Büros
14 Bauleitung, später Büros
15 Offiziershäuser
16 Kasino
17 Kaserne für das fliegende Personal, auch Staffelbau genannt
18 Kaserne für Bodenpersonal, Schlangenbau
19 Lazarett
20 Flugleitung mit Kontrollturm, Peiler, Wetterstation, Feuerwache
21 Garagen
22 Lager
23 Heizhaus I
24 Lokschuppen
25 Funkmeisterei
26 Waffenmeisterei und Fallschirmlager
27 Kfz-Werkstatt
28 Garagen für den Fuhrpark
29 Farbenlager
30 Garagen und Büros
31 Unterkünfte (Baracken)
32 Telefonbunker
33 Kantine
34 Kommandantur
35 Horstverwaltung
36 Hauptwache
37 Trafostation
38 Barackenlager für Zwangsarbeiter und Kriegsgefangene Russen
39 Großes Lager mit einer geplanten Kapazität von 4000 Personen für Kriegsgefangene, Zwangsarbeiter und kurz vor Kriegsende auch für KZ-Häftlinge.
40 Baggersee
41 Tankstellen auf dem Vorfeld zwischen den Hallen 4 und 5
42 Schießstand zur Justierung von Bordwaffen

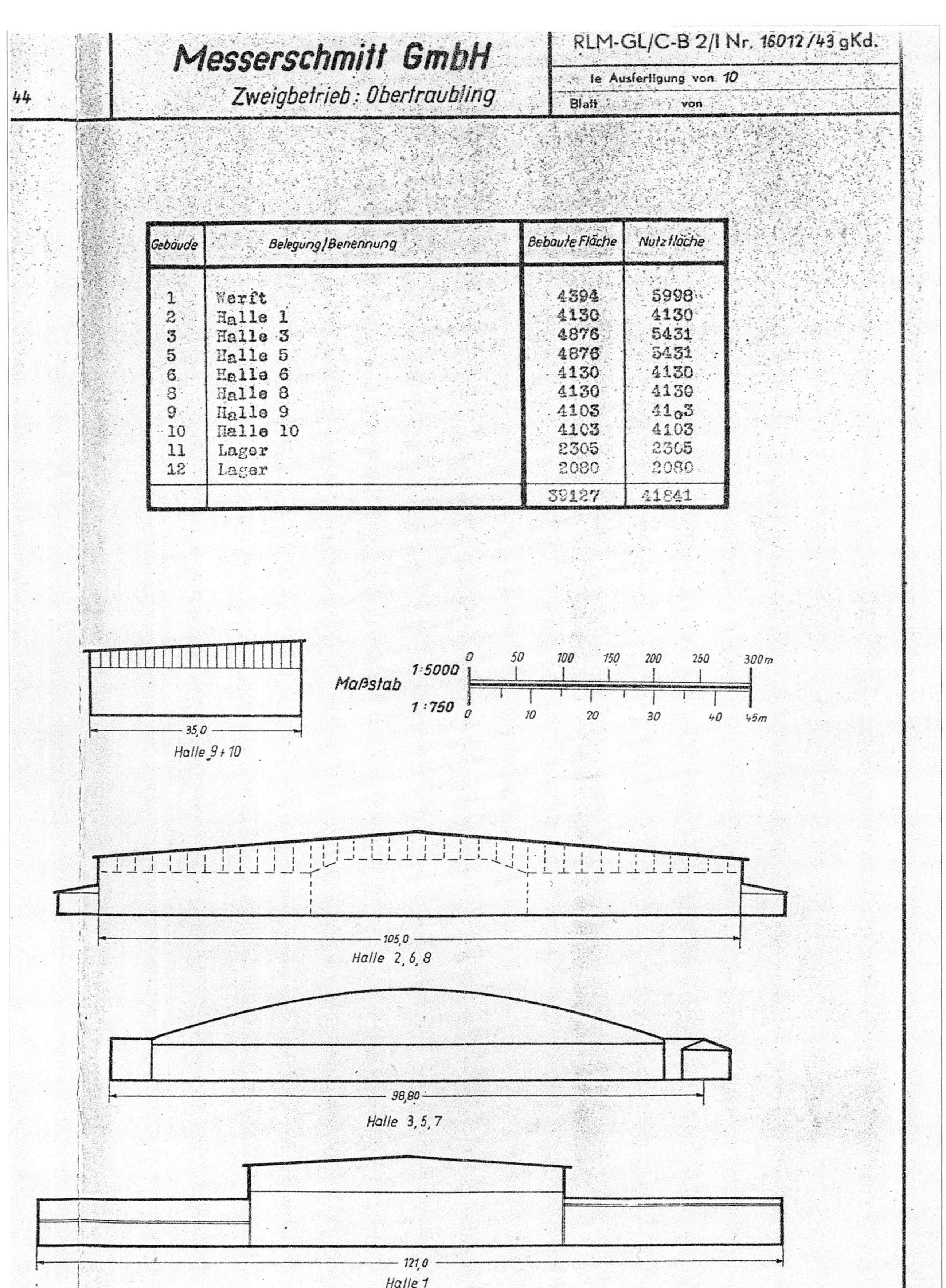

44

**Messerschmitt GmbH**
Zweigbetrieb: Obertraubling

RLM-GL/C-B 2/I Nr. 16012/43 gKd.
Ie Ausfertigung von 10
Blatt von

| Gebäude | Belegung/Benennung | Bebaute Fläche | Nutzfläche |
|---|---|---|---|
| 1 | Werft | 4394 | 5998 |
| 2 | Halle 1 | 4130 | 4130 |
| 3 | Halle 3 | 4876 | 5431 |
| 5 | Halle 5 | 4876 | 5431 |
| 6 | Halle 6 | 4130 | 4130 |
| 8 | Halle 8 | 4130 | 4130 |
| 9 | Halle 9 | 4103 | 41o3 |
| 10 | Halle 10 | 4103 | 4103 |
| 11 | Lager | 2305 | 2305 |
| 12 | Lager | 2080 | 2080 |
| | | 39127 | 41841 |

## Baubeschreibung der Me 321 nach technischen Unterlagen von Messerschmitt

Das Rumpfgerüst besteht aus einem viergurtigen Stahlrohrfachwerk (22-m-Gittermast) von rechteckigem Querschnitt. Der gesamte Rumpf ist mit Stoff verkleidet. Der Rumpf unterteilt sich in Laderaum, Führerraum und Rumpfende mit schwenkbarem Endteil. Der Laderaum kann vorne torartig nach beiden Seiten aufgeklappt werden. Das schwenkbare Endteil trägt Höhen- und Seitenleitwerk und dient durch seine Schwenkbarkeit zur Trimmung der Höhenflosse. Der gesamte lichte Rumpfraum (Länge 11 m, Breite 3,15 m, Höhe 3,30 m) entsprach in seiner Dimensionierung in etwa einem geschlossenen 2-achsigen Reichsbahnwaggon, ist vorne durch ein nach beiden Seiten aufklappbares Tor abgeschlossen. Die Torhälften bestehen aus stoffbespannten Rohrgerüsten und sind an den vorderen seitlichen Rumpfgerüsthälften durch Zuhaltebügel verschlossen. Die Be- und Entladung größerer Fracht erfolgte über eine Rampe am Bug. Im Laderaum sind in linker und rechter Rumpfwand mehrere Plexiglasfenster eingebaut. Der Einstieg erfolgt durch eine links und rechts am Laderaum nach außen schwenkbare Doppeltür. Die Türen sind verriegel- und abschließbar. Der Boden des Laderaumes besteht aus starken Hartholzbohlen, die im hinteren Teil des Laderaumes durch Drahtseile am Rumpfrohrgerüst in Ringen aufgehängt sind.
Laderaum und Führerraum verbindet eine Leiter an der linken Rumpfinnenwand. Zur Abstützung des Rumpfes beim Abstellen und beim Entladen des Flugzeuges ist unter dem Rumpfboden eine hochziehbare Stütze befestigt. Herunterlassen der Stütze erfolgt durch Lösen einer Öse. Zum Verzurren der Lasten im Laderaum sind links und rechts am Rumpfrohrgerüst je 22 Zurrringe vorgesehen. Für das Abschleppen des Flugzeuges sind zum Einhängen eines Zuggeschirrs in der Mitte des Rumpfes vorne eine Öse und ein Ring befestigt. Zum Aufbocken des Rumpfes durch Spindelheber sind links und rechts unter dem Rumpf vorne je vier Kugelpfannen angeordnet.

Die Tragfläche ist dreiteilig und besteht aus einem durchgehenden Tragflächenmittelstück mit Landeklappen, die hydraulisch betätigt werden, und zwei Außenflächen mit Querrudern. Rippen, Versteifungsleisten und Beplankung bestehen aus Holz. Die Klappen und Ruder sind mit Stoff bespannt. Der Holm wird durch ein viergurtiges Stahlrohrgerüst gebildet. Gegen den Rumpf sind die Tragflächen abgestrebt. Das Tragflächenmittelstück verfügt über einen Holm, der aus einem 30-m-Gittermast besteht. An den Gittermast sind Laschen geschweißt, an denen die Rippen befestigt sind. Die Versteifung des Tragwerkgerippes erfolgt durch aufgeleimte Quer- und Längsleisten. Die Sperrholzbeplankung ist ebenfalls mit dem Gerippe verleimt. In der Beplankung befinden sich für den Ablauf des Schwitzwassers mehrere Wasserabflusslöcher. Zur Lagerung der zweiteiligen Landeklappen sind am 30-m-Gittermast links und rechts je drei Ausleger befestigt und durch Spanndrähte am Mast verzurrt. An den Gurtenden des 30-m-Gittermastes sitzen Flansche zum Anschluss der Außenflächen. Das Tragflächenrohrgerüst ist am Rumpfrohrgerüst durch vier Anschlussbolzen befestigt. Den Übergang vom Tragflächenmittelstück zum Rumpf bildet ein stoffverkleidetes Übergangsgerüst. Der Tragwerkgittermast ist links und rechts durch je eine Strebe am Rumpfgerüst abgestützt. Linke und rechte Strebe sind durch je eine V-Strebe abgestützt. Zur Verringerung des Luftwiderstandes sind die Streben verkleidet. An linker Abstützstrebe ist das Staurohr des Fahrtmessers befestigt. In der Mitte der Tragflächenmittelstücknase ist ein Einschnitt zur Aufnahme des Führerraumes vorgesehen. Der Führerraum ist an der Vorderwand des 30-m-Gittermastes in vier Punkten in Laschen aufgehängt.

Das Leitwerk ist in Holzbauweise mit Stoffbespannung ausgeführt. Höhen- und Seitenleitwerk sind gegeneinander und gegen den Rumpf abgestrebt. Trimmung der Höhenflosse erfolgt durch das Schwenken des Rumpfendes um eine quer im Rumpf liegende Achse. Die Betätigung erfolgt hydraulisch. Höhen- und Seitenruder sind gewichts- und luftkraftausgeglichen. Die Hauptabmessungen und Gewichte, entnommen aus dem Flugzeug-

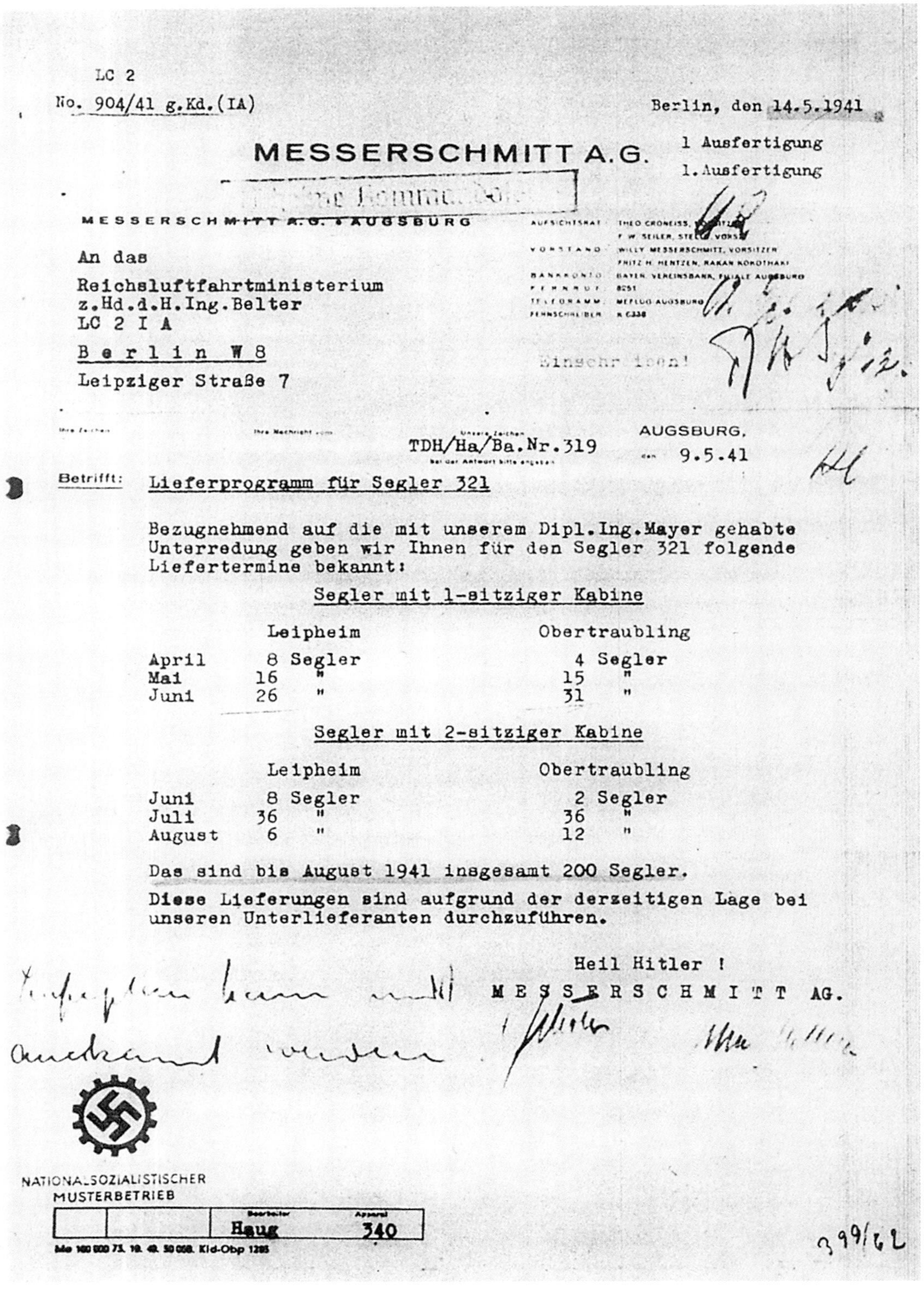

LC 2

No. 904/41 g.Kd.(IA) Berlin, den 14.5.1941

**MESSERSCHMITT A.G.**

1 Ausfertigung

1.Ausfertigung

MESSERSCHMITT A.G. AUGSBURG

An das

Reichsluftfahrtministerium
z.Hd.d.H.Ing.Belter
LC 2 I A

Berlin W 8

Leipziger Straße 7

Einschreiben!

TDH/Ha/Ba.Nr.319

AUGSBURG, 9.5.41

Betrifft: Lieferprogramm für Segler 321

Bezugnehmend auf die mit unserem Dipl.Ing.Mayer gehabte Unterredung geben wir Ihnen für den Segler 321 folgende Liefertermine bekannt:

Segler mit 1-sitziger Kabine

| | Leipheim | Obertraubling |
|---|---|---|
| April | 8 Segler | 4 Segler |
| Mai | 16 " | 15 " |
| Juni | 26 " | 31 " |

Segler mit 2-sitziger Kabine

| | Leipheim | Obertraubling |
|---|---|---|
| Juni | 8 Segler | 2 Segler |
| Juli | 36 " | 36 " |
| August | 6 " | 12 " |

Das sind bis August 1941 insgesamt 200 Segler.

Diese Lieferungen sind aufgrund der derzeitigen Lage bei unseren Unterlieferanten durchzuführen.

Heil Hitler !

MESSERSCHMITT AG.

NATIONALSOZIALISTISCHER MUSTERBETRIEB

Bearbeiter: Haug Apparat: 340

399/62

(Foto: Sammlung Hans-Peter Dabrowski)

Sonderstaffel (S. S.) 4

Obertraubling, den 12. 1. 43
(Ort) (Datum)

# Flugauftrag Nr. 13

Der Unteroffizier Geisbe als Kommandant ist beauftragt, folgenden Flug
(Dienstgrad) (Name)

durchzuführen: Obertraubling – Jasionka – Shitomir Süd – Stalino

1. Führer Uffz. Geisbe S.Fsch.Kl.B
2. Führer od. Beobachter Gefr. Brixa S.Fsch. Kl.A

Bordfunker Fahrwerkabwerfer:

Bordmechaniker Ogefr. Schöchle Bordsch.Sch.
(Name) (Dienstgrad) (Schein)

Andere Insassen oder Lasten:
1. Wart:
Flg. Gläschick
Verlaster:
Uffz. Kolditz

Flugzeug und Besatzung ~~sind~~ sind nicht blindflugfähig. Flug ~~darf~~ darf nicht, falls erforderlich, im Blindflug durchgeführt werden.

Flugzeug Me 321 / W8+SV, Flug am 12.1.43 um ... Uhr von Obertraubling
(Muster) (Kennzeichen)

über Jasionka – Shitomir Süd
(Zwischenpunkte und Landeplätze unterstreichen)

nach: Stalino Landung muß bis ... Uhr erfolgt sein.

Zweck des Fluges: Überführung: Der Flug ist gem. Befehl des Reichsmarschalls des Gr. Deutschen Reiches u. Ob.d.L. Nr. 10083/43 führungswichtig. Alle Dienststellen werden ersucht, die Besatzung mit allen zur Verfügung stehenden Mitteln zur Durchführung ihres Auftrages zu unterstützen.

Flughöhe: 300 – 3000 m ü/Gr. (... und Abnahmeflügen und Sonderaufträgen auszufüllen)

Die Besatzung ist über die Sicherheitsbestimmungen und Erlasse über fliegerische Zucht und Ordnung belehrt worden.

(Dienststempel)

(Name, Dienstgrad und Dienststellung)

Hauptmann u. Kommandoführer.

Bleibt beim Flugzeug. 1

S 4102/41 Heidelberger Gutenberg-Druckerei GmbH. VIII. 41.

*(Foto: Geisbe)*

handbuch zeigen, dass der Gigant seinem Namen alle Ehre macht:

| | |
|---|---|
| Spannweite | 55,00 m |
| Länge | 28,15 m |
| Höhe | 10,20 m |
| Flügelfläche | 300,00 m² |
| Leergewicht | 11.290 kg |
| Rüstgewicht | 12.000 kg |
| Zuladung | 23.000 kg |
| Fluggewicht | 35.000 kg |

Die Zuladung war somit fast doppelt so groß wie die des Eigengewichtes des Flugzeuges.
Schleppgeschwindigkeit: ca. 230 km/h
Landegeschwindigkeit ca. 115 km/h

**Folgende 68 Me 321 wurden ausweislich einer Aufstellung der Fliegerhorstkommandantur von Obertraubling am / nach überführt:**

02.07.41 Me 321 W2+SB nach Merseburg
03.07.41 Me 321 W2+SA nach Merseburg
05.07.41 Me 321 W2+SH nach Merseburg
06.07.41 Me 321 W2+SK nach Merseburg
07.07.41 Me 321 W2+SZ nach Merseburg
22.07.41 Me 321 W2+SF nach Merseburg
24.07.41 Me 321 W2+SE nach Merseburg
04.08.41 Me 321 W2+SC nach Merseburg
29.08.41 Me 321 W2+SM nach Schroda Ost
29.09.41 Me 321 Wl+SD nach Merseburg (Gigant aus der Leipheimer Produktion)
29.09.41 Me 321 W2+SR nach Merseburg
30.09.41 Me 321 W6+SB nach Merseburg
07.10.41 Me 321 W2+SN nach Öttingen
07.10.41 Me 321 W2+ST nach Öttingen
09.10.41 Me 321 W2+SD nach Öttingen
10.10.41 Me 321 W4+SQ nach Öttingen
10.10.41 Me 321 W4+ST nach Öttingen
13.10.41 Me 321 W4+SS nach Öttingen
16.10.41 Me 321 W4+SR nach Öttingen
16.10.41 Me 321 W2+SS nach Öttingen
17.10.41 Me 321 W2+SO nach Öttingen
20.10.41 Me 321 W4+SP nach Öttingen
20.10.41 Me 321 W4+SX nach Öttingen
22.10.41 Me 321 W4+SU nach Öttingen
22.10.41 Me 321 W2+SQ nach Öttingen
24.10.41 Me 321 W6+SL nach Öttingen
24.10.41 Me 321 W6+SK nach Öttingen
29.11.41 Me 321 W3+SS nach Posen
30.11.41 Me 321 W6+SA nach Schroda Ost
30.11.41 Me 321 W2+SP nach Öttingen
01.12.41 Me 321 W4+SV nach Öttingen
01.12.41 Me 321 W4+SF nach Deiningen
01.12.41 Me 321 W6+SD nach Schroda Ost
01.12.41 Me 321 W2+SW nach Deiningen
02.12.41 Me 321 W2+SV nach Deiningen
02.12.41 Me 321 W2+SU nach Deiningen, bei Monheim notgelandet
02.12.41 Me 321 W2+SJ nach Deiningen, bei Erdling notgelandet
08.12.41 Me 321 W4+SA nach Deiningen
08.12.41 Me 321 W4+SC nach Deiningen
09.12.41 Me 321 W4+SJ nach Deiningen
09.12.41 Me 321 W4+SN nach Deiningen
09.12.41 Me 321 W6+SO nach Deiningen
09.12.41 Me 321 W4+SK nach Deiningen
10.12.41 Me 321 W4+SM nach Deiningen
10.12.41 Me 321 W4+SB nach Deiningen, bei Kelheim abgestürzt
13.08.42 Me 321 W8+ST nach Leipheim
14.08.42 Me 321 W8+SZ nach Reims
14.08.42 Me 321 W8+SR nach Reims
15.08.42 Me 321 W8+SF bei Sinzing notgelandet
16.08.42 Me 321 W8+SB nach Reims
16.08.42 Me 321 W8+SH nach Reims
17.08.42 Me 321 W8+SQ nach Reims (wegen Leitwerkschaden zurückgeholt)
17.08.42 Me 321 W6+SR nach Reims
18.08.42 Me 321 W6+SQ nach Reims
25.08.42 Me 321 W8+SM nach Leipheim
27.08.42 Me 321 W8+SN nach Leipheim
24.10.42 Me 321 W8+SS nach Lechfeld
24.10.42 Me 321 W6+SU nach Lechfeld
25.10.42 Me 321 W6+SZ nach Lechfeld
25.10.42 Me 321 W8+SX nach Lechfeld
25.11.42 Me 321 W6+SV nach Dijon
25.11.42 Me 321 W8+SL nach Dijon, notgelandet bei Sigmaringen
25.11.42 Me 321 W8+SD nach Dijon
26.11.42 Me 321 W8+SD nach Dijon
07.12.42 Me 321 W8+SP nach Langendiebach

07.12.42 Me 321 W8+SQ nach Langendiebach
11.12.42 Me 321 W8+SM nach Dijon
25.11.42 Me 321 W6+SV nach Dijon
25.11.42 Me 321 W8+SL nach Dijon
Alle Me 321 mit den geraden Kennungen W2, W4, W6 und W8 wurden in Obertraubling endmontiert, hingegen kamen die Flugzeuge mit den ungeraden Kennungen W1, W3, W5 und W7 aus der Leipheimer Fertigung (Quelle: KTB und verschiedene Flugbücher).

**Beschreibung des Flugzeugmusters Me 323 D-l, D-2 und D-6 nach dem Flugzeug-Handbuch D. (Luft) T. 2323 Ausgabe vom 14. Oktober 1943. Technisches Amt GL/C Nr. 281492/43 (E 2 VII)**

**A. Allgemeines:** Das Flugzeugmuster Me 323 findet für den Großlastentransport Verwendung.

Baureihenabweichungen:
D-1 hat „Bloch“-Triebwerke mit „Ratier“-Verstellschrauben,
D-2 hat „Leo“-Triebwerke mit „Heine“-Festschrauben,
D-6 hat „Leo“-Triebwerke mit „Ratier“-Verstellschrauben.
Die Triebwerke sind nicht gegeneinander austauschbar.

**B. Konstruktionsform:**

1. Allgemeines: Abgestrebter sechsmotoriger Hochdecker in Gemischtbauweise. Rumpf und Tragwerksgerüst werden durch Stahlrohrgerüste gebildet. Zehnrädriges festes Fahrwerk. Hauptabmessungen:

| | |
|---|---|
| Spannweite | 55,00 m |
| Länge über alles | 28,15 m |
| Größte Höhe | 10,20 m |
| Flügelfläche | 300,00 $m^2$ |

2. Rumpf: Der Rumpf besteht aus einem mit Stoff verkleideten Stahlrohrfachwerk. Der Rumpfbug kann torartig nach beiden Seiten aufgeklappt werden; dazu ist Zurechtstellen der Luftschrauben 3 und 4 notwendig. Der Rumpf unterteilt sich in Führerraum, Laderaum und Rumpfende mit schwenkbarem Endteil.

3. Fahrwerk: Mehrrädriges festes Fahrwerk, bestehend aus je drei hinteren größeren Rädern und je zwei vorderen kleineren Rädern. Anordnung des Fahrwerks am Rumpf so, dass das Flugzeug im Allgemeinen in Waagerechtlage stehen bleibt. Bei rückwärtiger Schwerpunktslage ruht das Flugzeug mit geringer Last auf dem Sporn. (Bei laufenden Motoren hebt sich das Rumpfheck und der Sporn schlägt beim Rollen auf welligem Gelände leicht auf.) Die je drei hinteren Räder sind durch Druckluft bremsbar. Das Fahrwerk ist durch Kästen verkleidet. Am Rumpfende ist ein gefederter Schleifsporn angeordnet.

4. Leitwerk: Das Leitwerk ist in Holzbauweise mit Stoffbespannung ausgeführt. Höhen- und Seitenleitwerk sind gegeneinander und gegen den Rumpf abgestrebt. Trimmung der Höhenflosse durch Schwenken des Rumpfendes um eine quer im Rumpf liegende Achse; Betätigung durch Drucköl. Höhen- und Seitenruder sind gewichts- und luftkraftausgeglichen.

5. Steuerwerk: Höhen- und Quersteuerung werden durch eine doppelte Steuersäule mit Steuerhörnern und die Seitensteuerung wird durch Fußhebel mit Parallelführung betätigt. Übertragung der Steuerkräfte über rollengelagerte Seile. Die Ruder sind mit Trimm- und Ausgleichsflettner versehen. Seitenruderflettner und Höhenruderflettner sind zur Verringerung der Kraft an den Fußhebeln bzw. an der Steuersäule als kraftgesteuerte Flettner ausgeführt. Zur Verringerung der Querruderbetätigungskraft ist in die Quersteuerung eine Servosteuerung durch Rudermaschine eingebaut. Übertragung der Flettnerbetätigungskräfte durch mehrfach unterteilte Torsionswellen.

6. Tragwerk: Das dreiteilige Tragwerk besteht aus einem durchgehenden Mittelflügel mit Landeklappen und zwei Außenflügeln mit Querrudern. Der Holm wird durch ein viergurtiges Stahlrohrgerüst gebildet. Das Tragwerk ist gegen den Rumpf abgestrebt. Landeklappenbetätigung durch Drucköl; zur Verringerung der Betätigungskräfte sind an den Landeklappen Ausgleichsflettner angebracht.

7. Triebwerk: a. Motoren: Beiderseitig vom Rumpf sind je drei „Gnome-Rhone 14 N"-Flugmotoren vor der Flügelnase in Triebwerksgerüsten aufgehängt; es sind vollständige „Bloch 175"- bzw. „Leo"-Triebwerke verwendet. Die „Gnome-Rhone 14 N"-Motoren sind luftgekühlte 14-Zylinder-Doppelstern-Vergasermotoren. Luftschraubenuntersetzungsverhältnis 2:3. Nennhöhe 3000 m.

Ladedrücke und Drehzahlen (siehe Tabelle 1)

b. Luftschrauben: Jeder Motor ist entweder mit einer dreiflügeligen, im Fluge von Hand verstellbaren Ratier-Verstellschraube oder mit einer zweiflügeligen Heine-Schraube (starre Holzluftschraube) ausgerüstet.
c. Behälter: Kraft- und Schmierstoff sind in je 6 geschützten Behältern, die im Tragwerk angeordnet sind, untergebracht. Auffüllbare Kraftstoffmenge: 6 x 890 Liter = 5340 Liter Gesamtmenge. Zur Reichweitenvergrößerung können weitere Kraftstoffbehälter im Rumpf vorgesehen werden. Auffüllbare Schmierstoffmenge: 6 x 80 Liter = 480 Liter Gesamtmenge.
d. Triebwerksbedienung: Triebwerksbedienung über Gestänge, Umlenkhebel und Seilzüge, die in der Tragfläche mehrfach gelagert sind.

Elektrische Anlage:
2 Stromerzeuger von je 1200 Watt bei 24 Volt Netzspannung. 2 x 12 Volt-Sammler von je 45 Amp.-Stunden.
Elektrisch werden betätigt: Verstell-Luftschrauben, Kraftstoffbehälterpumpen, Servosteuerung, Anzeigevorrichtungen.

Druckölanlage: Durch Drucköl werden betätigt: Höhenflosse, Landeklappen.
Bordfunkanlage: Die Bordfunkausrüstung besteht aus den Funkgerätesätzen FuG X mit EiV, TZG. 10 und Peil GV.
Schusswaffenanlage: Es sind 7 Waffenstände eingebaut. Im Rumpfbug zwei Stände mit MG 131, in linker und rechter Rumpfseite je 1 Stand mit MG 15, in linker und rechter Rumpfseite je 1 Stand mit MG 131, im B-Stand ein MG 131.

Rüstsätze: Der Anbau von zwei Schleppkupplungen am Rumpf unten vorne zum Einhängen von Schleppseilen ist möglich.
Leistungen und Geschwindigkeiten: Die Leistungen und Geschwindigkeiten sind je nach Verwendung von Ratier-Verstellschrauben oder von Heine-Festschrauben verschieden. Flugzeuge mit Heine-Festschrauben sind für Flug in Bodennähe bestimmt. Die Motoren mit Verstellschrauben sind nach Ladedruck und Drehzahl einzuregulieren. Da bei Festschrauben der Ladedruck nicht überschritten werden kann, sind die mit Festschrauben ausgerüsteten Motoren nach Drehzahl einzuregulieren.

Zulässige Höchstdrehzahlen:
Steig- und Kampfleistung:
2200-2% U/min,
Höchstzulässige Dauerleistung:
2150-2 % U/min.

Reisegeschwindigkeit (siehe Tabelle 2)

Festigkeit und Flugbegrenzungen: Höchstzulässiges Fluggewicht 43000 kg in Beanspruchungsgruppe H 3 (sofern in der Lebenslaufakte nichts anderes angegeben ist).
Höchstzulässige Fluggeschwindigkeit bei voll angestellten Landeklappen 180 km/h
Normale Gleitfluggeschwindigkeit etwa 160 km/h

Gewichte:

| | |
|---|---|
| Rüstgewicht | 27.600 kg |
| Zuladung | 5500 kg |
| Höchste Nutzlast | 11.000 kg |
| Fluggewicht voll | 43.000 kg |

Baustoffangaben: Rumpfgerüst, Tragwerkholme und Fahrwerk bestehen aus Stahl und Dural. Leitwerk, Landeklappen, Querruder

und Rippen bestehen aus Kiefernholz, Sperrholz und Bespannstoff.
Schutzanstrich: Grund- und Deckanstrich bestehen aus nicht brennbaren Flieglacken. Der Anstrich erfolgt nach der Oberflächenschutzliste 8-Os-323.
Motoranordnung und Motormuster: Beiderseits vom Rumpf sind je 3 „Gnome-Rhone 14 N"- Flugmotoren vor der Tragflächennase in Triebwerksgerüsten aufgehängt. Bei der Me 323 D-1 sind vollständige „Bloch 175"-Triebwerke und bei der Me 323 D-2 und Me 323 D-6 sind vollständige „Leo"-Triebwerke eingebaut. Drehsinn der links angeordneten Motoren (Baureihenbezeichnung „14 N - 49") links, Drehsinn der rechten Motoren (Baureihenbezeichnung „14 N - 48") rechts. Die eingebauten „Gnome-Rhone"-14 N 48/49"-Motoren sind luftgekühlte 14-Zylinder-Doppelstern-Vergasermotoren. Die Abweichungen zwischen „Bloch"- und „Leo"-Triebwerken sind gering; die Triebwerke waren jedoch nicht gegeneinander austauschbar. Für Überlaststarts war der Einsatz von Starthilferaketen des Typs „Walther RI-202b" möglich.

**Tabelle 1:**

| Ladedrücke und Drehzahlen | bei Verstellschraube | | bei Festschraube | |
|---|---|---|---|---|
| Leistungsstufe | ata | U/min. | ata | U/min. |
| Startleistung (Stand) Höchstleistung | 1,33 | 2400 | 1,33 | 2000 |
| Steigleistung | 1,11 | 2200 | | 2200+2% |
| Höchstzulässige Dauerleistung | 1,00 | 2100 | | 2150+2% |
| Dauerleistung | 0,90 | 2000 | | |
| Startleistung (Höchstleistung) = 1180 PS | | | | |

**Tabelle 2:**

| Reisegeschwindigkeit | mit „Ratier"-Verstellschraube | mit „Heine"-Starrschraube |
|---|---|---|
| in 2 km Höhe (mit höchst zulässiger Dauerleistung) | 250 km/h | 200 km/h |
| Steiggeschwindigkeit in Bodennähe (mit Steigleistung) | 2,0 m/sek | 3,0 m/sek |
| Steiggeschwindigkeit in Bodennähe (mit Dauerleistung) | 1,0 m/sek | — |
| Steigzeit auf 2 km Höhe (mit Steigleistung) | 16 min | 14 min |
| Dienstgipfelhöhe (mit Steigleistung) | 4500 m | 3600 m |
| Gesamtflugstrecke (in Bodennähe) | 750 km | — |
| (mit Dauerleistung) | in 2 km Höhe | 850 km |
| | in 4 km Höhe | 950 km |
| Startrollstrecke ohne Starthilfe (mit Startleistung) | 800 m | |

**Ausweislich des Kriegstagebuches des Fliegerhorstes Obertraubling wurden folgende Me 323 1942 hergestellt und nach Leipheim zum Kampfgeschwader z.b.V. 323 überflogen:**

DT+IA am 09.09.42
DT+DL am 12.09.42
DT+QB am 01.10.42
DT+IC am 02.10.42
DT+ID am 05.10.42
DT+IE am 05.10.42
DT+IB am 28.10.42
DT+IF am 30.10.42
DT+IH am 06.11.42
DT+II am 06.11.42
DT+IJ am 17.11.42
AT+ID am 20.11.42
DT+IM am 03.12.42
DT+IN am 09.12.42
DT+IK am 12.12.42
DT+IR am 16.12.42
DT+IL am 16.12.42.

Alle hier aufgeführten Me 323 waren vom Typ D-1.

**Verbleib und Schicksal von Me 323 aus Regensburg-Obertraubling (Verzeichnis unvollständig):**

| Werk-Nr. | Stamm-kennzeichen | |
|---|---|---|
| ? | AT+I | V-Muster |
| 801? | DT+DL | Me 323 V-3, am 12. September 1942 von Obertraubling nach Leipheim zum KG z.b.V. 323 überflogen. Für Ausbildungszwecke in Leipheim eingesetzt. |
| | DT+QB | Me 323 V, am 1. Oktober nach Leipheim überflogen. |

**Die Werknummern 1201 – 1226 sind Me 323 der Versionen D-1.**

| | | |
|---|---|---|
| 1201 | DT+IA | Am 9. September 1942 von Obertraubling nach Leipheim zur I./KG z.b.V. 323 überflogen. Am 5. Januar 1943 durch eine Kollision in Trapani, mit 45 Prozent Schaden, schwer beschädigt. |
| 1202 | DT+IB | 28. Oktober von Obertraubling nach Leipheim überführt. |
| 1203 | DT+IC | Am 2. Oktober 1942 von Obertraubling zur I./KG z.b.V. 323 nach Leipheim überführt. Am 22. November 1942 bei missglückter Landung in Piacenza zu 60 Prozent zerstört. |
| 1204 | DT+ID | Ab dem 1. Oktober in Leipheim für Einweisungs- und Umschulungsflüge im Einsatz. Am 20. November 1942 von Obertraubling nach Leipheim überführt. Am 2. Dezember 1942 nach Motorstörung ins adriatische Meer südwestlich von Termoli gestürzt. Drei Mann der Besatzung kamen ums Leben. |
| 1205 | DT+IE | Am 5. Oktober 1942 als Me 323 D-1 von Obertraubling nach Leipheim überführt. Die DT+IE wurde am 10. März 1943 durch einen Bombenangriff auf Tunis zerstört. |

| | | |
|---|---|---|
| 1206 | DT+IF | Am 30. Oktober 1942 von Obertraubling nach Leipheim mit Namen „Hein“ überführt. |
| 1207 | DT+IG | Me 323 der Stabsstaffel mit Namen „Peterle“. Flugzeugführer Oberleutnant Ernst Peter. Am 17. 0ktober 1943 Bruchlandung in der Nähe von Radinov und dabei zu 35 Prozent beschädigt. |
| 1208 | DT+IH | Am 6. November 1942 von Obertraubling nach Leipheim überführt. Am 1. März 1943 bei Trapani abgestürzt. 12 Mann tot und 3 verletzt. |
| 1209 | DT+II | Am 6. November 1942 von Obertraubling nach Leipheim überführt. Als Maschine der I./TG 5 am 14. Juni 1944 in Ungarn durch Tiefangriff von P-38 „Lightning“ am Boden zerstört. |
| 1210 | DT+IJ | Am 17. November 1942 von Obertraubling nach Leipheim überflogen. Als Flugzeug von der II./TG 5, am 17. August 1944 durch Absturz wegen Motorschaden auf dem Flug zwischen Insterburg und Riga zu 60 Prozent beschädigt. |
| 1211 | DT+IK | Am 12.12.1942 von Obertraubling nach Leipheim überführt. Kam zur I./KG z.b.V. 323. Am 15. Januar 1943 durch Jäger vor der tunesischen Küste abgeschossen. Dabei kamen 12 Mann ums Leben. |
| 1212 | DT+IL | Vom 23. – 28. September 1942 als Umschulungsflugzeug in Leipheim eingesetzt. Am 16.12.1942 von Obertraubling nach Leipheim überflogen. Am 13. April 1943 in Tunis bei einem Fehlstart zu 60 Prozent beschädigt. |
| 1213 | DT+IM | Am 3. Dezember 1942 von Obertraubling nach Leipheim geflogen. Kam zur I./KG z.b.V. 323. Am 5. Januar 1943 nach Zusammenstoß mit landender Me 323 in Trapani zu 50 Prozent beschädigt. Am 8. August 1943 nochmals mit 65 Prozent Schaden in Pisa gemeldet. |
| 1214 | DT+IN | Am 9. Dezember 1943 von Obertraubling nach Leipheim geflogen. Als Flugzeug der I./KG z.b.V. 323, am 10. Februar 1943 auf dem Rückflug von Tunis nach Neapel die Küste für eine Notlandung nicht mehr erreicht. 4 Tote und 3 Verletzte. Flugzeug musste als Totalverlust verbucht werden. |
| 1215 | DT+IO | Am 5. April 1943 bei Bombenangriff auf Tunis zu 45 Prozent beschädigt. |
| 1216 | DT+IP | Am 30. September 1943 durch Jäger auf dem Weg von Korsika nach Elba abgeschossen. 9 Tote. |
| 1217 | DT+IQ | Nichts Weiteres bekannt. |
| 1218 | DT+IR | Am 16. Dezember 1942 von Obertraubling nach Leipheim überführt. Am 5. Januar 1943 Kollision mit einer anderen Me 323 in Trapani. Am Flugzeug entstand 45 Prozent Schaden. |
| 1219 | DT+IS | Späteres Verbandskennzeichen C8+MB von der I./TG 5. |
| 1220 | DT+IT | 1942 mit Namen „Himmelslaus“ in Leipheim. Am 15. Februar 1943 bei der Landung in Lemberg zu 15 Prozent beschädigt. |
| 1221 | DT+IU | Am 13. April 1943 bei Luftangriff auf Castelvetrano zerstört. |
| 1222 | DT+IV | Verbandskennzeichen C8+BF. Am 22. März 1943 nach Motorausfall während des Starts in Castelvetrano und anschließender Bruchlandung verbrannt. 3 Tote. |
| 1223 | DT+IW | Am 25. April 1943 beim Betanken in Castelvetrano in Brand geraten. 2 Mann verletzt, Maschine total ausgebrannt. |
| 1224 | DT+IX | Späteres Verbandkennzeichen C8+EP. Am 22. April 1943 vor Kap Bon abgeschossen. 9 Tote. |
| 1226 | DT+IZ | Späteres Verbandskennzeichen C8+DP. Am 22. April 1943 vor Kap Bon abgeschossen. 9 Tote. |

| | | |
|---|---|---|
| 1253 | VM+IA | Von der I./KG z.b.V. 323, am 22. April 1943 bei Kap Bon abgeschossen. 6 Mann tot, 3 verletzt. |
| 1254 | VM+IB | Späteres Verbandskennzeichen C8+CC von der II./KG z.b.V. 323. Am 22. April 1943 bei Kap Bon abgeschossen. |
| 1255 | VM+IC | Späteres Verbandskennzeichen C8+LF. |
| 1256 | VM+ID | Späteres Verbandskennzeichen C8+CG von der I./TG 5. Am 17. Juli 1943 bei einem Luftangriff auf Pomigliano zerstört. |
| 1257 | VM+IE | Späteres Verbandskennzeichen C8+ME von der I. Gruppe. |
| 1258 | VM+IF | Bei einer Bruchlandung in Obertraubling zu 90 Prozent zerstört. 1 Toter und 2 Verletzte. Unter den Verletzten befand sich Major Markus Zeidler. |
| 1259 | VM+IG | Maschine der I. Gruppe, wurde am 22. Mai 1943 durch alliierte Jäger über dem Mittelmeer abgeschossen. 5 Mann tot und 4 verwundet. |
| 1260 | VM+IH | Späteres Verbandskennzeichen C8+FN, von der II./TG 5 mit dem Namen „Mücke“. Wurde am 7. Mai 1943 von deutschen Truppen auf dem Rückzug in Tunis gesprengt. |
| 1261 | VM+II | Diese Maschine gehörte zur I. Gruppe und wurde am 30. Mai 1943 bei einem Bombenangriff auf Pomigliano zerstört. |
| 1262 | VM+IJ | Späteres Verbandskennzeichen C8+LB von der I. Gruppe, wurde am 5. August 1943 beim Rollen auf dem Flugplatz Venofiorita zu 45 Prozent beschädigt und später von den Alliierten teilausgebrannt dort vorgefunden. |
| 1263 | VM+IK | |
| 1264 | VM+IL | Späteres Verbandskennzeichen C8+QE von der I. Gruppe wurde am 16. Juli 1943 bei einem Bombenangriff auf Pomigliano zu 35 Prozent beschädigt. |
| 1265 | VM+IM | |
| 1266 | VM+IN | Dieses Flugzeug gehörte zur II. Gruppe und wurde am 1. August 1943 bei einem Luftangriff auf Capodichino zerstört. |
| 1267 | VM+IO | Späteres Verbandskennzeichen C8+DG von der I. Gruppe, wurde am 26. Juli 1943 durch Jäger östlich von Kap Rera abgeschossen. Von der Besatzung wurden 6 verwundet und 3 getötet. |
| 1268 | VM+IP | Späteres Verbandskennzeichen C8+TE von der I. Gruppe, wurde am 5. September 1943 durch einen Luftangriff auf den Flugplatz von Grosseto zu 65 Prozent beschädigt. |
| 1269 | VM+IQ | Späteres Verbandskennzeichen C8+CB, eine Me 323 von der I./TG 5. Am 23. Februar 1944 nach Motorausfall Hindernisberührung und zu 50 Prozent beschädigt. |
| 1270 | VM+IR | Späteres Verbandskennzeichen C8+EG von der I./TG 5. Abschuss durch Jäger am 26. Juli 1943 bei Garibaldi. Von der Besatzung waren 5 Mann tot und 4 verwundet. |
| 1271 | VM+IS | Späteres Verbandskennzeichen C8+AF von der I./TG 5, wurde am 21. Juli 1943 durch einen Luftangriff auf den Flugplatz von Grosseto zu 70 Prozent beschädigt. |
| 1272 | VM+IT | Vom 31. Dezember 1943 – 1. März 1944 als Waffenträger zur Erprobung bei der E-Stelle Tamewitz. |
| 1273 | VM+IU | Eine Maschine von der II./TG 5, wurde am 17. August 1943 bei einem Bombenangriff auf den Flugplatz von Istres zu 25 Prozent beschädigt. |

| | | |
|---|---|---|
| 1274 | VM+IV | Eine Maschine von der II./TG 5, wurde am 30. Juli 1943 nahe Barcaggio auf Korsika von Jägern abgeschossen und zu 80 Prozent zerstört. Dabei wurden 4 Mann der Besatzung verwundet. |
| 1275 | VM+IW | Eine Maschine der II./TG 5, die bei einem Luftangriff auf den Flugplatz von Pomigliano am 17. Juli 1943 zu 60 Prozent zerstört und nach Einnahme des Platzes von den Alliierten dort ausgebrannt vorgefunden wurde. |
| 1276 | VM+IX | |
| 1277 | VM+IY | Abnahmeflug am 16. Juli 1943 in Obertraubling durch Anton Riediger. |
| 1278 | VM+IZ | II./TG 5. Diese Me 323 war die als fliegende Werkstatt ausgerüstete Maschine und wurde am 21. Juli 1943 durch einen Luftangriff auf Grosseto zerstört. |

**Me 323 Werknummer 1279 – 1298**

| | | |
|---|---|---|
| 1279 | SL+HA | Auf dem Flugplatz von Castelvetrano von den Alliierten ausgebrannt vorgefunden. |
| 1280 | SL+HB | Ein Flug von Avignon nach Pisa mit FF Oberfeldwebel Lutz ist dokumentiert. |
| 1281 | SL+HC | |
| 1282 | SL+HD | Postkartenmotiv. Die Aufnahme entstand im Sommer 1943 auf dem Fliegerhorst in Obertraubling. Vom 9. März 1944 existiert ein Flugbucheintrag von Oberfeldwebel Friedrich und Prüfmeister Ebner. |
| 1283 | SL+HE | |
| 1284 | SL+HF | Eine Maschine der II./TG 5. Vom 10. – 15. Juli 1943 ist ein Transportflug von Leipheim über Dijon – Istres – Grosseto – Pomigliano – Istres – Grosseto dokumentiert. FF Feldwebel Blanke. |
| 1285 | SL+HG | Eine Maschine der II./TG 5. Das Flugzeug wurde am 30. September 1943 auf dem Flug von Korsika nach Elba abgeschossen. 3 Mann der Besatzung fanden dabei den Tod. |
| 1286 | SL+HH | Eine Maschine der II./TG 5. Diese Me 323 wurde am 23. September 1943 bei einem Luftangriff auf Pisa zu 55 Prozent zerstört. |
| 1287 | SL+HI | Eine Maschine der II./TG 5. Diese Me 323 wurde am 23. September 1943 bei einem Luftangriff auf Pisa zerstört. |
| 1288 | SL+HJ | Eine Maschine der II./TG 5. Diese Me 323 wurde am 23. September 1943 bei einem Luftangriff auf Pisa beschädigt. |
| 1289 | SL+HK | |
| 1290 | SL+HL | |
| 1291 | SL+HM | Von den Alliierten in Trapani zerstört vorgefunden. |
| 1292 | SL+HN | |
| 1293 | SL+HO | Eine Maschine der I./TG 5 mit dem späteren Kennzeichen C8+BE, wurde am 15. März 1944 durch Absturz in Belgrad zu 85 Prozent zerstört. |
| 1294 | SL+HP | Ein Verwundetentransport von Lemberg nach Königsberg mit FF Oberfeldwebel Epke am 1. Oktober 1943 ist dokumentiert. |

| | | |
|---|---|---|
| 1295 | SL+HQ | Eine Maschine der I./TG 5 mit dem späteren Kennzeichen C8+DF. Am 28. Februar 1944 Notlandung bei Kunki, ca. 14 Kilometer westlich von Tomaszow. Am 31. März 1944 ausgeschlachtet und vermutlich gesprengt. |
| 1296 | SL+HR | |
| 1297 | SL+HS | |
| 1298 | SL+HT | Aus E-1 in Sonderversion WT - Waffenträger ausgerüstet. |

*Luftschraube einer Me 323 D-2 im Gerhard Neumann Museum in Niederalteich. (Foto: Josef Voggenreiter)*

Bl. 2 zum Schreiben an GL/C, Herrn Oberst i.Genst. Vorwald des Leiters des Sonderausschusses F 2 vom 5.12.42. 131

**1.) Baureihe D-1.**

Die 32 Fz mit Bloch-Triebwerken und Ratierschrauben können in Obertraubling nicht in einer Serie hintereinander fertiggestellt werden, da nach dem 26. Fz (erste 4 Januar-Maschinen) zunächst keine einsatzfähigen Bloch-Triebwerke mehr zur Verfügung stehen. Dies ist darauf zurückzuführen, daß eine Bevorratung von Einzelteilen der Triebwerksmontage durch den Sonderausschuß T 3 anscheinend unterblieben ist, obwohl die Vereinbarung zwischen dem Sonderausschuß F 2 und T 3 am 3.7.42 ausdrücklich dahin bestätigt wurde, daß die Bevorratung der Bloch- und Leo-Triebwerke des Baum. Me 323 in den Verantwortungsbereich des Sonderausschusses T 3 fällt. Vom Arbeitsausschuß F 2/d in meinem Hause wurde der Sonderausschuß T 3, nachdem das Fehlen von Triebwerksersatzteilen festgestellt wurde, am 30.11.42 aufgefordert, zu dieser Angelegenheit Stellung zu nehmen. Unabhängig vom Ausgang dieser Verhandlungen habe ich den Arbeitsausschuß F 2/d beauftragt, alle Schritte einzuleiten, um zumindest von hier aus nachträglich eine Ersatzteilbevorratung für Triebwerkseinzelteile zu veranlassen, falls mit dem Sonderausschuß T 3 keine andere Regelung erzielt werden kann. Die jetzt bei Bronzavia in Paris nach Übernahme von SNCASO aus Bordeaux anlaufenden Arbeiten zum Aufrüsten der Bloch-Triebwerke lassen erwarten, daß ab Ende Januar 1943 weitere Schnellwechseltriebwerke eingehen. Diese müssen für die bis Ende ds. Js. abzuliefernden ca. 35 Fz zunächst für Bevorratungszwecke an das zuständige Luftzeugamt gehen. Um den Einsatz der Maschinen nicht zu gefährden, wurden daher die letzten 6 Fz der Baureihe D-1 in Obertraubling erst mit Auslauf des Programms, also für Juli nächsten Jahres eingeplant.

**2.) Baureihe D-6.**

Auch diese Fz mit Leo-Triebwerken und Ratier-Verstell-Luftschrauben werden in Obertraubling nicht in der Gesamtserie mit 29 Fz hintereinander fertiggestellt. Die Gründe, die zu dieser Überlegung führten, sind genau wie bei Baureihe D-1 in der Ersatzteillage zu suchen. Um den Einsatz nicht durch Fehlen von Verstell-Luftschrauben und Einzelteilen hierzu, wie Verstellmotore usw. zu gefährden, wird nach Fertigstellung der ersten Fz D-6 in Obertraubling zunächst die Baureihe D-2 weitergebaut, die mit Holzschrauben ausgerüstet wird. Da im Augenblick noch nicht genügend Leo-Triebwerke mit der für die Heine-Holzluftschraube geforderten weichen Lagerung zur Verfügung stehen, mußte Obertraubling zunächst mit den Vorarbeiten für die Baureihe D-6 beginnen, welche die jetzt vorhandenen Leo-Triebwerke mit normaler (d.h. harter) Lagerung unter Verwendung der Ratier-Schrauben aufbraucht. Bis Anfang nächsten Jahres ist jedoch die Anlieferung der Leo-Triebwerke mit weicher Lagerung in genügender Anzahl gesichert, sodaß die Baureihe D-2 ab Februar eingeplant werden konnte.

**3.) Baureihe D-2.**

Da diese Fz mit Heine-Holzluftschrauben ausgerüstet werden, sind nur Leo-Triebwerke zugelassen, welche die weiche Lagerung aufweisen.

Leider hat GL/C-E 3/V (Herr Dr.Geiseler) zu dem von unserem Projektbüro am 26.6.42 geäußerten Bedenken über den Einbau dieser Heine-Holzluftschrauben noch keine abschließende Stellungnahme gegeben. Sollten sich dadurch, daß die Luftschrauben aus nicht trockenem Holz gefertigt wurden, das nach dem Schleudern unberechenbar weiterarbeitet, irgendwelche Störungen für die programmgemäße Ausbringung

Bl. 3 zum Schreiben an GL/C, Herrn Oberst i.Genst. Vorwald des Leiters des Sonderausschusses F 2 vom 5.12.42

der Fz ergeben, werde ich Sie unverzüglich hiervon unterrichten.

Zusammenfassend muß ich also betonen, daß die Erfüllung des heute eingereichten Vorschlages von mehreren, vorstehend geschilderten Voraussetzungen abhängt, für deren Erfüllung ich mich voll und ganz einsetzen werde.

Ich wäre Ihnen jedoch dankbar, wenn Sie mich in dieser Aufgabe dadurch unterstützen ließen, daß Sie die bevorzugte Zuteilung der zugesagten Arbeitskräfte weiterhin fördern würden. Außerdem wären die GL-Verbindungsstelle Paris und die Sonderausschußleiter T 3 und T 6 anzuweisen, daß die Aufteilung der Triebwerke und Luftschrauben auf Serie und Bevorratung in der Weise erfolgen muß, wie dies in einem eingehenden Schreiben meines Nachbauwesens vom 1.12.42 an GL/C-B 2 gemäß beiliegender Durchschrift geschildert wurde.

Heil Hitler!

Anlagen:
1 Programmvorschlag
vom 1.12.42,
1 Briefdurchschrift
vom 1.12.42.

Durchschrift ds.Schrbs.
an GL/C-B,
GL/C-B 2.

*(Foto: Sammlung Hans-Peter Dabrowski)*

## Luftangriffe auf den Fliegerhorst Regensburg-Obertraubling

| Datum | Bomber Anzahl | Bomber Typ | Luftflotte Air Division | Bomben Anzahl | Typ | Gewicht | Gesamt | Angriffsziel |
|---|---|---|---|---|---|---|---|---|
| 22. Feb 44 | 94 | B-24 | 15.USAAF | 741<br>306 | 227 kg *<br>45 kg ** | 168 t<br>14 t | 182 t | Me 109-Produktion |
| 25. Feb 44 | 158 | B-17 | 8. USAAF<br>3. Air Division | 1295<br>1028 | 227 kg *<br>45 kg** | 294 t<br>46 t | 340 t | Me 109-Produktion |
| 21. Jul 44 | 90 | B-17 | 8. USAAF<br>3. Air Division | 500 Sprengbomben<br>400 Flüssigkeitsbrandbomben**<br>5000 Stabbrandbomben | | | 210 t | Me 109-Produktion |
| 16. Feb 45 | 263 | B-24 | 15.USAAF | mind. 630<br>mind. 402<br>mind. 20.000 Splitterbomben | 227 kg *<br>45 kg** | | 515 t | Me 262-Produktion |
| 11. Apr 45 | 79 | B-24 | 8.USAAF<br>2. Air Division | 315<br>535 | 112,5 kg*<br>227 kg* | | 159 t | Me 262-Produktion |
| Gesamt | 684 | | | | | | 1406 t | |

*Mindestens 4000 abgeworfene schwere Sprengbomben.
**Abgeworfene Flüssigkeitsbrandbomben: 2136 Stück
Hinzu kommen noch 5000 Stabbrandbomben und über 20000 Splitterbomben

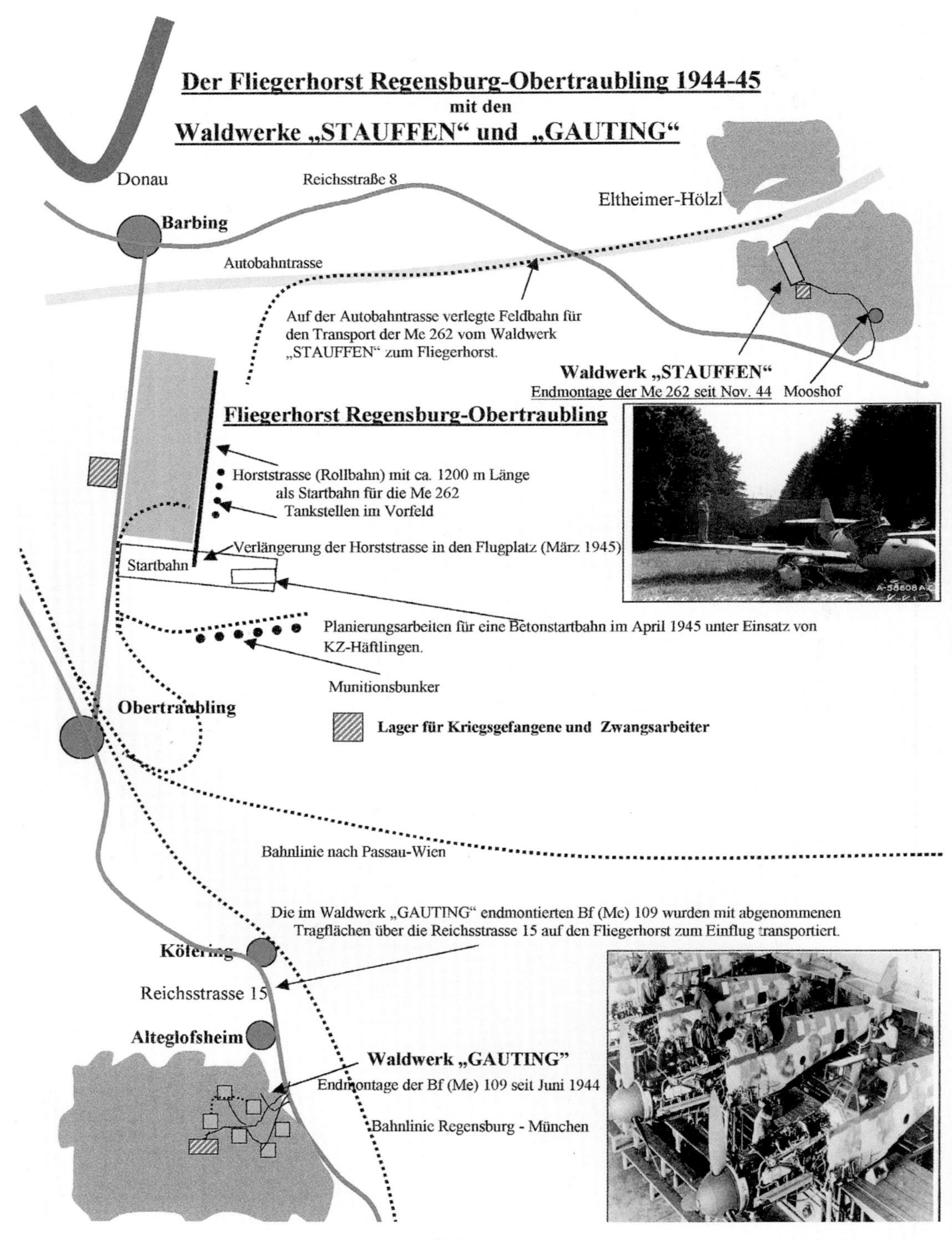

Der Fliegerhorst Regensburg-Obertraubling 1944-45
mit den
Waldwerke „STAUFFEN“ und „GAUTING“
Donau
Reichsstraße 8
Eltheimer-Hölzl
Barbing
Autobahntrasse
Auf der Autobahntrasse verlegte Feldbahn für den Transport der Me 262 vom Waldwerk „STAUFFEN“ zum Fliegerhorst.
Waldwerk „STAUFFEN“
Endmontage der Me 262 seit Nov. 44
Mooshof
Fliegerhorst Regensburg-Obertraubling
Horststrasse (Rollbahn) mit ca. 1200 m Länge als Startbahn für die Me 262
Tankstellen im Vorfeld
Verlängerung der Horststrasse in den Flugplatz (März 1945)
Startbahn
Planierungsarbeiten für eine Betonstartbahn im April 1945 unter Einsatz von KZ-Häftlingen.
Munitionsbunker
Obertraubling
Lager für Kriegsgefangene und Zwangsarbeiter
Bahnlinie nach Passau-Wien
Die im Waldwerk „GAUTING“ endmontierten Bf (Me) 109 wurden mit abgenommenen Tragflächen über die Reichsstrasse 15 auf den Fliegerhorst zum Einflug transportiert.
Köfering
Reichsstrasse 15
Alteglofsheim
Waldwerk „GAUTING”
Endmontage der Bf (Me) 109 seit Juni 1944
Bahnlinie Regensburg - München

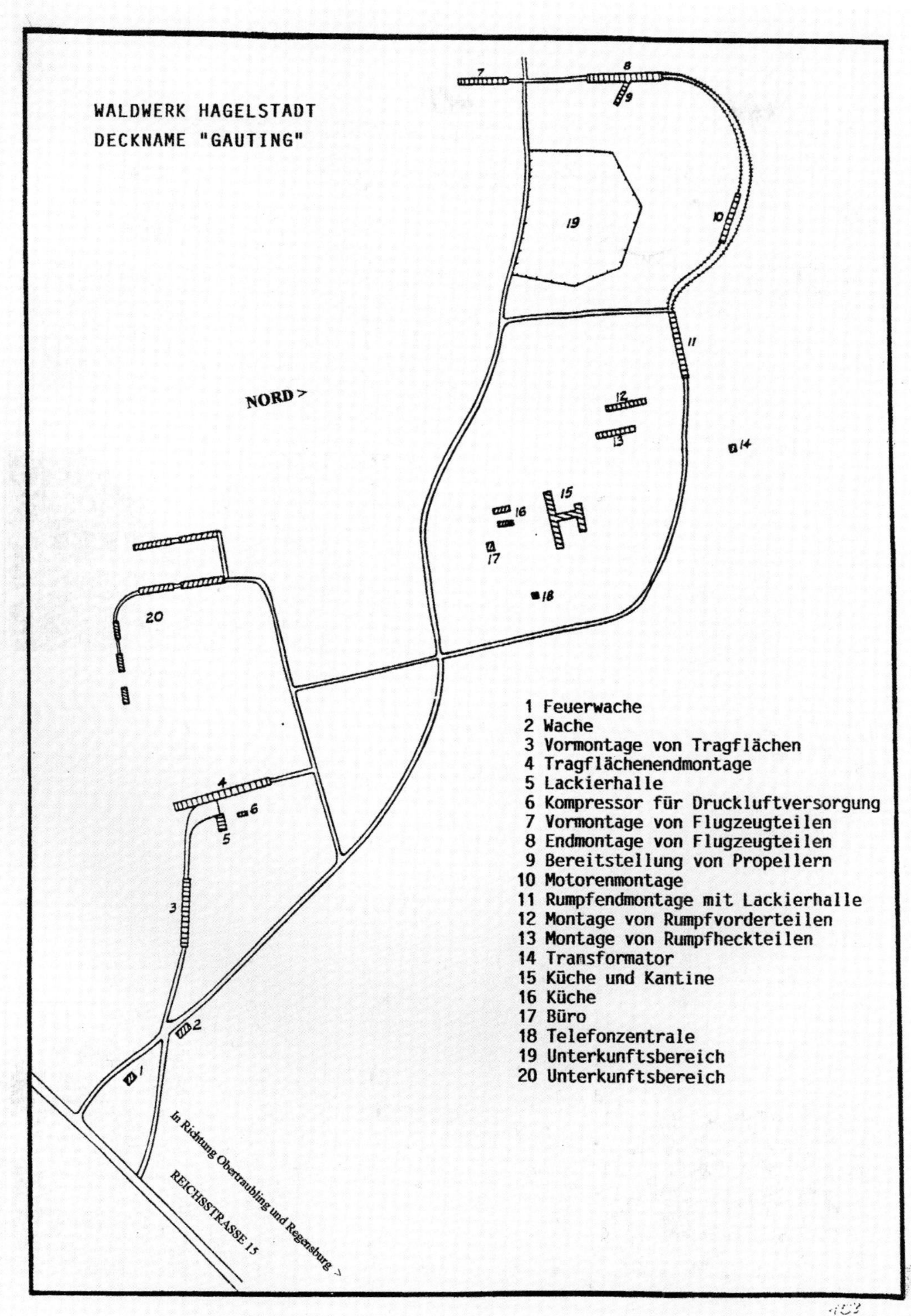


*(Foto: Sammlung Peter Schmoll)*

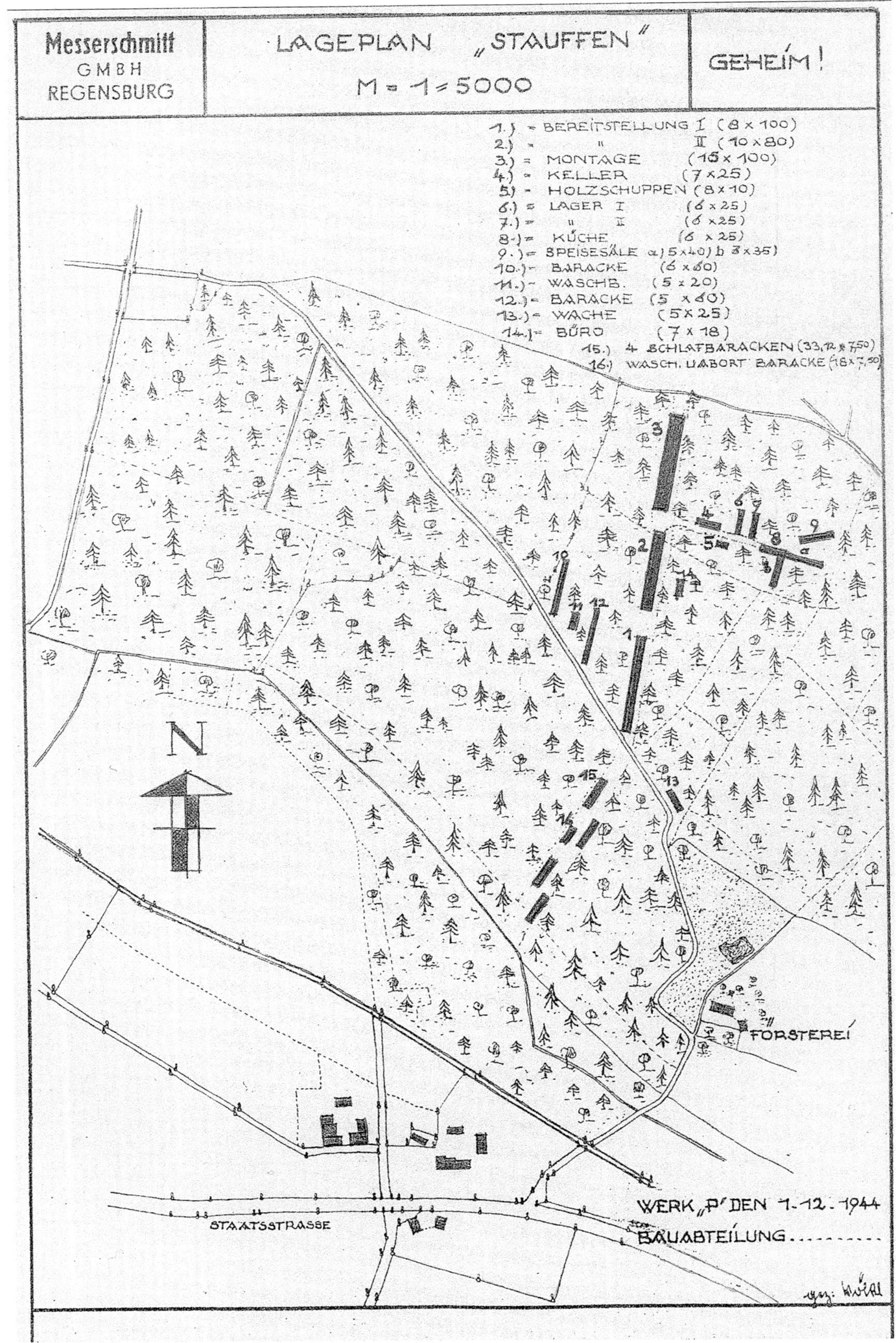


*(Foto: Archiv Airbus Group)*

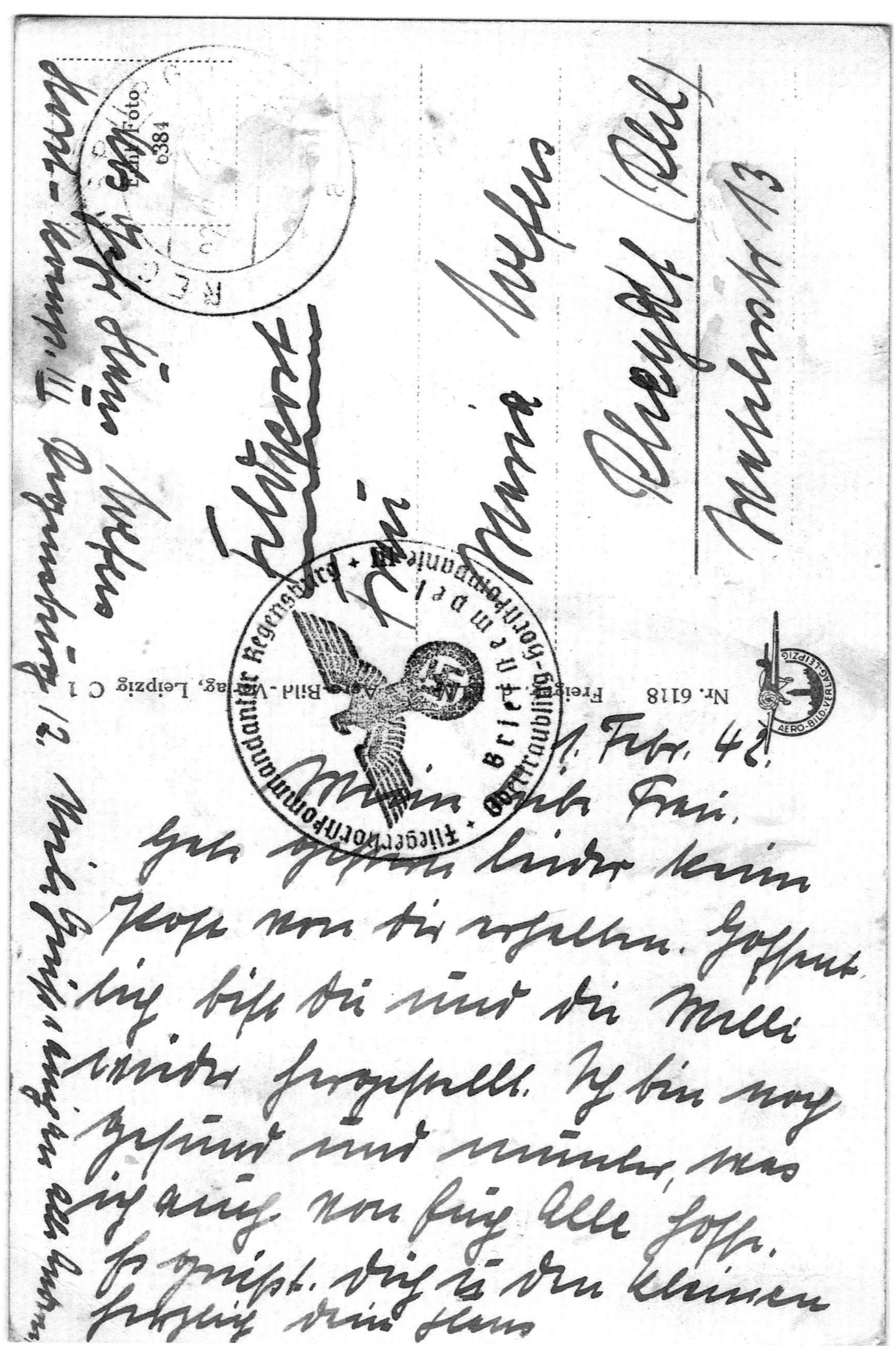


*Postkarte mit Stempel der Fliegerhorstkommandantur. (Foto: Sammlung Wolfgang Soller)*

# Abkürzungen:

| | |
|---|---|
| Bf | Bayerische Flugzeugwerke |
| Bf 109 | Einmotoriges Jagdflugzeug, welches allgemein als Me 109 bezeichnet wurde. |
| Bf 110 | Zweimotoriger Zerstörer, welcher allgemein als Me 110 bezeichnet wurde. |
| I./KG z.b.V. 323 | I. Gruppe/Kampfgeschwader zur besonderen Verwendung 323 |
| I./ TG 5 | I. Gruppe/Transportgeschwader 5 |
| Fl. Ing. | Flieger Ingenieur |
| FlÜG | Flugzeug-Überführungsgeschwader |
| FF | Flugzeugführer |
| (G.S.) | Gigant Staffel |
| He | Heinkel |
| Ju | Junkers |
| Me | Messerschmitt |
| KG | Kampfgeschwader |
| KTB | Kriegstagebuch |
| NO | Nachrichten Offizier |
| MG 131 | Maschinengewehr 131 Kaliber 13,1 mm |
| MG 151/20 | Maschinengewehr 151 Kaliber 20 mm |
| MK 108 | Maschinenkanone 108 Kaliber 30 mm |
| OKL | Oberkommando der Luftwaffe |
| TO | Technischer Offizier |
| SG 38 | Schulgleiter 38 |

## LITERATURNACHWEIS

Die Giganten Me 321 – Me 323 Pawlas
H.-P. Dabrowski: Messerschmitt Me 321/323. The Luftwaffe's „Giants" in WW II. (Schiffer Books Printed in China 2002)
H.-P. Dabrowski: Giganten der Luft (Podzun Pallas-Verlag, 61169 Friedberg/H. 1993)
Wolfgang Dierich: Die Verbände der Luftwaffe (Motor Buchverlag, Stuttgart 1976)
Heinz Powilleit: Flugerinnerungen 1938 – 1943 (Eigenverlag 1998)
Georg Schlaug: Lastensegler
Ernst Peter: ... schleppte und flog Giganten (Motor Buchverlag, Stuttgart 1976)
Peter Schmoll: Die Messerschmitt-Werke im 2. Weltkrieg
Messerschmitt Me 321, Me 323 Gigant Waldemar Trojca

## VERWENDETE ARCHIVALIEN:

Air Documents Division, T-2 AMC, Wright Field Microfilm R 2713 F 1025
Das Kriegstagebuch (KTB) des Fliegerhorstes Obertraubling aus dem Bestand RL 21/90 des Bundesarchiv-Militärarchives in Freiburg,
Industrielieferplan Stand 31.03.1943
Archiv Airbus Group, Bestände Me 321 und Me 323

## Ein Fliegerschicksal im Zweiten Weltrieg

Oberleutnant Wilhelm Seidel, geboren am 24.6.1910, war bei Kriegsbeginn Flugzeugführer in der 3. Staffel der Aufklärungsgruppe 31. Nach Einsatzflügen über Polen, Frankreich und England wurde er am 10. März 1942 zum Kommando „Warschau-Süd" nach Obertraubling versetzt. Dort führte er zahlreiche Mess- und Versuchsflüge mit der Me 323 durch. Seidel wurde dann als Pilot bei der I./K.G. z.b.V. 323 eingesetzt. Am 9. September 1942 erfolgte seine Versetzung durch den Oberbefehlshaber der Luftwaffe, Kommando Jüterbog, zu Messerschmitt als Erprobungsflieger. Am 12. Juli 1943 startete in Augsburg Oberleutnant Wilhelm Seidel mit dem Versuchsingenieur Theo Trimborn in der Me 410 Werknummer 0127, Kennzeichen SI+GQ zu einer Triebwerkserprobung. An der neuen Me 410 war die EiV (Eigenverständigungsanlage) defekt. Dies war auch gemeldet worden, aber bis zum Start erfolgte keine Reparatur. Zwischen dem Flugzeugführer und dem Versuchsingenieur bestand somit keine Sprechverbindung. Beide einigten sich darauf, den Flug trotzdem durchzuführen. Die Verständigung sollte mit Handzetteln erfolgen, da es sich nur um Mitteilungen betreffend des Messfluges handeln sollte. Im Rahmen des Testfluges wurde die Me 410 mit maximaler Leistung der beiden DB 603 A Triebwerke auf große Höhe und Geschwindigkeit geflogen. Über Schierling kam es in großer Höhe zu einem Triebwerksbrand, der auch vom Boden aus von zahlreichen Personen beobachtet werden konnte. Oberleutnant Seidel versuchte im Sinkflug bei höherer Geschwindigkeit das Feuer auszulöschen. Dies gelang auch offenbar, aber als sich die Geschwindigkeit in Bodennähe wieder reduzierte, verwandelte sich das qualmende Triebwerk in einen Feuerball. Aus Richtung Eggmühl kommend überflog die Me 410 bereits sehr tief brennend die Ortschaft Unterlaichling. Zum erforderlichen Fallschirmabsprung fehlte nun die Verständigung im Flugzeug zum Kabinenabwurf und Fallschirmabsprung. Wie die Monteure, die das Flugzeug bargen, berichteten, versuchte Seidel noch abzuspringen. Sein Fallschirm öffnete sich jedoch scheinbar nicht mehr rechtzeitig, denn er lag in einiger Entfernung neben dem Flugzeug auf einem Acker. Der 30 Jahre alte Versuchsingenieur Theo Trimborn verblieb im Flugzeug, welches nach dem Verlassen von Seidel führerlos abstürzte und explodierte.

*Oberleutnant Seidel (Bild: Sammlung Alfons Pichlmaier)*

*Gedenkstein an der Absturzstelle von Wilhelm Seidel (Bild: Sammlung Alfons Pichlmaier)*

*Theo Trimborn*

*Die Me 410 wurde als Bomber, Zerstörer und als Aufklärer eingesetzt. (Bild: Sammlung Peter Schmoll)*

*(Sammlung: Alfons Pichlmaier)* *Absturzstelle Me 410 Oberleutnant Seidel*

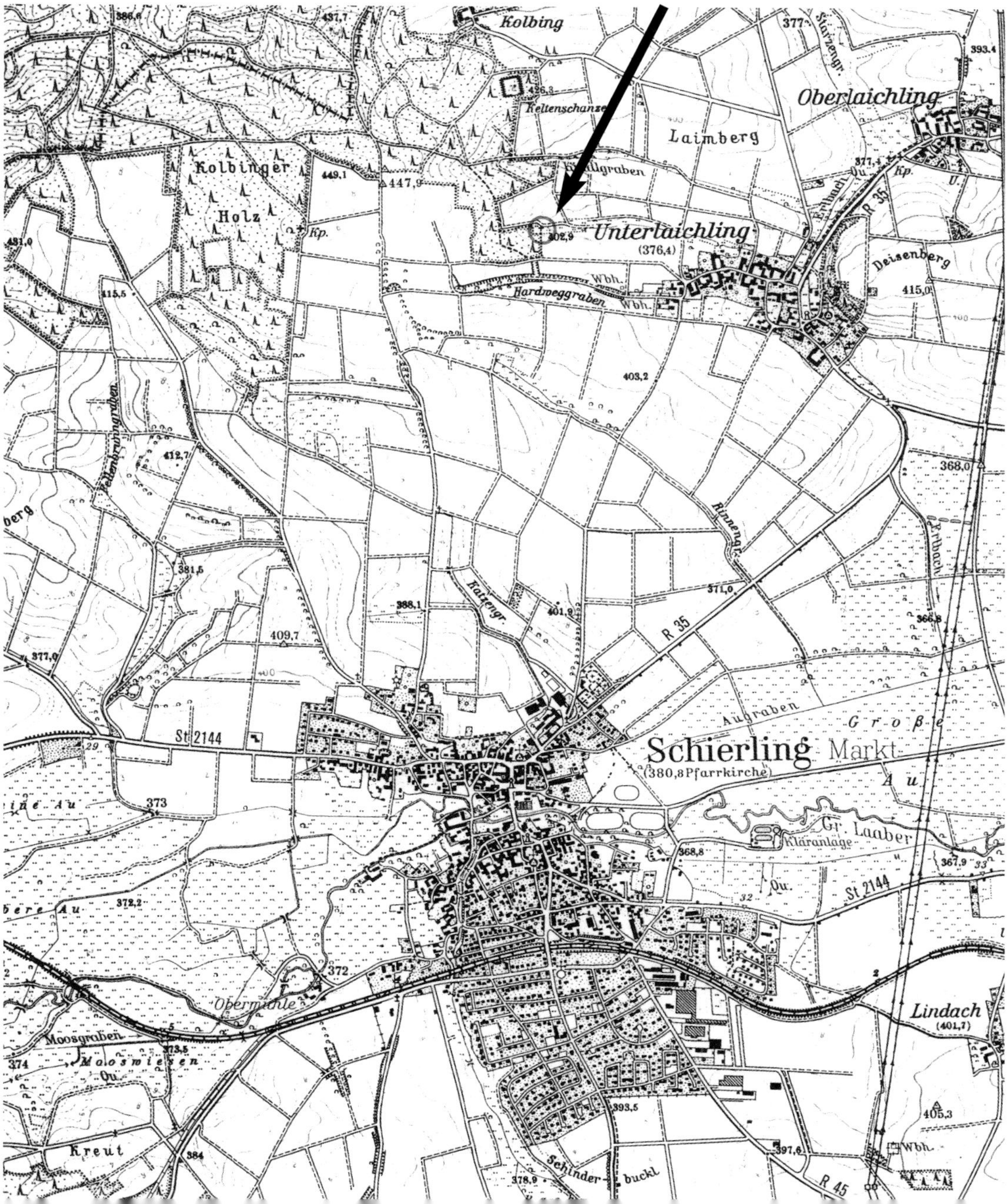

*Aufnahme vom Eingang zur Kommandantur im Fliegerhorst Obertraubling, noch während der Bauphase.*
*(Sammlung Matthias Merkle)*

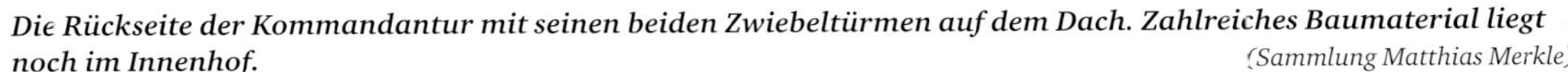

*Die Rückseite der Kommandantur mit seinen beiden Zwiebeltürmen auf dem Dach. Zahlreiches Baumaterial liegt noch im Innenhof.*
*(Sammlung Matthias Merkle)*

*Blick auf das nördliche Durchfahrtstor an der Kommandantur. Beim Luftangriff am 25. Februar 1944 wurde es zerstört und nach dem Krieg nicht mehr aufgebaut.* (Sammlung Matthias Merkle)

*Blick auf die Garagen des Fliegerhorstes von der Werfthalle aus gesehen.* (Sammlung Matthias Merkle)

*Ein Teil der Garagen befindet sich noch im Bau. Im Hintergrund sind die Gebäude der Kommandantur und Verwaltung zu sehen. Über dem Dach ist die Walhalla als heller Fleck zu erkennen.* (Sammlung Matthias Merkle)

*Auf der Straße die von Obertraubling nach Barbing führt stehen drei Monteure von Messerschmitt. Die Gebäude im Hintergrund haben mittlerweile einen Tarnanstrich erhalten.*

*Bei der Me 321 A sind die Bugräder als Einzelräder vorhanden. Diese Lösung war aber total unbefriedigend, da die schmalen Räder bei weichem Untergrund einsanken und die Maschine dann immer erst mühselig freigeschleppt werden musste …*

*… und aus diesem Grund wurde bei der Me 321 B eine Zwillingsbereifung montiert.*

*Eine Aufnahme aus dem Sommer 1943 mit der Me 323 SL+HD auf dem Fliegerhorst Obertraubling.*

*Eine recht idyllische Aufnahme in Obertraubling. Ein Landwirt betreute die Grasflächen des Fliegerhorstes. Als Rasenmäher wurden Viehherden eingesetzt.*

*Eine Me 323 ist auf dem betonierten Vorfeld einer Flugzeughalle abgestellt.*

*Platz da jetzt komme ich! Eine Me 323 im Endanflug auf einen Fliegerhorst.*